COREL®

CorelDRAW X6
中文版 标准教程

尹小港 编著

U0248326

TM

人民邮电出版社

北京

图书在版编目（CIP）数据

CorelDRAW X6中文版标准教程 / 尹小港编著. -- 北
京 ： 人民邮电出版社，2012.12（2019.7重印）
ISBN 978-7-115-29586-6

Ⅰ. ①C… Ⅱ. ①尹… Ⅲ. ①图形软件－教材 Ⅳ.
①TP391.41

中国版本图书馆CIP数据核字(2012)第235500号

内 容 提 要

本书是 Corel 中国公司指定的 CorelDRAW X6 中文版的官方培训教程。全书共 13 章，分别介绍了 CorelDRAW X6 的基础知识，工作环境，对象的操作和管理，图形绘制，填充图形，编辑图形，文本处理，特殊效果的编辑，图层、样式和模板，位图的编辑处理，滤镜的应用，管理文件与打印，综合练习实例等内容。为了学习方便，本书附带的 CD 光盘中赠送了 CorelDRAW X6 中文版的试用版软件和相关的案例素材。

本书对准备参加 Corel 公司有关 CorelDRAW 的产品专家和认证讲师考试的人员具有指导意义，也可作为高等院校美术专业计算机辅助设计课程的教材；另外，本书也非常适合其他相关培训班及广大自学人员阅读参考。

CorelDRAW X6中文版标准教程

◆ 编　　著　尹小港

　　责任编辑　郭发明

◆ 人民邮电出版社出版发行　　北京市丰台区成寿寺路 11 号

　　邮编　100164　电子邮件 315@ptpress.com.cn

　　网址　http://www.ptpress.com.cn

　　大厂聚鑫印刷有限责任公司印刷

◆ 开本：800×1000　1/16

　　印张：25.75

　　字数：608 千字　　　　　2012 年 12 月第 1 版

　　印数：41 001 – 42 500 册　　2019 年 7 月河北第 23 次印刷

ISBN 978-7-115-29586-6

定价：49.00 元（附 1DVD）

读者服务热线：**(010) 81055410**　印装质量热线：**(010) 81055316**

反盗版热线：**(010) 81055315**

序 言

中国市场的拓展是 Corel 公司全球发展战略的一个重要组成部分。随着中国用户版权意识的提高，在 Corel 重新进入中国这七年多的时间里，我们欣喜地看到 Corel 公司业务的快速成长和中国用户群的扩大。CorelDRAW 产品在中国已经有近 20 年的使用历史，拥有无数的爱好者和忠实的用户。他们对 CorelDRAW 产品的热爱和期望，激励着 Corel 中国公司和我们的合作伙伴共同编写了这本教材，希望通过这本教材来帮助用户更好地发挥和实现他们的创意。

作为 Corel 公司"全球教育伙伴计划"的一个组成部分，Corel 中国教育认证计划是 Corel 公司在中国推出的面向个人用户的长期教育培训项目，旨在推动 Corel 系列产品和技术的应用和普及。

Corel 中国教育计划在全国设立了 Corel 公司全球教育伙伴、Corel 公司授权教育基地、Corel 授权培训中心为用户提供软件培训和认证考试服务。同时为保证并推动教育认证计划顺利实施和发展，科亿尔数码科技（上海）有限公司（Corel 中国公司）特设 Corel 中国教育运营服务管理中心、Corel 中国专家委员会等机构。

Corel 公司产品系列教材是我们的一次新的尝试，我们期望能够把更多的专家见解和行业技术，通过具有实战的例子来详细展示给大家。我们的目标是让更多的设计师了解和熟悉 Corel 公司产品的强大功能和简单易用。最终的目的是释放设计师的灵感。

希望你能喜欢这本书，登录我们的网站 www.corel.com.cn，了解更多的关于 CorelDRAW X6 的信息，并给我们提出你的宝贵意见。

Corel 公司中国区经理

本书编委会

张　勇　　马雪竹　　李　蕻　　陈　鸣　　丁　雯

邓　韶　　林　海　　窦宏宇　　张謖元　　曲文强

李　丝　　尹小港　　柏　松　　王永辉　　李光辉

前　言

CorelDRAW 作为专业的图形设计软件，具有强大的图形绘制与编辑功能，在 VI 设计、平面广告设计、商业插画设计、产品包装设计、工业造型设计、印刷品排版设计、装修平面图后期处理和网页制作等方面应用非常广泛，因此，CorelDRAW 倍受平面设计师、插画设计师、印前制作人员、工业产品设计师的青睐。

目前，最新版本 CorelDRAW X6 在色彩编辑、绘图造型、描摹、照片编辑和版面设计等方面的功能有了很大增强，可以让设计师更加轻松快捷地完成创意项目。

本书采用通俗易懂的语言，并配合技巧、提示和知识点讲解，由浅入深地介绍了 CorelDRAW X6 的概念、功能和使用方法。读者通过本书的学习及每章后面的练习题，可以快速、轻松地掌握 CorelDRAW X6 的使用。本书共分为 13 章，各章内容简要介绍如下。

第 1 章　CorelDRAW X6 基础

本章主要对 CorelDRAW X6 的特色功能、新增功能、相关术语、概念、安装和卸载方法，以及帮助系统进行了简要的描述。初学者以及有过使用经验的读者可以对 CorelDRAW X6 有一个全面、系统的认识。

第 2 章　CorelDRAW X6 的工作环境

本章主要对 CorelDRAW X6 的工作界面构成、新建文件和设置页面的方法、视图显示模式的特点、工具选项的设置方法等进行了介绍。

第 3 章　对象的操作和管理

在 CorelDRAW X6 中，熟练掌握操作和管理对象的方法，能够有效提高用户的绘图效率。本章主要对选择对象、复制对象、变换对象、控制对象、对齐和分布对象的操作方法进行了详细的介绍。

第 4 章　图形绘制

作为专业的平面图形设计软件，掌握基本的图形绘制方法是使用 CorelDRAW X6 进行图形设计创作的基本技能。本章详细讲解了在 CorelDRAW X6 中绘制各种基本图形、线段和曲线的方法和技巧。

第 5 章　填充图形

在图形设计过程中，绘制好图形的轮廓和外形只能算是成功了一半，而更加重要的一部分，就是要为图形填充合适的色彩，使其更具有生气，从而呈现活灵活现、多姿多彩的效果。本章详细介绍了为对象填充均匀色、渐变色、图案、纹理和底纹的方法，同时还为读者介绍了一种特殊填充方式——网状填充的操作方法和技巧。

第 6 章　编辑图形

本章主要介绍了编辑曲线对象、切割和修饰图形、编辑轮廓线、重新整理图形、图框精确剪裁对象的操作方法和技巧。通过本章的学习，读者可以在绘图过程中对不同形状对象进行编辑和修改，突破单一图形和曲线的构图，完成各种复杂造型的创建。

第 7 章　文本处理

文字可以直观地传达图形所要表达的内容信息。在输入文字的基础上进行艺术化的加工，可以增强画面的艺术修饰效果，同时也可以突出所要表达的主题。本章详细讲解了在 CorelDRAW X6 中输入文本并对文本进行编辑处理的各种操作方法。

第 8 章　特殊效果的编辑

交互式工具是 CorelDRAW 的特色功能之一。交互式效果的应用，可以让图形产生特殊的锦上添花的效果。本章主要介绍了为对象创建和编辑调和效果、轮廓图效果、变形效果、阴影效果、封套效果、立体化效果和透明效果的操作方法。

第 9 章　图层、样式和模板

通过图层、样式和模板，用户可以分别控制对象的堆叠顺序、对象的外观属性、绘图和页面布局等。本章主要介绍了在 CorelDRAW 中使用图层控制对象，创建和应用图形样式、文本样式、颜色样式和模板的操作方法。

第 10 章　位图的编辑处理

CorelDRAW 除了具备矢量绘图功能外，还提供了强大的位图处理功能。在 CorelDRAW 中可以导入位图，对位图进行颜色、色调和颜色模式的调整，还可以将位图描摹为矢量图。本章主要对处理位图的重要方法进行了详细的介绍。

第 11 章　滤镜的应用

滤镜可以使位图产生丰富的神奇效果。CorelDRAW 提供的滤镜组包括三维效果、艺术笔触效果、模糊效果、颜色变换效果、相机效果、轮廓图效果、创造性效果、扭曲效果、杂点效果和鲜明化效果。本章详细介绍了这些滤镜效果的功能和应用方法。

第 12 章　管理文件与打印

本章主要介绍了在 CorelDRAW X6 中管理和打印文件的常用操作方法，同时简单介绍了一些印刷常识。

第 13 章　综合练习实例

到本章为止，读者已经学习完 CorelDRAW X6 的功能，但是要熟练掌握软件的使用方法和技巧，还需要一个练习的过程。读者应该多加练习，在操作时多思考，将所学的知识融会贯通，这样才能达到熟能生巧的目的。本章通过 7 个不同类型的典型实例（包括海报设计、杂志封面设计、POP 设计、产品造型设计、产品包装设计、广告版式等）练习来加深、巩固所学的功能知识，提高读者的实际操作能力，同时使读者从中领悟到一些设计思路，并引导读者找到设计的方法，从而创作出属于自己的作品。

本书由尹小港编著，参与本书编写与整理的人员还有徐春红、严严、覃明揆、高山泉、周婷婷、唐倩、黄莉、贺江、刘小容、周敏、张婉、曾全、李静、黄琳、曾祥辉、穆香、诸臻、付杰、翁丹等。同时，也欢迎广大读者就本书提出宝贵意见与建议，我们将竭诚为您提供服务，并努力改进今后的工作，为读者奉献品质更高的图书。您的意见或问题可以发送邮件至 kingsight-reader@126.com，我们会尽快给予回复（策划编辑：郭发明，邮箱：guofaming@ptpress.com.cn）。

欢迎读者批评与指正！

编者

2012 年 11 月

目　录

第 1 章　CorelDRAW X6 基础 ………………………………………………………………… 1

1.1　CorelDRAW X6 简介 ……………………………………………………………… 2
1.2　CorelDRAW X6 的安装与卸载 ……………………………………………………… 3
1.3　CorelDRAW X6 的新增功能 ………………………………………………………… 5
　　1.3.1　高级 OpenType 支持 ………………………………………………………… 5
　　1.3.2　创建自定义辅助调色板 ……………………………………………………… 6
　　1.3.3　共享更强大的 Corel CONNECT ……………………………………………… 6
　　1.3.4　重新设计的对象属性泊坞窗 ………………………………………………… 6
　　1.3.5　新增的四个形状编辑工具 …………………………………………………… 7
　　1.3.6　新增的对象样式泊坞窗 ……………………………………………………… 7
　　1.3.7　新增的插入页码功能 ………………………………………………………… 8
　　1.3.8　增强的辅助线功能 …………………………………………………………… 8
　　1.3.9　新增的 PowerClip 图文框 …………………………………………………… 8
　　1.3.10　更多功能的完善 …………………………………………………………… 9
　　1.3.11　增强的兼容性支持 ………………………………………………………… 9
1.4　必须了解的相关术语和概念 ………………………………………………………… 9
1.5　在 CorelDRAW X6 中获取帮助 …………………………………………………… 12
　　1.5.1　帮助主题 ……………………………………………………………………… 12
　　1.5.2　学习工具 ……………………………………………………………………… 13
　　1.5.3　提示 …………………………………………………………………………… 13
　　1.5.4　视频教程 ……………………………………………………………………… 14
　　1.5.5　指导手册 ……………………………………………………………………… 14
　　1.5.6　技术支持 ……………………………………………………………………… 15

第 2 章　CorelDRAW X6 的工作环境 …………………………………………………… 16

2.1　认识 CorelDRAW X6 的工作界面 ………………………………………………… 17
　　2.1.1　标题栏 ………………………………………………………………………… 20
　　2.1.2　菜单栏 ………………………………………………………………………… 20
　　2.1.3　标准工具栏 …………………………………………………………………… 20
　　2.1.4　属性栏 ………………………………………………………………………… 20
　　2.1.5　工具箱 ………………………………………………………………………… 21
　　2.1.6　标尺 …………………………………………………………………………… 21
　　2.1.7　工作区 ………………………………………………………………………… 21
　　2.1.8　绘图页面 ……………………………………………………………………… 21
　　2.1.9　泊坞窗 ………………………………………………………………………… 21
　　2.1.10　调色板 ……………………………………………………………………… 22
　　2.1.11　状态栏 ……………………………………………………………………… 22

2.2 基本操作 1——新建文件和设置页面 22
　2.2.1 新建和打开图形文件 22
　2.2.2 保存和关闭图形文件 24
　2.2.3 设置页面 25
　2.2.4 设置多页文档 25
2.3 基本操作 2——视图显示控制 27
　2.3.1 视图的显示模式 27
　2.3.2 使用缩放工具查看对象 29
　2.3.3 使用"视图管理器"显示对象 30
2.4 基本操作 3——设置工具选项 31
　2.4.1 设置辅助线 31
　2.4.2 设置贴齐 35
　2.4.3 设置标尺 36
　2.4.4 设置网格 38
2.5 本章练习 40

第3章 对象的操作和管理 41

3.1 选择对象 42
　3.1.1 选择单一对象 42
　3.1.2 选择多个对象 43
　3.1.3 按一定顺序选择对象 43
　3.1.4 选择重叠对象 43
　3.1.5 全选对象 44
3.2 复制对象 44
　3.2.1 对象的基本复制 45
　3.2.2 对象的再制 45
　3.2.3 复制对象属性 46
3.3 变换对象 47
　3.3.1 移动对象 47
　3.3.2 旋转对象 48
　3.3.3 缩放和镜像对象 50
　3.3.4 改变对象的大小 52
　3.3.5 倾斜对象 52
3.4 控制对象 54
　3.4.1 锁定与解除锁定对象 54
　3.4.2 群组对象与取消群组 54
　3.4.3 结合与打散对象 55
　3.4.4 安排对象的顺序 56
3.5 对齐与分布对象 57
　3.5.1 对齐对象 57
　3.5.2 分布对象 58
3.6 本章练习 59

第4章 图形绘制 60

4.1 绘制几何图形 61

4.1.1 绘制矩形 ……………………………………………………… 61
4.1.2 绘制圆形 ……………………………………………………… 62
4.1.3 绘制多边形 …………………………………………………… 64
4.1.4 绘制星形和复杂星形 ………………………………………… 64
4.1.5 绘制螺纹 ……………………………………………………… 65
4.1.6 绘制图纸 ……………………………………………………… 66
4.1.7 绘制表格 ……………………………………………………… 67
4.1.8 绘制基本形状 ………………………………………………… 73
4.2 绘制线段及曲线 ……………………………………………………… 74
4.2.1 使用手绘工具 ………………………………………………… 74
4.2.2 使用贝塞尔工具 ……………………………………………… 75
4.2.3 使用艺术笔工具 ……………………………………………… 76
4.2.4 使用钢笔工具 ………………………………………………… 82
4.2.5 使用 3 点曲线工具 …………………………………………… 84
4.2.6 使用折线工具 ………………………………………………… 84
4.2.7 使用 2 点线工具 ……………………………………………… 85
4.2.8 使用 B 样条工具 ……………………………………………… 85
4.2.9 使用度量工具 ………………………………………………… 86
4.3 智能绘图 ……………………………………………………………… 87
4.4 本章练习 ……………………………………………………………… 88
第 5 章 填充图形 …………………………………………………………… 89
5.1 自定义调色板 ………………………………………………………… 90
5.2 均匀填充 ……………………………………………………………… 92
5.3 渐变填充 ……………………………………………………………… 94
5.3.1 使用填充工具进行填充 ……………………………………… 95
5.3.2 通过"对象属性"泊坞窗进行渐变填充 …………………… 99
5.4 填充图案、纹理和 PostScript 底纹 ………………………………… 100
5.4.1 使用填充工具中的图样填充 ………………………………… 100
5.4.2 使用填充工具中的底纹填充 ………………………………… 104
5.4.3 使用填充工具中的 PostScript 填充 ………………………… 106
5.5 填充开放的曲线 ……………………………………………………… 107
5.6 使用交互式填充工具 ………………………………………………… 108
5.7 使用网状填充工具 …………………………………………………… 111
5.7.1 创建及编辑对象网格 ………………………………………… 111
5.7.2 为对象填充颜色 ……………………………………………… 112
5.8 使用滴管和应用颜色工具填充 ……………………………………… 114
5.9 设置默认填充 ………………………………………………………… 116
5.10 本章练习 …………………………………………………………… 117
第 6 章 编辑图形 …………………………………………………………… 118
6.1 编辑曲线对象 ………………………………………………………… 119
6.1.1 添加和删除节点 ……………………………………………… 119
6.1.2 更改节点的属性 ……………………………………………… 120
6.1.3 闭合和断开曲线 ……………………………………………… 121

6.1.4 自动闭合曲线 122
6.2 切割图形 122
6.3 修饰图形 123
6.3.1 涂抹笔刷 124
6.3.2 粗糙笔刷 124
6.3.3 自由变换对象 125
6.3.4 删除虚拟线段 127
6.3.5 涂抹工具 128
6.3.6 转动工具 129
6.3.7 吸引与排斥工具 130
6.4 编辑轮廓线 130
6.4.1 改变轮廓线的颜色 130
6.4.2 改变轮廓线的宽度 132
6.4.3 改变轮廓线的样式 133
6.4.4 清除轮廓线 134
6.4.5 转换轮廓线 134
6.5 重新整形图形 134
6.5.1 合并图形 135
6.5.2 修剪图形 135
6.5.3 相交图形 136
6.5.4 简化图形 136
6.5.5 移除后面对象与移除前面对象 137
6.6 图框精确剪裁对象 137
6.6.1 放置在容器中 137
6.6.2 提取内容 138
6.6.3 编辑内容 138
6.6.4 锁定图框精确剪裁的内容 138
6.6.5 结束编辑 139
6.7 本章练习 139

第 7 章 文本处理 140
7.1 添加文本 141
7.1.1 添加美术字文本 141
7.1.2 添加段落文本 142
7.1.3 转换文字方向 143
7.1.4 贴入与导入外部文本 143
7.1.5 在图形内输入文本 145
7.2 选择文本 145
7.2.1 选择全部文本 145
7.2.2 选择部分文本 146
7.3 设置美术字文本和段落文本格式 146
7.3.1 设置字体、字号和颜色 146
7.3.2 设置文本的对齐方式 148
7.3.3 设置字符间距 149
7.3.4 移动和旋转字符 151

7.3.5　设置字符效果 ································· 152
　7.4　设置段落文本的其他格式 ····················· 153
　　　7.4.1　设置缩进 ···································· 153
　　　7.4.2　自动断字 ···································· 154
　　　7.4.3　添加制表位 ································· 155
　　　7.4.4　设置项目符号 ····························· 156
　　　7.4.5　设置首字下沉 ····························· 157
　　　7.4.6　设置分栏 ···································· 158
　　　7.4.7　链接段落文本框 ·························· 159
　7.5　书写工具 ·· 162
　　　7.5.1　拼写检查 ···································· 162
　　　7.5.2　语法检查 ···································· 163
　　　7.5.3　同义词 ······································ 163
　　　7.5.4　快速更正 ···································· 164
　　　7.5.5　语言标记 ···································· 165
　　　7.5.6　拼写设置 ···································· 165
　7.6　查找和替换文本 ································· 165
　　　7.6.1　查找文本 ···································· 166
　　　7.6.2　替换文本 ···································· 166
　7.7　编辑和转换文本 ································· 167
　　　7.7.1　编辑文本 ···································· 167
　　　7.7.2　美术文本与段落文本的转换 ········· 167
　　　7.7.3　文本转换为曲线 ······················· 168
　7.8　图文混排 ·· 168
　　　7.8.1　沿路径排列文本 ······················· 169
　　　7.8.2　插入特殊字符 ·························· 170
　　　7.8.3　段落文本环绕图形 ···················· 171
　7.9　本章练习 ·· 173

第8章　特殊效果的编辑 ······························ 174
　8.1　调和效果 ·· 175
　　　8.1.1　创建调和效果 ······················· 175
　　　8.1.2　控制调和对象 ······················· 176
　　　8.1.3　沿路径调和 ······························· 178
　　　8.1.4　复制调和属性 ······················· 179
　　　8.1.5　拆分调和对象 ······················· 179
　　　8.1.6　清除调和效果 ······················· 179
　8.2　轮廓图效果 ·· 180
　　　8.2.1　创建轮廓图 ······························ 180
　　　8.2.2　设置轮廓图的填充和颜色 ·········· 182
　　　8.2.3　分离与清除轮廓图 ···················· 183
　8.3　变形效果 ·· 183
　　　8.3.1　应用变形效果 ······················· 184
　　　8.3.2　清除变形效果 ······················· 186
　8.4　透明效果 ·· 186

8.4.1　创建透明效果 ……………………………………………… 187
8.4.2　编辑透明效果 ……………………………………………… 187
8.5　立体化效果 ………………………………………………………… 191
8.5.1　创建立体化效果 …………………………………………… 192
8.5.2　在属性栏中设置立体化效果 ……………………………… 192
8.6　阴影效果 …………………………………………………………… 195
8.6.1　创建阴影效果 ……………………………………………… 196
8.6.2　在属性栏中设置阴影效果 ………………………………… 196
8.6.3　分离与清除阴影 …………………………………………… 198
8.7　封套效果 …………………………………………………………… 198
8.7.1　创建封套效果 ……………………………………………… 198
8.7.2　编辑封套效果 ……………………………………………… 199
8.8　透视效果 …………………………………………………………… 200
8.9　透镜效果 …………………………………………………………… 201
8.10　本章练习 ………………………………………………………… 206

第9章　图层、样式和模板 ……………………………………………… 207

9.1　使用图层控制对象 ………………………………………………… 208
9.1.1　新建和删除图层 …………………………………………… 209
9.1.2　在图层中添加对象 ………………………………………… 210
9.1.3　为新建的主图层添加对象 ………………………………… 210
9.1.4　在图层中移动和复制对象 ………………………………… 211
9.2　样式与样式集 ……………………………………………………… 212
9.2.1　创建样式与样式集 ………………………………………… 212
9.2.2　应用图形或文本样式 ……………………………………… 214
9.2.3　编辑样式或样式集 ………………………………………… 215
9.2.4　断开与样式的关联 ………………………………………… 216
9.2.5　删除样式或样式集 ………………………………………… 217
9.3　颜色样式 …………………………………………………………… 217
9.3.1　创建颜色样式 ……………………………………………… 217
9.3.2　编辑颜色样式 ……………………………………………… 220
9.3.3　删除颜色样式 ……………………………………………… 221
9.4　模板 ………………………………………………………………… 221
9.4.1　创建模板 …………………………………………………… 222
9.4.2　应用模板 …………………………………………………… 223
9.5　本章练习 …………………………………………………………… 225

第10章　位图的编辑处理 ……………………………………………… 226

10.1　导入与简单调整位图 ……………………………………………… 227
10.1.1　导入位图 ………………………………………………… 227
10.1.2　链接和嵌入位图 ………………………………………… 228
10.1.3　裁剪位图 ………………………………………………… 230
10.1.4　重新取样位图 …………………………………………… 232
10.1.5　变换位图 ………………………………………………… 233
10.1.6　编辑位图 ………………………………………………… 233

10.1.7 矢量图形转换为位图 ·· 234

10.2 调整位图的颜色和色调 ·· 235
 10.2.1 高反差 ·· 235
 10.2.2 局部平衡 ·· 237
 10.2.3 取样/目标平衡 ·· 238
 10.2.4 调合曲线 ·· 239
 10.2.5 亮度/对比度/强度 ···································· 240
 10.2.6 颜色平衡 ·· 240
 10.2.7 伽玛值 ·· 240
 10.2.8 色度/饱和度/亮度 ···································· 241
 10.2.9 所选颜色 ·· 241
 10.2.10 替换颜色 ··· 242
 10.2.11 取消饱和 ··· 242
 10.2.12 通道混合器 ··· 243

10.3 调整位图的色彩效果 ·· 243
 10.3.1 去交错 ·· 243
 10.3.2 反显 ··· 244
 10.3.3 极色化 ·· 244

10.4 校正位图色斑效果 ·· 245

10.5 位图的颜色遮罩 ·· 245

10.6 更改位图的颜色模式 ·· 246
 10.6.1 黑白模式 ·· 246
 10.6.2 灰度模式 ·· 248
 10.6.3 双色模式 ·· 248
 10.6.4 调色板模式 ·· 249
 10.6.5 RGB 模式 ··· 251
 10.6.6 Lab 模式 ··· 252
 10.6.7 CMYK ·· 252

10.7 描摹位图 ·· 253
 10.7.1 快速描摹位图 ·· 253
 10.7.2 中心线描摹位图 ······································ 253
 10.7.3 轮廓描摹位图 ·· 254

10.8 本章练习 ·· 256

第 11 章 滤镜的应用 ·· 257

11.1 添加和删除滤镜效果 ·· 258
 11.1.1 添加滤镜效果 ·· 258
 11.1.2 删除滤镜效果 ·· 258

11.2 滤镜效果 ·· 258
 11.2.1 三维效果 ·· 259
 11.2.2 艺术笔触效果 ·· 261
 11.2.3 模糊效果 ·· 266
 11.2.4 相机效果 ·· 270
 11.2.5 颜色变换效果 ·· 270
 11.2.6 轮廓图效果 ·· 271

11.2.7 创造性效果 ·· 273

11.2.8 扭曲效果 ·· 278

11.2.9 杂点效果 ·· 282

11.2.10 鲜明化效果 ··· 284

11.3 本章练习 ··· 286

第 12 章 管理文件与打印 ·· 288

12.1 在 CorelDRAW X6 中管理文件 ···························· 289

12.1.1 导入与导出文件 ······································ 289

12.1.2 CorelDRAW 与其他图形文件格式 ····················· 290

12.1.3 发布到 Web ·· 292

12.1.4 导出到 Office ·· 295

12.1.5 发布至 PDF ·· 295

12.2 打印与印刷 ··· 297

12.2.1 打印设置 ·· 297

12.2.2 打印预览 ·· 301

12.2.3 合并打印 ·· 302

12.2.4 收集用于输出的信息 ·································· 304

12.2.5 印前技术 ·· 305

第 13 章 综合练习实例 ·· 307

13.1 范例 1——时尚音乐会海报 ······························ 308

13.1.1 实例说明 ·· 308

13.1.2 具体操作 ·· 308

13.2 范例 2——个人作品展海报 ······························ 322

13.2.1 实例说明 ·· 322

13.2.2 具体操作 ·· 322

13.3 范例 3——超市 POP 设计 ······························· 330

13.3.1 实例说明 ·· 331

13.3.2 具体操作 ·· 331

13.4 范例 4——平面广告版式设计 ···························· 344

13.4.1 实例说明 ·· 344

13.4.2 具体操作 ·· 345

13.5 范例 5——时尚对表造型设计 ···························· 350

13.5.1 实例说明 ·· 350

13.5.2 具体操作 ·· 350

13.6 范例 6——电影海报设计 ································· 360

13.6.1 实例说明 ·· 360

13.6.2 具体操作 ·· 361

13.7 范例 7——食品包装设计 ································· 367

13.7.1 实例说明 ·· 367

13.7.2 具体操作 ·· 368

第 1 章

CorelDRAW X6 基础

- 1.1 CorelDRAW X6 简介
- 1.2 CorelDRAW X6 的安装与卸载
- 1.3 CorelDRAW X6 的新增功能
- 1.4 必须了解的相关术语和概念
- 1.5 在 CorelDRAW X6 中获取帮助

随着不断发展的计算机技术在图形设计领域的深入应用，设计的概念也在逐渐变化，计算机图形设计因其强大的优势而主导着设计的潮流。CorelDRAW X6 作为专业的矢量绘图软件，在不断的完善和发展中，具备了强大、全面的图形编辑处理功能优势，成为了应用最为广泛的平面设计软件之一。

1.1　CorelDRAW X6 简介

CorelDRAW 是加拿大 Corel 公司推出的一款著名的矢量绘图软件，最新版本为 CorelDRAW X6。经过对绘图工具的不断完善和对图形处理功能的增强，CorelDRAW 由单一的矢量绘图软件发展成为现在的全能绘图软件包。

CorelDRAW Graphics Suite X6 是目前最新的产品套装，其功能更加强大。它由页面排版和矢量绘图程序 CorelDRAW X6、数字图像处理程序 Corel PHOTO-PAINT X6、捕捉其他计算机屏幕图像的程序 Corel CAPTURE X6、内容查找和管理浏览器 Corel CONNECT、提供给用户的 CorelDRAW 专家的绘图方法和已经完成的设计实例——指导手册和示例组成，使其应用领域更加广阔。通过 CorelDRAW X6，设计人员不仅可以绘制出精美的图形并进行文字编辑，还可以利用其超强的位图处理功能编辑出丰富的图像效果。CorelDRAW 已成为各种绘图设计与图形处理工作的有力助手，无论是图形设计还是文字排版和高品质输出方面，CorelDRAW X6 都有非常卓越的表现。

专业完善的矢量图形绘制功能

CorelDRAW X6 在计算机图形图像领域，一直保持着专业的领先地位，尤其在矢量图形的绘制与编辑方面，目前几乎没有其他的平面图形编辑软件能与之相比。这些优势为 CorelDRAW X6 在各种平面图案设计中的广泛应用提供了强有力的支持。图 1-1 所示为矢量插画绘制效果。

图 1-1　矢量插画绘制效果

优秀的色彩编辑应用功能

CorelDRAW X6 为绘制的图形对象提供了完善的色彩编辑功能。利用各种色彩填充和编辑工具，可以轻松地为图形对象设置丰富的色彩效果，并且可以在图形对象之间进行色彩属性的复制，为进行色彩修改提供了方便的支持，有助于提高绘图编辑的工作效率。图 1-2 所示为 CorelDRAW X6 完成的色彩应用效果。

完善全面的位图效果处理功能

作为一款专业的图像处理软件，对于位图的导入使用和效果处理自然是不可缺少的。在 CorelDRAW X6 中，同样为位图的效果处理提供了丰富的编辑功能。用户在进行平面设计工作时，可导入各种格式的位图文件，制作出多样的精彩作品。图 1-3 所示为位图处理的应用效果。

完善的文字编排功能

文字是平面设计作品中重要的组成元素。CorelDRAW X6 提供了对文字内容的各种编辑功能，有美术文本和段落文本的两种编排方式，用户还可将输入的文字对象以矢量图形的方式进行处理，应用各种图形编辑效果。图 1-4 所示为 LOGO 文字效果。

图 1-2　色彩应用效果

图 1-3　位图处理效果的应用

支持多页面的复杂图形编辑

支持多页面的图形内容编辑，是 CorelDRAW 的一大特色，也方便进行具有系列化内容的大型平面作品设计。图 1-5 所示为多页面 DM 单的完成效果图。

图 1-4　LOGO 文字效果

图 1-5　多页面 DM 单的完成效果图

良好的兼容支持

平面图形的设计表现已经成为计算机应用领域中各种信息的基本表现方式，美观、优秀的图形视觉效果，可以为信息的有效传播提供有力帮助。CorelDRAW X6 除了可以兼容使用多种格式的文件内容外，还支持将编辑好的图形内容以多种方式进行输出发布，例如可以将绘制好的矢量图形输出为 AI 格式的路径文件，方便在 Photoshop、Flash 等其他图形编辑软件中导入使用。

1.2　CorelDRAW X6 的安装与卸载

CorelDRAW X6 是一款大型的绘图软件，因此对电脑系统的性能要求比较高。如果用户使用的电脑有足够大的磁盘空间，那么建议将整个 CorelDRAW X6 套装完全安装，这样可以系统地学习和使用软件。在安装 CorelDRAW X6 之前，电脑必须达到以下最低配置。

✦ Windows 7，Windows Vista，Windows XP，并安装最新的 SP（32 位或 64 位版本）。

✦ 英特尔奔腾 4，AMD 速龙 64 或 AMD Opteron 以上的中央处理器，2G Hz 以上。

✦ 1GB 内存（建议 2GB 以上）。

✦ 1024×768 屏幕分辨率（Tablet PC 上为 768×1024）。

✦ DVD-ROM 驱动器。

✦ 1.5GB 硬盘空间（仅用于 CorelDRAW，安装全部套件应用程序需要 2GB 以上空间）。

✦ Microsoft Internet Explorer 7 或更高版本。

✦ 鼠标或绘图板。

CorelDRAW X6 的安装方法分为自动运行和手动运行两种。用手动运行安装程序时，每一个安装步骤都会在安装过程中有相应的提示，下面来一起完成 CorelDRAW X6 的安装。

步骤 1 将软件的安装光盘插入光驱，然后打开"资源管理器"或"我的电脑"，进入光驱所在的盘符，找到 CorelDRAW X6 的安装文件 Setup.exe，双击安装文件，弹出图 1-6 所示的安装启动界面。

步骤 2 安装程序初始化完成后，将弹出软件许可协议对话框，单击"我接受"按钮继续，如图 1-7 所示。

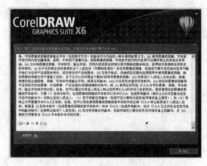

图 1-6　安装启动界面　　　　　　　　　　　图 1-7　软件许可协议对话框

步骤 3 在弹出的用户基本信息对话框中，输入用户姓名和产品序列号（可以在光盘目录中或软件包装盒上找到），然后单击"下一步"按钮继续，如图 1-8 所示。

步骤 4 在弹出的 CorelDRAW X6 安装自定义选项对话框中，如图 1-9 所示，用户可以根据使用需求自行选择所要安装的程序。在"选项"标签中单击"更改"按钮，可以选择想要安装的路径，要使用默认路径进行安装，可直接单击"现在开始安装"按钮进入下一步安装环节。

图 1-8　用户基本信息对话框　　　　　　　　　图 1-9　安装自定义选项对话框

步骤 5 进入图 1-10 所示的安装进度对话框，显示正在安装此软件。

步骤 6 待安装完成后，会弹出图 1-11 所示的安装成功提示对话框，单击该对话框中的"完成"按钮，结束安装。

当用户需要在安装有 CorelDRAW X6 的电脑上删除该应用程序时，可执行"开始→控制面板"命令，然后双击控制面板中的"添加或删除程序"快捷图标，并在弹出的"添加或删除程序"对话框中选择"CorelDRAW Graphics Suite X6"程序后，单击"删除"按钮，即可完成卸载操作，如图 1-12 所示。

图 1-10　安装进度对话框

图 1-11　安装成功提示对话框

图 1-12　删除选择的程序

1.3　CorelDRAW X6 的新增功能

　　CorelDRAW X6 是在 CorelDRAW X5 的基础上进行的完善和发展，新增及增强了超过 50 项的功能和内容，其中最实用的功能包括更完善的色彩处理功能、网页图像编辑与输出、像素效果预览、文档调色板、完善连接器和标注工具等。新增功能的应用将帮助用户在同样时间内完成更多丰富的作品，提高工作效率。下面介绍 CorelDRAW X6 中几个主要的新增功能。

1.3.1　高级 OpenType 支持

　　OpenType 是由 Microsoft 和 Adobe 公司沟通开发的一种字体格式，支持多个平台应用和更大的字符集。CorelDRAW X6 在兼容性方面得到了大力提升，可以借助诸如上下文和样式替代、连字、装饰、小型大写字母、花体变体之类的高级 OpenType 版式功能，创建精美的排版文本，极大地丰富了利用 CorelDRAW 进行跨平台平面排版设计工作的便利性，如图 1-13 所示。

图 1-13　OpenType 字体

1.3.2　创建自定义辅助调色板

在 CorelDRAW X6 中，可以通过重新设计的"颜色样式"泊坞窗访问新增的"颜色和谐"工具，将文档中的各种颜色样式融合为一个"和谐"组合，方便在需要时能够集中修改当前文档中所赋予该颜色图形的色彩效果；该工具还可以分析颜色和色调，提供辅助的颜色方案，方便在多个色彩效果中对比，以满足客户的多样性需求，如图 1-14 所示。

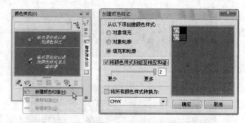

图 1-14　新建颜色和谐

1.3.3　共享更强大的 Corel CONNECT

在 CorelDRAW X6 的 Corel CONNECT 中，可以添加更多的资源托盘，方便用户将不同文档中的资源（矢量图、位图、字体及互联网中的资源等），按照文件类型、用途、项目应用或其他自定义的分类方式，集成在多个资源列表中，并提供内容预览和搜索功能，方便在编辑需要时，直接从 Corel CONNECT 的托盘加入到当前的工作文档中，实现设计资源的共享与系统应用，提高工作效率，如图 1-15 所示。

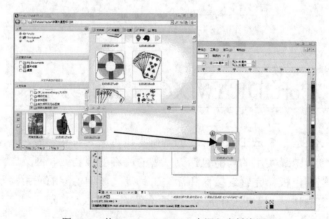

图 1-15　从 Corel CONNECT 中调入素材资源

1.3.4　重新设计的对象属性泊坞窗

重新设计的"对象属性"泊坞窗，可以将编辑文档中当前所选工作或对象的所有属性设置集中在一起，提供更加便捷的对象属性管理与设置。例如，选取绘制的矩形时，"对象属性"泊坞窗将自动显示轮廓、填充与拐角格式化选项及矩形的属性。在创建文本框时，泊坞窗将立即显示字符、段落与文本框格式化选项及文本框的属性，如图 1-16 所示。

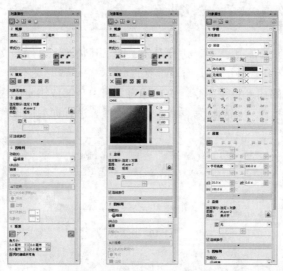

图 1-16　选取不同的对象时的"对象属性"泊坞窗

1.3.5　新增的四个形状编辑工具

在 CorelDRAW X6 的形状工具组中，新增了 4 个用于对于所绘制的图形进行曲线造型编辑的工具：涂抹、转动、吸引、排斥，分别应用这些工具，可以对所绘制图形的线条进行对应的曲线变化，编辑出手绘操作难易实现的各种效果，如图 1-17 所示。

图 1-17　4 个形状编辑工具的应用效果

1.3.6　新增的对象样式泊坞窗

在 CorelDRAW X6 中新增的"对象样式"泊坞窗，可以将所选对象的轮廓、填充、字符、段落样式等效果设置，通过右键菜单添加到"对象样式"泊坞窗中，作为一个保留在当前文档中的样式集，并应用到其他对象上，快速完成相同效果样式的对象编辑，如图 1-18 所示；同时，还可以将所选的对象样式导出为独立的样式文件，并在其他的绘图文档中导入使用，在进行一系列绘图工作时大幅度地提高操作效率。

图 1-18　创建对象样式并应用

1.3.7　新增的插入页码功能

在以往的 CorelDRAW 版本中，进行杂志、图书刊物等多页绘图文档的编辑时，只能通过手动输入的方式，为文档中的每页加入需要的页码，操作费时又不便。而在 CorelDRAW X6 中，则可以使用新增的插入页码命令，快速地为文档中全部或指定的内容页添加页码，并通过"页码设置"对话框对页码的编号样式、编号位置等进行详细的设置，如图 1-19 所示。

图 1-19　插入页码

1.3.8　增强的辅助线功能

在 CorelDRAW X6 中，选中"视图"菜单中的"动态辅助线"命令项，可以在创建对象、调整对象大小或选取并移动时，显示动态的辅助线，帮助用户了解当前操作与对象原始状态之间的变化情况，例如移动的距离、偏移的角度等，如图 1-20 所示；选中"视图"菜单中的"对齐辅助线"命令项，则可以在移动或调整对象时，动态地显示出与原始对象或周围对象在水平或垂直方向上的一条或多条辅助线，方便用户进行精确地编辑操作，如图 1-21 所示。

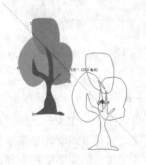

图 1-20　动态辅助线

图 1-21　对齐辅助线

1.3.9　新增的 PowerClip 图文框

CorelDRAW X6 中新增的 PowerClip 交互式图文框功能，可以将任意闭合的曲线创建为 PowerClip 图文框，根据需要为 PowerClip 图文框添加或替换新的内容，延续和发展图框内部的裁剪功能，更适合在进行包含丰富照片、图案及文本内容的编辑中应用，方便用户提前做好对编辑内容在版式、布局上的设计预览，并利用专门的服务选项对图文框中的内容进行放置方式的设置，如图 1-22 所示。

图 1-22　应用 PowerClip 图文框的编辑

1.3.10　更多功能的完善

　　CorelDRAW X6 还对其他多个工具和多项原有功能进行了完善，使编辑操作和图像处理更加简便。例如，对于文字工具而言，在"文本属性"泊坞窗中添加了更多预设的字符样式，提供了更丰富的文档模板，为用户快速创建各种类型的应用文档提供了便利；在属性栏中新增了"对象原点"工具，方便用户设置合适的对象原点参考位置，为图形对象的编辑提供相对位置、尺寸变化上的帮助，如图 1-23 所示。又如，在标准工具栏中新增了"搜索内容"按钮，方便在编辑工作中随时开启 Corel Connect 泊坞窗，调用或搜索需要的各种资源，如图 1-24 所示。

图 1-23　"对象原点"工具

图 1-24　"搜索内容"按钮

1.3.11　增强的兼容性支持

　　CorelDRAW X6 在软件和硬件方面都在之前版本的基础上进一步增强了兼容性，除了支持 64 位操作系统外，还支持最新的多核处理器，为设计师在密集、复杂的工作环境中提供反应灵敏快捷的图形处理运算；同时，保持一贯的多种格式文件的打开和导入，直接完成与其他主流图像编辑软件的协同工作。例如可以直接打开和保存 Adobe Illustrator CS5（AI）格式的文件，导出与导入 Photoshop（PSD）文件，Acrobat（PDF），AutoCAD（DXF 和 DWG），Microsoft Word（DOC 或 RTF，仅导入），Microsoft Publisher（PUB，仅导入）及 Corel Painter 的绘图文件等，便于快捷地与客户之间的文件进行交换。

 # 1.4　必须了解的相关术语和概念

　　为了更好地学习 CorelDRAW X6 中的各项软件功能，下面先来了解一下关于 CorelDRAW

X6 中将要运用到的一些相关术语和概念。

◆ 对象：指在绘图过程中创建或放置的任何项目，其中包括线条、形状、符号、图形和文本等。

◆ 曲线：构成矢量图的基本元素。通过调整节点的位置、切线的方向和长度，可以控制曲线的形状，如图 1-25 所示。

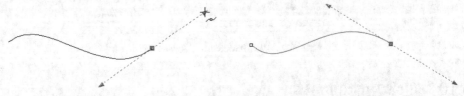

图 1-25 控制曲线形状

◆ 贝塞尔曲线：由直线或曲线的线条组成，组成线条的节点都有控制手柄，通过控制手柄可以改变线条的形状，如图 1-26 所示。

◆ 节点：通过创建节点，在节点之间生成连接线，从而组成直线或曲线。节点是分布在线条中的方块点，用于控制线条的形状，如图 1-27 所示。

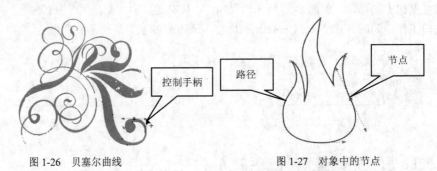

图 1-26 贝塞尔曲线   图 1-27 对象中的节点

◆ 路径：由单条或多条直线、曲线组成。将单条或多条路径组合，就形成了对象。

◆ 轮廓线：位于对象的边缘轮廓，可以为其应用形状、描边粗细、颜色和笔触属性的线条。用户可以为对象设置轮廓线，也可以使对象无轮廓线。图 1-28 所示为对象中的轮廓线。

◆ 绘图：在 CorelDRAW 中创建文档的过程就称为绘图，如绘制标志、设计广告画面等。CorelDRAW 中包括绘图页面和绘图窗口。绘图页面是绘图窗口中带有阴影的矩形包围的部分，绘图窗口是在应用程序中可以创建、编辑和添加对象的部分。

◆ 泊坞窗：以窗口的形式显示同类控件，如命令按钮、选项和列表框等。用户可以在操作文档时一直将泊坞窗打开，以便使用各种命令来尝试不同的效果。图 1-29 所示为"文本属性"泊坞窗。

◆ 美术文本：使用文字工具创建的一种文字类型，输入较少文字时使用（如标题），如图 1-30 所示。在美术文本中可以应用图形效果、制作曲线形排列文字、创建立体模型等其他的特殊效果。

图 1-28 对象中的轮廓线

图 1-29 "文本属性"泊坞窗

+ 段落文本：使用文字工具创建的另一种文字类型，用于输入大篇幅的文字（如正文等），如图 1-31 所示。使用段落文本便于对段落格式进行编排，以达到所需要的版面效果。

CorelDRAW X6

图 1-30 美术文本

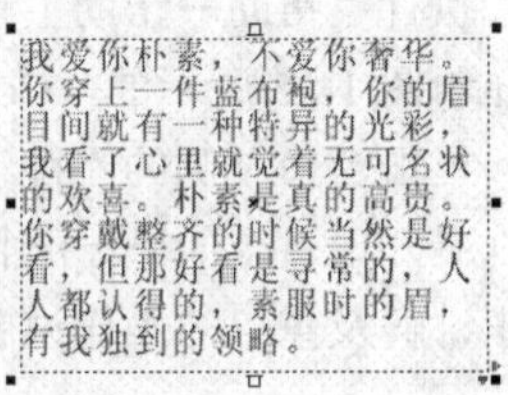

图 1-31 段落文本

+ 矢量图：一系列由线条和路径组成的点，这些点决定了所绘线条的位置、长度和方向，因此，矢量图形是线条的集合体，如图 1-32 所示。
+ 位图：由无数个像素拼合而成，组成图像的每一个像素点都有自身的位置、大小、亮度和色彩等，如图 1-33 所示。
+ 属性：对象的大小、颜色及文本格式等基本参数。
+ 样式：控制特定类型对象外观属性的一种集合，包括图形样式、颜色样式和文本样式。

图 1-32 矢量图

+ 展开工具栏：用于打开一个工具组或菜单项的按钮，如图 1-34 所示。

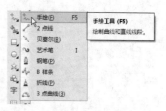

图 1-33　位图　　　　　　　　　　　　　　图 1-34　展开工具栏

 # 1.5　在 CorelDRAW X6 中获取帮助

CorelDRAW X6 的"帮助"菜单提供了对 CorelDRAW X6 软件功能和使用方法的详细介绍，可以帮助用户更好地学习该软件功能，并帮助用户系统地解决操作中遇到的问题。

1.5.1　帮助主题

执行"帮助→帮助主题"命令，CorelDRAW X6 将启动浏览器并打开 Corel 的官方网站，并显示图 1-35 所示的"CorelDRAW 帮助"内容网页。

单击窗口左侧的"目录"标签，可显示帮助主题中列出的目录。单击目录左侧的■按钮，可以展开该目录的下一级目录内容。单击需要帮助的内容，在窗口右边会显示该内容的具体知识讲解及重点的操作说明，如图 1-36 所示。

图 1-35　"CorelDRAW 帮助"窗口　　　　　　　图 1-36　提示的操作内容

单击"搜索"标签，切换至"搜索"标签选项，输入需要查找的关键字或词组，然后单击"开始"按钮，即可在"选择主题"下拉列表框中显示相关的主题内容。选中需要帮助的主题内容后，即可在窗口的右边区域中显示该主题的具体知识讲解及重点的操作说明，如图 1-37 所示。

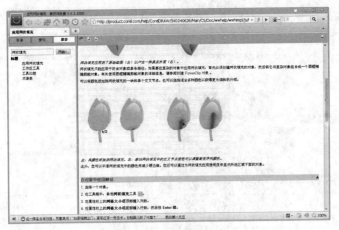

图 1-37 显示的搜索内容

1.5.2 学习工具

CorelTUTOR 提供了一系列基于项目的教程，介绍了 CorelDRAW 的基本功能和高级功能。

执行"帮助→学习工具"命令，即可打开 CorelDRAW X6 的欢迎屏幕并显示"学习工具"页面，如图 1-38 所示，该页面以教程项目的形式介绍了如何使用 CorelDRAW X6 应用程序。

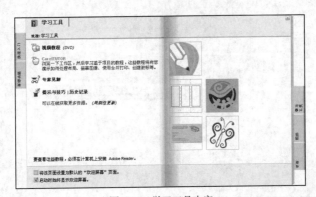

图 1-38 学习工具内容

1.5.3 提示

执行"帮助→提示"命令，在打开的"提示"泊坞窗中，提供了有关程序内部的工具箱中各种工具的使用信息。默认状态下，"提示"泊坞窗处于开启状态。

在工具箱中选择一个工具后，在"提示"泊坞窗中将显示如何使用选定工具的操作提示。图 1-39 所示为选取不同工具时"提示"泊坞窗中的提示信息。

13

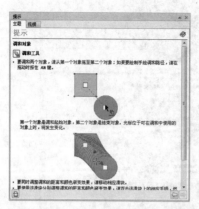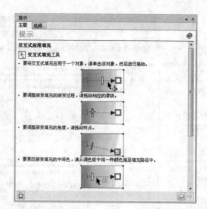

图 1-39　选择不同工具后的提示信息

1.5.4　视频教程

　　执行"帮助→视频教程"命令，可以打开 CorelDRAW X6 中新增的软件功能视频指导教程播放程序——Corel Video Tutorials，在左边的"视频"列表中点选需要播放的教程名称，即可在右边的播放窗口中观看对应的软件操作视频，更直观地学习 CorelDRAW X6 各项功能的使用方法和编辑技巧，如图 1-40 所示（需要完整版本的安装光盘才能安装该视频内容，否则可以选择从网上播放）。

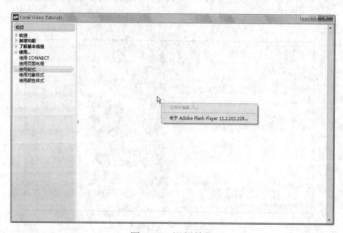

图 1-40　视频教程

1.5.5　指导手册

　　执行"帮助→指导手册"命令，可以打开 CorelDRAW X6 指导手册的 PDF 文档，在这个文档中包含了对 CorelDRAW X6 各项功能的使用方法和编辑技巧的详细介绍，可以作为用户学习和查询的有益参考，如图 1-41 所示。

图 1-41　指导手册 PDF

1.5.6　技术支持

执行"帮助→Corel 支持"命令,可以在浏览器中打开 CorelDRAW 技术支持的网络链接,单击其中的网址,即可进入"Corel 技术支持"页面,如图 1-42 所示。用户可以在该网站中获得有关产品功能、规格、价格、上市情况、服务及技术支持等方面的准确信息。

图 1-42　技术支持页面

提示

除了使用"帮助"菜单外,用户还可以使用 CorelDRAW 中的自动提示功能。将光标移动到工作界面中的工具、属性选项、功能按钮等特定位置后,系统会自动提示该元素的名称或简要功能,如图 1-43 所示。自动提示功能可以帮助用户更快地学习 CorelDRAW 的使用。

图 1-43　自动提示信息

15

第 2 章

CorelDRAW X6 的工作环境

- 🌀 2.1 认识 CorelDRAW X6 的工作界面
- 🌀 2.2 基本操作 1——新建文件和设置
  页面
- 🌀 2.3 基本操作 2——视图显示控制
- 🌀 2.4 基本操作 3——设置工具选项
- 🌀 2.5 本章练习

CorelDRAW X6 作为专业的矢量绘图软件，一直以来都是平面设计工作者的首选工具软件。正确、合理地使用 CorelDRAW X6 可以设计出精彩优秀的平面作品。

 ## 2.1 认识 CorelDRAW X6 的工作界面

正确完成 CorelDRAW X6 的安装后，执行"开始→所有程序→CorelDRAW Graphics Suite X6"命令，即可找到并启动相应的程序，如图 2-1 所示。

图 2-1　CorelDRAW X6 的软件包

要启动 CorelDRAW X6，可选择"CorelDRAW Graphics Suite X6"软件包中的"CorelDRAW X6"命令来完成，启动程序后将出现图 2-2 所示的启动界面。

启动程序后，在屏幕中会出现图 2-3 所示的欢迎窗口。CorelDRAW X6 的欢迎窗口改变了 CorelDRAW 以往的风格特点，按不同的功能类别以书签的形式将内容展现给用户，便于用户查找和浏览。另外，其欢迎窗口中除了具备以往欢迎界面中的所有功能外，还整合了 CorelDRAW 的大部分帮助系统内容，使读者在进入 CorelDRAW 工作界面以前，就可以对 CorelDRAW 的功能有个大概的了解。

图 2-2　启动界面

图 2-3　启动时出现的欢迎窗口

+ 单击欢迎窗口的"新建空白文档"选项，在弹出的"创建新文档"对话框中单击"确定"按钮，即可按默认设置（210 毫米×297 毫米的纵向 A4 绘图页面）创建一个空白的图形文件，并进入到 CorelDRAW X6 的工作界面，如图 2-4 所示。
+ 单击"从模板新建"选项，弹出图 2-5 所示的"从模板新建"对话框，在该对话框中可以选择所需要的设计模板，然后单击"打开"按钮，即可在模板基础上对文件

17

进行进一步的编辑。

图 2-4　新建的空白文件

✦ 在 CorelDRAW X6 中打开过 CorelDRAW 图形文件后，欢迎窗口中将显示此次运行之前编辑过的图形文件的链接。将光标移动到其中一个文件名上，在"打开最近用过的文档"区域中可显示该文件的缩览图，并在"文档信息"区域中显示该文件的文件名、存储路径和文件大小等信息，如图 2-6 所示。单击任一个文件名，即可打开该图形文件。单击下面的"打开其他文档"按钮，在弹出的"打开绘图"对话框中，可选择需要打开的保存在磁盘中的其他图形文件。

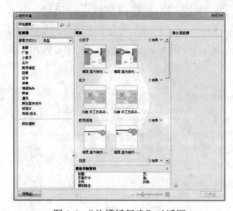

图 2-5　"从模板新建"对话框

图 2-6　预览文件并查看文件信息

✦ 单击欢迎窗口右边的选项标签，可在欢迎窗口中显示该标签内容。切换到"新增功能"标签，在其中可以查看 CorelDRAW X6 中新增加的功能特色，如图 2-7 所示。切换到"学习工具"标签，将开启软件的帮助系统，帮助用户解决使用中的问题，如图 2-8 所示。切换到"图库"标签，可以查看在 CorelDRAW Graphics Suite X6 中创作的设计作品，如图 2-9 所示。切换到"更新"标签，可使用更新功能对使用 CorelDRAW 产品进行更新，如图 2-10 所示。

图 2-7 "新增功能"标签

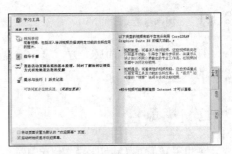

图 2-8 "学习工具"标签

图 2-9 "图库"标签

图 2-10 "更新"标签

【技巧与提示】

默认状态下，欢迎窗口显示"快速入门"标签内容，如果要将其他标签内容设置为启动 CorelDRAW 时的默认欢迎界面显示内容，可在切换到其他标签后，选中"将该页面设置为默认的'欢迎屏幕'页面"复选框即可。

要在启动 CorelDRAW X6 时不显示欢迎窗口，可在欢迎窗口中取消选中"启动时始终显示欢迎屏幕"复选框即可，这样在下次启动 CorelDRAW X6 时就不会显示欢迎窗口了。

单击欢迎窗口中的"新建空白文档"选项，在弹出的"创建新文档"对话框中单击"确定"按钮，进入 CorelDRAW X6 的工作界面。工作界面包括常见的标题栏、菜单栏、标准工具栏、属性栏、工具箱、工作区、绘图页面和状态栏等，如图 2-11 所示。

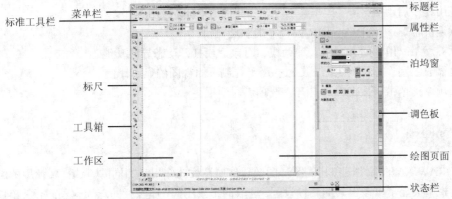

图 2-11 CorelDRAW X6 的工作界面

2.1.1　标题栏

标题栏位于窗口的最上方，显示该软件当前打开文件的路径和名称，以及文件是否处于激活的状态。

2.1.2　菜单栏

菜单栏放置了 CorelDRAW X6 中常用的各种命令，包括文件、编辑、视图、版面、排列、效果、位图、文本、表格、工具、窗口和帮助共 12 组菜单命令，各菜单命令下又汇聚了软件的各项功能命令。

2.1.3　标准工具栏

标准工具栏收藏了一些常用的命令按钮。标准工具栏为用户节省了从菜单中选择命令的时间，使操作过程一步完成，方便快捷。下面介绍标准工具栏中各按钮的功能。

✦ "新建"按钮🗔：新建一个文件。

✦ "打开"按钮🗁：打开文件。

✦ "保存"按钮💾：保存文件。

✦ "打印"按钮🖨：打印文件。

✦ "剪切"按钮✂：剪贴文件，并将文件放到剪贴板上。

✦ "复制"按钮📋：复制文件，并将文件复制到剪贴板上。

✦ "粘贴"按钮📋：粘贴文件。

✦ "撤销"按钮↩：撤销上一步操作。

✦ "重做"按钮↪：恢复撤销的一步操作。

✦ "搜索内容"按钮🔍：使用 Corel Connect 泊坞窗搜索剪贴画、照片和字体。

✦ "导入"按钮🗗：导入文件。

✦ "导出"按钮🗗：导出文件。

✦ 应用程序启动器📺▾：打开菜单，选择其他的 Corel 应用程序。

✦ 欢迎屏幕🖼：打开 CorelDRAW X6 的欢迎窗口。

✦ 贴齐🖰▾：用于贴齐网格、辅助线、对象，或打开动态导线功能。

✦ "缩放级别"下拉列表 100% ▾：用于控制页面视图的显示比例。

✦ 选项📇：单击该按钮，可打开"选项"对话框。

2.1.4　属性栏

CorelDRAW X6 的属性栏和其他图形图像软件属性栏的作用是相同的。选择要使用的工具后，属性栏中会显示出该工具的属性设置。选取的工具不同，属性栏的选项也不同。图 2-12 所示是选择文本工具后的属性栏设置。

图 2-12　选择文本工具后的属性栏

2.1.5　工具箱

　　CorelDRAW X6 的工具箱提供了绘图操作时最常用的基本工具。在工具按钮下显示有黑色小三角标记的，表示该工具是一个工具组，在该工具按钮上按下鼠标左键不放，可展开隐藏的工具栏并选取需要的工具。CorelDRAW X6 的展开工具栏以竖式方向显示，在显示工具图标的同时，还显示了工具名称，用户可以更好地识别。在展开的工具栏中选取一个绘图工具（如星形工具），然后在绘图窗口中按下鼠标左键并拖动，即可在释放鼠标后绘制出一个简单的图形，如图 2-13 所示。其他工具的使用方法也类似，读者可以自己尝试。

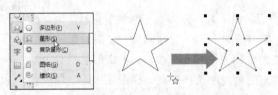

图 2-13　选取展开工具栏中的绘图工具进行绘图

2.1.6　标尺

　　标尺可以帮助用户准确地绘制、缩放和对齐对象。执行"视图→标尺"命令，即可显示或隐藏标尺。当"标尺"命令前显示有勾选标记时，表示标尺已显示，反之则被关闭。

2.1.7　工作区

　　工作区中包含了用户放置的任何图形和屏幕上的其他元素，包括标题栏、菜单栏、标准工具栏、属性栏、工具箱、标尺、泊坞窗、绘图页面等。

2.1.8　绘图页面

　　工作区中一个带阴影的矩形，称为绘图页面。用户可根据实际的尺寸需要，对绘图页面的大小进行调整。在进行图形的输出处理时，可根据纸张大小设置页面大小，同时对象必须放置在页面范围之内，否则可能无法完全输出。

2.1.9　泊坞窗

　　泊坞窗是放置 CorelDRAW X6 的各种管理器和编辑命令的工作面板。执行"窗口→泊坞窗"命令，然后选择各种管理器和命令选项，即可将其激活并显示在页面上。图 2-14 所示即是"对象管理器"泊坞窗。

图 2-14 "对象管理器"泊坞窗

2.1.10 调色板

调色板中放置了 CorelDRAW X6 中默认的各种颜色色标。它被默认放在工作界面的右侧,默认的色彩模式为 CMYK 模式。执行"工具→调色板编辑器"命令,弹出图 2-15 所示的"调色板编辑器"对话框,在该对话框中可以对调色板属性进行设置,包括修改默认色彩模式、编辑颜色、添加颜色、删除颜色、将颜色排序和重置调色板等。

2.1.11 状态栏

状态栏位于工作界面的最下方,分为上下两条信息栏,主要提供给用户在绘图过程中的相应提示,帮助用户了解对象信息,以及熟悉各种功能的使用方法和操作技巧;单击信息栏右边的 ▶ 按钮,可以在弹出的列表中选择要在该栏中显示的信息类型。例如,当绘制出一个圆形时,状态栏中会出现图 2-16 所示的工具操作提示,并显示出该对象的坐标位置、所在图层和颜色属性等信息。

图 2-15 "调色板编辑器"对话框

图 2-16 状态栏中的提示信息

2.2 基本操作 1——新建文件和设置页面

在 CorelDRAW 中进行一项新的绘图设计工作之前,新建文件是首要进行的操作。在新建文件后,设计者会根据设计要求、目标用途,对默认的页面进行相应的设置,以满足不同的实际应用需求,这样将有利于节省后期制作的时间,减少不必要的工作。

2.2.1 新建和打开图形文件

要在 CorelDRAW X6 中新建一个图形文件,可以通过以下几种操作方法来完成。

✦ 在启动 CorelDRAW X6 后,单击欢迎界面中的"新建空白文档"选项,在弹出的"创建新文档"对话框中设置好需要的文档属性,即可生成需要的空白文档,如图 2-17 所示。

✦ 在 CorelDRAW X6 中执行"文件→新建"命令,或者按下"Ctrl+N"快捷键,或者单击属性栏中的"新建"按钮，然后在弹出的"创建新文档"对话框中设置好需要的文档属性（例如名称、大小、原色模式、分辨率等），即可新建出需要的空白图形文件。

✦ 在欢迎界面中单击"从模板新建"选项，或者在 CorelDRAW 中执行"文件→从模板新建"命令，弹出图 2-18 所示的"从模板新建"对话框，在对话框左边单击"全部"选项，可以显示系统预设的全部模板文件。在"模板"下拉列表框中选择所需的模板文件，然后单击"打开"按钮，即可在 CorelDRAW X6 中新建一个以模板为基础的图形文件，用户可以在该模板的基础上进行新的创作。

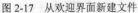

图 2-17　从欢迎界面新建文件

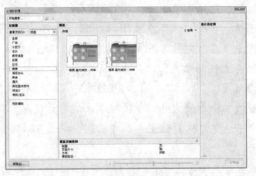

图 2-18　"从模板新建"对话框

要在 CorelDRAW X6 中打开已有的 CorelDRAW 文件（其后缀名为".cdr"），可以通过以下的操作方法来完成。

✦ 在欢迎窗口中单击"打开其他文档"按钮，打开"打开绘图"对话框。单击"查找范围"下拉按钮，从弹出的下拉列表中查找到文件保存的位置，并在文件列表框中单击其文件名，然后勾选"预览"复选框，预览所选文件的缩略图，最后单击"打开"按钮，即可在 CorelDRAW X6 中将选取的文件打开，如图 2-19 所示。

图 2-19　"打开绘图"对话框

✦ 执行"文件→打开"命令，或者按下"Ctrl+O"快捷键，或者单击属性栏中的"打开"按钮。

提示

如果需要同时打开多个文件，可在"打开绘图"对话框的文件列表框中，按住"Shift"键选择连续排列的多个文件，或者按住"Ctrl"键选择不连续排列的多个文件，然后单击"打开"按钮，即可按照文件排列的先后顺序将选取的所有文件打开。

2.2.2 保存和关闭图形文件

在绘图过程中，为避免文件意外丢失，需要及时将编辑好的文件保存到磁盘中。在 CorelDRAW X6 中保存文件的操作步骤如下。

步骤 1 执行"文件→保存"命令，或者按下"Ctrl+S"快捷键，或者单击属性栏中的"保存"按钮 ，弹出图 2-20 所示的"保存绘图"对话框。

步骤 2 单击"保存在"下拉按钮，从弹出的下拉列表中选择文件所要保存的位置。

步骤 3 在"文件名"文本框中输入所要保存文件的名称，并在"保存类型"下拉列表中选择保存文件的格式。

步骤 4 在"版本"下拉列表框中，可以选择保存文件的版本（CorelDRAW 的高版本可以打开低版本保存的文件，但低版本不能打开高版本保存的文件）。

步骤 5 完成保存设置后，单击"保存"按钮，即可将文件保存到指定的目录。

提示

如果当前文件是在一个已有的文件基础上进行的修改，那么在保存文件时，执行"保存"命令，将使用新保存的文件数据覆盖原有的文件，而原文件将不复存在。如果要在保存文件时保留原文件，可执行"文件→另存为"命令，在弹出的"保存绘图"对话框中，更改文件的存储位置或文件名后保存，这样就可以将当前文件存储为一个新的文件。

当完成文件的编辑后，可以将打开的文件关闭，以免占用太多的内存空间。关闭文件的方式有以下两种。

◆ 关闭当前文件：执行"文件→关闭"命令，或者单击菜单栏右边的关闭按钮 ，即可关闭当前文件。

◆ 关闭所有打开的文件：执行"文件→全部关闭"命令，即可关闭所有打开并保存的文件。如果要关闭的文件还未保存，则系统会弹出图 2-21 所示的提示对话框。单击"是"按钮，用户可在保存文件后自动将该文件关闭。单击"否"按钮，不保存而直接关闭文件。单击"取消"按钮，取消关闭操作。

图 2-20 "保存绘图"对话框

图 2-21 关闭文件时出现的提示对话框

2.2.3　设置页面

在实际绘图工作中，所编辑图形文件的输出应用尺寸可能会有变化，这时就需要进行自定义的页面设置。设置页面大小的操作方法有以下 3 种。

方法 1：在工作区中的页面阴影上双击鼠标左键，开启图 2-22 所示的"选项"对话框并显示"页面尺寸"选项，可以在其中对当前页面的方向、尺寸、分辨率、出血范围等属性进行设置。设置好后，单击"确定"按钮，即可对应用页面调整更新。

图 2-22　页面尺寸设置对话框

- ✦ 大小：在该下拉列表中选择需要的预设页面大小样式。
- ✦ 宽度/高度：输入数值或选择单位类型，设置需要的尺寸。单击后面的"纵向"按钮，设置页面为纵向；单击"横向"按钮，设置页面为横向。
- ✦ 只将大小应用到当前页面：如果当前文件中存在多个页面，选中该复选框，可以只对当前页面进行调整。
- ✦ 分辨率：输入数值，设置需要的图像渲染分辨率。
- ✦ 出血：用于设置页面四周的出血宽度。

方法 2：执行"布局→页面设置"命令，或者执行"工具→选项"命令并展开"文档\页面\大小"选项，同样可以完成对页面大小的设置。

方法 3：在保持"选择工具"无任何选取对象的情况下，在属性栏中也可以方便地对页面大小进行调整，如图 2-23 所示。

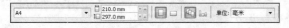

图 2-23　属性栏中的页面设置选项

- ✦ 页面大小 ：用于选择系统预设的页面大小。
- ✦ "纸张宽度" □ 和"纸张高度" □ 数值框：在其中输入所需的页面宽度和高度值，按下 Enter 键即可。
- ✦ "纵向" □ 和"横向" □ 按钮：用于设置页面的方向。

2.2.4　设置多页文档

CorelDRAW 支持在一个文件中创建多个页面，在不同的页面中可以进行不同的图形绘制与处理，方便了编辑系统、连贯、复杂的多页面图形项目。这也是 CorelDRAW 可以应用于大型出版物排版工作中的突出特点，例如可以利用该功能来进行多页手册的设计，甚至进行图书的排版等。

1. 插入页面

默认状态下，新建的文件只有一个页面，通过插入页面，可以在当前文件中插入一个或多个新的页面。插入页面的方法有以下几种。

方法 1：执行"布局→插入页面"命令，在打开的"插入页面"对话框中，可以对需要插入的页面数量、插入位置、版面方向及页面大小等参数进行设置。设置好后，单击"确定"按钮即可，如图 2-24 所示。

图 2-24 "插入页面"对话框

方法 2：在页面左下方的标签栏上，单击页面信息左边的 按钮，可在当前页之前插入一个新的页面。单击右边的 按钮，可在当前页之后插入一个新的页面，如图 2-25 所示。

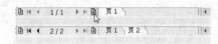

图 2-25 在当前页之后插入新的页面

提示

使用方法 2 插入的页面，具有和当前页面相同的页面设置。

方法 3：在页面标签栏的页面名称上按下鼠标右键，从弹出的右键菜单中选择"在后面插入页面"或"在前面插入页面"命令，同样也可在当前页之后或之前插入新的页面，如图 2-26 所示。

2. 重命名页面

通过对页面重新命名，可以方便地在绘图工作中快速、准确地查找到需要编辑修改的页面。重命名页面的方法有以下两种。

方法 1：在需要重命名的页面上单击，将其设置为当前页面，然后执行"布局→重命名页面"命令，弹出"重命名页面"对话框，在"页名"文本框中输入新的页面名称，单击"确定"按钮即可，如图 2-27 所示。

图 2-26 插入页面命令

图 2-27 重命名页面设置及其结果

方法 2：将光标移动到页面标签栏中需要重命名的页面上，单击鼠标右键，在弹出的右键菜单中选择"重命名页面"命令，也可弹出"重命名页面"对话框，然后进行下一步操作。

3. 删除页面

在 CorelDRAW X6 中进行绘图编辑时，如果需要将多余的页面删除，可通过以下两种操作方法来完成。

方法 1：执行"布局→删除页面"命令，弹出图 2-28 所示的"删除页面"对话框。在"删除页面"文字框中输入所要删除的页面序号，单击"确定"按钮即可。

方法 2：在标签栏中需要删除的页面上按下鼠标右键，从弹出的命令菜单中选择"删除页面"命令，即可直接将该页面删除，如图 2-29 所示。

图 2-28　"删除页面"对话框

图 2-29　直接删除页面

4．调整页面顺序

在实际工作中，例如在进行比较复杂的多页手册设计时，常常需要调整页面之间的前后顺序，这时可以通过以下的操作方法来完成。

方法 1：将需要删除的页面切换为当前页面，然后执行"布局→转到某页"命令，弹出图 2-30 所示的"转到某页"对话框，在"转到某页"数值框中输入调整后的目标页面序号，单击"确定"按钮即可。

图 2-30　"转到某页"对话框

方法 2：在页面标签栏中需要调整顺序的页面名称上按下鼠标左键不放，然后将光标拖动到指定的位置后，释放鼠标即可，如图 2-31 所示。

（a）按下鼠标左键　　　　　　　　　　（b）拖动光标到目标位置

（c）调整后的页面顺序

图 2-31　手动调整页面顺序

2.3　基本操作 2——视图显示控制

在 CorelDRAW X6 中，通过选择"视图"菜单中的预览菜单项，用户可以对文件中的所有图形进行预览，也可对选定区域中的对象进行预览，还可分页预览。

预览绘图之前，可以指定预览模式。预览模式会影响预览显示的速度，以及图像在绘图窗口中显示的细节质量。

2.3.1　视图的显示模式

CorelDRAW X6 为用户提供了多种视图显示模式，用户可以在绘图过程中根据实际情况进行选择。这些视图显示模式包括简单线框、线框、草稿、正常、增强和增强叠印模式。

单击"视图"菜单，在其中可查看和选择视图的显示模式，如图 2-32 所示。

1. 简单线框模式

选择"简单线框"模式后，矢量图形只显示外框线，所有变形对象（渐变、立体化、轮廓效果）只显示原始图像的外框，位图显示为灰度图。这种模式下显示的速度是最快的，图 2-33 是选择"简单线框"模式后的视图显示效果。

2. 线框模式

线框模式的显示效果与简单线框显示模式相似，只显示立体模型、轮廓线与中间调和形状，对位图则显示为单色。

3. 草稿模式

图形以低分辨率显示，花纹填色、材质填色和 PostScript 图案填色等均以一种基本图案显示，滤镜效果以普通色块显示，渐变填色以单色显示，如图 2-34 所示。

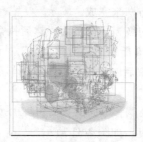

图 2-32 "视图"菜单中的视图显示模式　　　图 2-33 简单线框显示　　　图 2-34 草稿模式显示

4. 正常模式

位图以高分辨率显示，其他图形均正常显示，如图 2-35 所示。其刷新和打开速度比"增强"视图稍快，但比"增强"模式的显示效果差一些。

5. 增强模式

系统以高分辨率显示图形对象，并使图形尽可能显示平滑，如图 2-36 所示。显示复杂的图形时，该模式会耗用更多内存和运算时间。

6. 像素模式

以位图效果的方式对矢量图形进行预览，方便用户了解图像在输出成位图文件后的具体情况，提高了图像编辑工作的准确性，在放大显示比例时可以看见每个像素，如图 2-37 所示。

图 2-35 正常模式显示　　　图 2-36 增强模式显示　　　图 2-37 像素模式显示

7. 模拟叠印模式

"模拟叠印"模式是在"增强"模式的视图显示基础上，模拟目标图形被设置成套印后的变化，用户可以非常方便直观地预览图像套印的效果。

2.3.2 使用缩放工具查看对象

缩放工具可以用来放大或缩小视图的显示比例，更方便用户对图形的局部进行浏览和编辑。使用缩放工具的操作方法有以下两种。

方法 1：单击工具箱中的"缩放工具"按钮，当光标变为 形状时，在页面上单击鼠标左键，即可将页面逐级放大。

方法 2：使用"缩放工具"在页面上按下鼠标左键，拖动鼠标框选出需要放大显示的范围，释放鼠标后即可将框选范围内的视图放大显示，并最大范围地显示在整个工作区中，如图 2-38 所示。

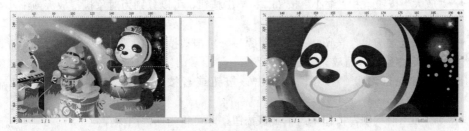

图 2-38　放大后的效果

选择"缩放工具"后，在属性栏中会显示出该工具的相关选项，如图 2-39 所示。

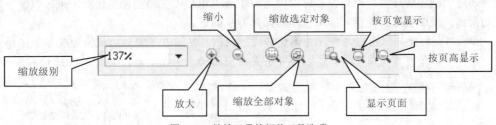

图 2-39　缩放工具的相关工具选项

✦ 单击"放大"按钮，其快捷键为"F2"，视图放大两倍，按下鼠标右键会缩小为原来的 50%显示。

✦ 单击"缩小"按钮，其快捷键为"F3"，视图缩小为原来的 50%显示。

✦ 单击"缩放选定对象"按钮，其快捷键为"Shift+F2"，会将选定的对象最大化地显示在页面上。

✦ 单击"缩放全部对象"按钮，其快捷键为"F4"，会将对象全部缩放到页面上，按下鼠标右键会缩小为原来的 50%显示。

✦ 单击"显示页面"按钮，其快捷键为"Shift+F4"，会将页面的宽和高最大化地全部显示出来。

✦ 单击"按页宽显示"按钮，会按页面宽度显示，按下鼠标右键会将页面缩小为原来的 50%显示。

✦ 单击"按页高显示"按钮，会最大化地将页面高度显示，按下鼠标右键会将页面缩小为原来的 50%显示。

2.3.3 使用"视图管理器"显示对象

使用视图管理器，可以方便用户查看画面效果。执行"窗口→泊坞窗→视图管理器"命令，即可开启图 2-40 所示的"视图管理器"泊坞窗。

✦ "缩放一次"按钮：单击该按钮或者按下"F2"键，光标即可转换为放大状态，此时单击鼠标左键，可完成放大一次的操作。相反，单击鼠标右键可以完成缩小一次的操作。

✦ "放大"按钮和"缩小"按钮：单击按钮，可以分别为对象执行放大或缩小显示操作。

✦ "缩放选定对象"按钮：选取对象后，单击该按钮或者按下"Shift+F2"键，即可对选定对象进行缩放。

✦ "缩放全部对象"按钮：单击该按钮或者按下"F4"键，即可将全部对象缩放。

✦ "添加当前视图"按钮：单击该按钮，即可将当前视图保存。

✦ "删除已保存的视图"按钮：选中保存的视图后，单击该按钮，即可将其删除。

通过"视图管理器"泊坞窗，可以将当前 CorelDRAW 文档的视图保存下来，以便于随时切换到该视图状态。保存和编辑视图的操作方法如下。

步骤 1 打开一张图形文件，并调整好视图比例，然后在开启的"视图管理器"泊坞窗中，单击"添加当前视图"按钮，即可将当前视图状态保存下来，如图 2-41 所示。

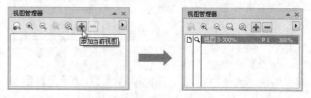

图 2-40 "视图管理器"泊坞窗 　　　　　　　　图 2-41 保存视图

步骤 2 在保存的视图名称上单击，然后在出现的文字编辑框中输入新的名称，即可为保存的视图重命名，如图 2-42 所示。

步骤 3 在"视图管理器"泊坞窗中选择保存的视图，然后单击"删除当前视图"按钮，可以将保存的视图删除。

【技巧与提示】

在"视图管理器"泊坞窗中，单击已保存的视图左边的页面图标，使其成为灰色状态显示后（表示禁用），当用户切换到该视图时，CorelDRAW 只切换到缩放级别，而不切换到页面。同样，如果禁用放大镜图标，则 CorelDRAW 只切换到页面，而不切换到该缩放级别。

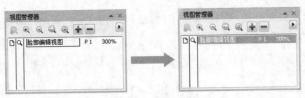

图 2-42　重命名视图

2.4　基本操作 3——设置工具选项

辅助绘图工具用于在图形绘制过程中提供操作参考或辅助作用，以帮助用户更快捷、更准确地完成操作。CorelDRAW X6 中的辅助绘图工具包括标尺、辅助线和网格，用户可以根据绘图需要，对它们进行应用与设置。

2.4.1　设置辅助线

辅助线是设置在页面上用来帮助用户准确定位对象的虚线。它可以帮助用户快捷、准确地调整对象的位置及对齐对象等。辅助线可放置在绘图窗口的任何位置，可设置成水平、垂直和倾斜 3 种形式。在进行文件输出时，辅助线不会同文件一起被打印出来，但会同文件一起被保存。

1. 辅助线的显示和隐藏

辅助线和标尺工具一样，用户同样可自行设置是否显示辅助线。

执行"视图→辅助线"命令，"辅助线"命令前出现复选标记，即说明添加的辅助线会显示在绘图窗口上，否则将被隐藏。

执行"工具→选项"命令，或者单击标准工具栏中的"选项"按钮，在弹出的"选项"对话框中展开"文档\辅助线"选项，选中"显示辅助线"复选框，如图 2-43 所示。

- ✦ 显示辅助线：用于隐藏或显示辅助线。
- ✦ 贴齐辅助线：选中该复选框后，在页面中移动对象的时候，对象将自动向辅助线靠齐。
- ✦ "默认辅助线颜色"和"默认预设辅助线颜色"：在对应的下拉列表中选择需要的颜色，修改辅助线和预设辅助线在绘图窗口中显示的颜色。

2. 辅助线的设置

辅助线可设置成水平、垂直和倾斜的，也可在页面中将其按顺时针或逆时针方向旋转、锁定和删除等。

将光标移动到水平或垂直标尺上，按下鼠标左键向绘图工作区拖动，即可创建一条辅助线，将辅助线拖动到需要的位置后释放鼠标，即可完成对其的定位。另外，通过"选项"对话框，还可以精确地添加辅助线，以及对其属性进行设置，下面就来介绍。

添加水平方向辅助线

添加水平方向辅助线，可通过以下的操作步骤来完成。

步骤 1　执行"工具→选项"命令，在"选项"对话框中展开"文档\辅助线\水平"选项，对话框选项如图 2-44 所示。

图 2-43　辅助线选项设置　　　　　　　　　图 2-44　水平辅助线选项

步骤 2　在"水平"下的文字框中，输入需要添加的水平辅助线指向的垂直标尺刻度值。

步骤 3　单击"添加"按钮，将数字添加到下面的文字框中，如图 2-45 所示。

图 2-45　添加水平辅助线设置

步骤 4　设置好所有的选项后，单击"确定"按钮即可。

添加垂直方向辅助线

添加垂直方向辅助线的操作方法与添加水平方向辅助线相同。其操作方法是：在"选项"对话框中展开"文档\辅助线\垂直"选项，然后在"垂直"下方的文字框中，输入需要添加的垂直辅助线所指向的水平标尺刻度值，再单击"添加"按钮，将数字添加到下面的文字框中，最后单击"确定"按钮即可。

添加一定角度的辅助线

除了可以添加水平和垂直的辅助线外，还可以添加有一定角度的辅助线，其操作方法如下。

步骤 1　在"选项"对话框中展开"文档\辅助线\辅助线"选项，对话框设置如图 2-46 所示。

步骤 2　选择"指定"下拉列表中的一项。

图 2-46　辅助线设置对话框

✦ 2 点：是指要连成一条辅助线的两个点。选择该选项后，对话框设置如图 2-47 所示，在"X"、"Y"的文字框中分别输入两点的坐标数值。

✦ 角度和 1 点：是指可以指定的某个点和某个角度，辅助线以指定的角度穿过该点。选择该选项后，对话框设置如图 2-48 所示。在"X"、"Y"的文字框中输入该点的坐标，在"角度"文字框中输入指定的角度。

图 2-47 "2 点"设置

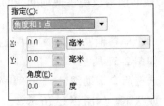

图 2-48 "角度和 1 点"设置

步骤 3 从单位下拉列表中选择测量单位，默认单位为"毫米"。设置好后，单击"添加"按钮，再单击"确定"按钮即可。

添加预设辅助线

预设辅助线是指 CorelDRAW X6 程序为用户提供的一些辅助线设置样式，它包括"Corel 预设"和"用户定义预设"两个选项。添加预设辅助线的操作步骤如下。

步骤 1 在"选项"对话框中展开"辅助线\预设"选项，对话框设置如图 2-49 所示。

步骤 2 默认状态下，系统会选中"Corel 预设"单选项，其中包括"一厘米页边距"、"出血区域"、"页边框"、"可打印区域"、"三栏通讯"、"基本网格"和"左上网格"预设辅助线。

步骤 3 选择好需要的选项后，单击"确定"按钮即可。

用户定义预设

在"预设"选项中选中"用户定义预设"单选项后，对话框设置如图 2-50 所示。

✦ 页边距：辅助线离页面边缘的距离。点选该栏前的复选框后，在"上"、"左"旁边的文字框中输入页边距的数值，则"下"、"右"旁边的文字框中出现相同的数值。取消"镜像页边距"前的复选标记后，可在"下"、"右"旁边的文字框中输入不同的数值。

图 2-49 预设选项对话框

图 2-50 用户定义预设面板

◆ 栏：是指将页面垂直分栏。"栏数"是指页面被划分成栏的数量，"间距"是指每两栏之间的距离。

◆ 网格：是在页面中将水平和垂直辅助线相交后形成网格的形式。可通过"频率"和"间隔"来修改网格设置。

3. 辅助线的使用技巧

辅助线的使用技巧包括辅助线的选择、旋转、锁定及删除等，各项技巧的具体使用方法如下。

◆ 选择单条辅助线。使用"选择工具"单击辅助线，则该条辅助线呈红色选取状态，如图 2-51 所示。

◆ 选择所有辅助线。执行"编辑→全选→辅助线"命令，则全部的辅助线呈现红色选取状态，如图 2-52 所示。

图 2-51　选中单条的辅助线

图 2-52　选择全部辅助线

◆ 旋转辅助线。使用"选择工具"单击两次辅助线，当显示倾斜手柄时，将光标移动到倾斜手柄上按下鼠标左键不放，拖动鼠标即可对辅助线进行旋转，如图 2-53 所示。

◆ 锁定辅助线。选取辅助线后，执行"排列→锁定对象"命令，该辅助线即被锁定，这时将不能对它进行移动、删除等操作。

◆ 解锁辅助线。将光标对准锁定的辅助线，单击鼠标右键，在弹出的快捷菜单中选择"解锁对象"即可，如图 2-54 所示。

◆ 贴齐辅助线。为了在绘图过程中对图形进行更加精准的操作，可以执行"视图→贴齐辅助线"命令，或者单击标准工具栏中的 贴齐(P) 按钮，从弹出的下拉列表中选择"贴齐辅助线"命令来开启对齐辅助线功能。打开对齐辅助线功能后，移动选定的对象时，图形对象中的节点将向距离最近的辅助线及其交叉点靠拢对齐，如图 2-55 所示。

图 2-53　拖动鼠标旋转辅助线

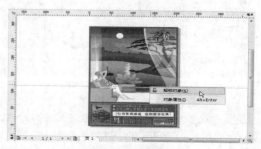

图 2-54　解除锁定辅助线

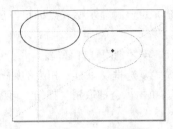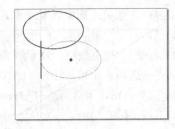

图 2-55 对齐辅助线后的效果

- ✦ 删除辅助线。选择辅助线，然后按下"Delete"键即可。
- ✦ 删除预设辅助线。执行"视图→设置→辅助线设置"命令，在类别列表中选择"预设"选项，取消选取预设辅助线旁边的复选框即可。

2.4.2 设置贴齐

在移动或绘制对象时，通过设置贴齐功能，可以将该对象与绘图中的另一个对象贴齐，也可以与目标对象中的多个贴齐点贴齐。当光标移动到贴齐点时，贴齐点会突出显示，表示该贴齐点就是光标要贴齐的目标。

通过贴齐对象，可以将对象中的节点、交集、中点、象限、正切、垂直、边缘、中心和文本基线等设置为贴齐点，使用户在贴齐对象时得到实时的反馈。

1. 打开或关闭贴齐

要打开贴齐功能，执行"视图→贴齐→贴齐对象"命令，或者单击标准工具栏中的 贴齐(P) ▾ 按钮，从弹出的下拉列表中选择"贴齐对象"命令，使"贴齐对象"命令前显示勾选标记即可。

2. 贴齐对象

打开贴齐功能后，选择要与目标对象贴齐的对象，将光标移到对象上，此时会突出显示光标所在处的贴齐点，如图 2-56 所示，然后将该对象移动至目标对象，当目标对象上突出显示贴齐点时，如图 2-57 所示，释放鼠标，即可使选取的对象与目标对象贴齐，如图 2-58 所示。

3. 设置贴齐选项

默认状态下，对象可以与目标对象中的节点、交集、中点、象限、正切、垂直、边缘、中心和文本基线等贴齐点对齐。通过设置贴齐选项，可以选择是否将它们设置为贴齐点。

执行"视图→设置→贴齐对象设置"命令，打开"选项"对话框中的"贴齐对象"选项设置，如图 2-59 所示。

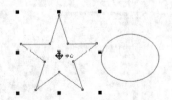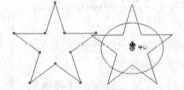

图 2-56 对象中的贴齐点　　图 2-57 目标对象中出现的贴齐点　　图 2-58 对象的对齐效果

- ✦ 贴齐对象：选中该复选框，打开贴齐对象功能。

◆ 显示贴齐位置标记：选中该复选框，在贴齐对象时显示贴齐点标记，反之则隐藏贴齐点标记。

◆ 屏幕提示：选中该复选框，显示屏幕提示，反之则隐藏屏幕提示。

◆ 模式：在该选项栏中可启用一个或多个模式复选框，以打开相应的贴齐模式。单击"选择全部"按钮，可启用所有贴齐模式。单击"全部取消"按钮，可禁用所有贴齐模式但不关闭贴齐功能。

◆ 贴齐半径：用于设置光标激活贴齐点时的响应距离。例如，设置贴齐半径为 10 像素，则当光标距离贴齐点为 10 个屏幕像素时，即可激活贴齐点。

◆ 贴齐页面：勾选该选项，可以在对象靠近页面边缘时，即可激活贴齐功能，对齐到当前靠近的页面边缘。

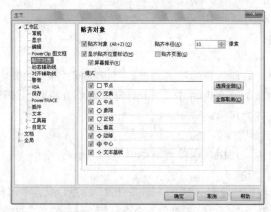

图 2-59 "贴齐对象"选项设置

2.4.3 设置标尺

标尺是放置在页面上用来测量对象大小、位置等的测量工具。使用标尺工具，可以帮助用户准确地绘制、缩放和对齐对象。

1. 显示和隐藏标尺

在默认状态下，标尺处于显示状态。为方便操作，用户可以自行设置是否显示标尺。执行"视图→标尺"命令，菜单中的"标尺"命令前出现复选标记☑，即说明标尺已显示在工作界面上，反之则标尺被隐藏。

2. 设置标尺

用户可根据绘图的需要，对标尺的单位、原点、刻度记号等进行设置，操作方法如下。

执行"工具→选项"命令或双击标尺，在弹出的"选项"对话框左边展开"文档\标尺"选项，对话框显示如图 2-60 所示。

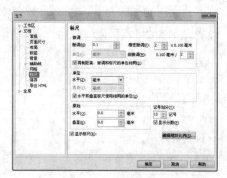

图 2-60 标尺选项设置

✦ 单位：在下拉列表中可选择一种测量单位，默认的单位是"毫米"。

✦ 原始：在"水平"和"垂直"文字框中输入精确的数值，以自定义坐标原点的位置。

✦ 记号划分：在文字框中输入数值来修改标尺的刻度记号。输入的数值决定每一段数值之间刻度记号的数量。CorelDRAW X6 中的刻度记号数量最多只能为 20，最低为 2。

✦ 编辑缩放比例：单击"编辑缩放比例"按钮，弹出"绘图比例"对话框，在"典型比例"下拉列表中，可选择不同的刻度比例，如图 2-61 所示。

在标尺选项中设置好各项参数后，单击"确定"按钮，即可完成对标尺的设置。

3. 调整标尺原点

有时为了方便对图形进行测量，可以将标尺原点调整到方便测量的位置上，操作方法如下。

步骤 1 将光标移至水平标尺与垂直标尺的原点 🖾 上，按住鼠标左键不放，将原点拖至绘图窗口中，这时屏幕上会出现两条垂直相交的虚线，如图 2-62 所示。

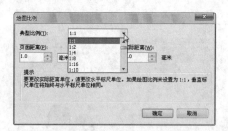

图 2-61 "典型比例"下拉列表

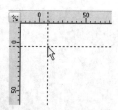

图 2-62 拖动标尺原点

步骤 2 拖动原点到需要的位置后松开鼠标，此时水平标尺和垂直标尺上的原点就被设置到这个位置上，如图 2-63 所示。

也可以在标尺的水平或垂直方向上拖动标尺原点 🖾 。在水平标尺上拖动时，水平方向上的"0"刻度会调整到释放鼠标的位置，水平方向上的"0"刻度就是标尺的原点；同样，在垂直标尺上拖动时，垂直方向上的"0"刻度会调整到释放鼠标的位置，标尺原点就被调整到垂直标尺上，如图 2-64 所示。

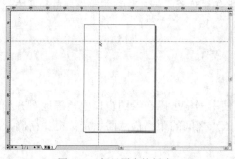

图 2-63 标尺原点的创建

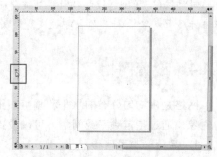

图 2-64 水平方向上的标尺原点

提示

双击标尺原点 🖾 按钮，可以将标尺原点恢复到默认的状态。

4．调整标尺位置

在 CorelDRAW X6 中，标尺可放置在页面中的任何位置，可根据不同对象的测量需要来灵活调整标尺的位置。

◆ 同时调整水平和垂直标尺。将光标移动到标尺原点 上，按住"Shift"键的同时，按下鼠标左键拖动标尺原点，释放鼠标后，标尺就被拖动到指定的位置，如图 2-65 所示。

图 2-65　拖动标尺位置

◆ 分别调整水平或垂直标尺。将光标移动到水平或垂直标尺上，按住"Shift"键的同时，按下鼠标左键分别向下或向右拖动标尺原点，释放鼠标后，水平标尺或垂直标尺将被拖动到指定的位置，如图 2-66 所示。

图 2-66　调整后的水平和垂直标尺

技巧

同时按住"Ctrl"键和"Shift"键，双击标尺上任意位置，标尺将恢复为拖动前的状态。再双击标尺原点 ，标尺原点即被恢复为默认状态。

2.4.4　设置网格

网格是由均匀分布的水平和垂直线组成的，使用网格可以在绘图窗口中精确地对齐和定位对象。通过指定频率或间隔，可以设置网格线或点之间的距离，从而使定位更加精确。

1．显示和隐藏网格

默认状态下，网格处于隐藏状态，用户可通过下面的方法显示网格。

步骤 1　在工作区中页面边缘的阴影上双击鼠标左键，开启"选项"对话框，在左栏选择"网格"选项，如图 2-67 所示。

步骤 2　默认状态下，"显示网格"复选框处于未选取状态，此时在工作区中不会显示网格。要显示网格，只需要选择该复选框即可。图 2-68 所示为显示网格后的效果。

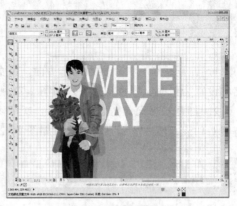

图 2-67　网格选项对话框　　　　　　　　　　图 2-68　网格的显示效果

2. 设置网格

用户可根据绘图需要自定义网格的频率和间隔，具体操作步骤如下。

步骤 1　执行"工具→选项"命令，在"选项"对话框中展开"文档\网格"选项，则对话框设置如图 2-69 所示。

步骤 2　选择"毫米间距"和"每毫米的网格线数"中的一项。

✦　毫米间距：以具体的距离数值，指定水平或垂直方向上网格线的间隔距离。

✦　每毫米的网格线数：以每一毫米距离中所包含的线数指定网格的间隔距离。

步骤 3　在"水平"和"垂直"文字框中输入相应的数值。设置好所有的选项后，单击"确定"按钮即可。

3. 贴齐网格

要设置对齐网格功能，单击标准工具栏中的 贴齐(P) ▾ 按钮，从弹出的下拉列表中选择"贴齐网格"命令，或者执行"视图→贴齐网格"命令，使"贴齐网格"命令前出现勾选标记即可。打开对齐网格功能后，移动选定的图形对象时，系统会自动将对象中的节点按格点对齐，如图 2-70 所示。

图 2-69　网格选项　　　　　　　　　　　　　图 2-70　对齐网格的效果

2.5 本章练习

1．在同一个文件中插入两个页面，将页面大小设置为 160mm×180mm，并分别将页面名称设置为封面、扉页和封底，如图 2-71 所示。

2．打开本书配套光盘中 Chapter 2\图形素材.cdr 文件，在工作区中显示网格，并打开贴齐网格功能，然后移动素材对象，如图 2-72 所示，观察对象贴齐网格的效果。

图 2-71 设置多页页面

图 2-72 贴齐网格

3．单击标准工具栏中的"选项"按钮，打开"选项"对话框，选择"文档\标尺"选项，在其中将标尺单位设置为像素，如图 2-73 所示。

图 2-73 设置标尺单位

第 3 章

对象的操作和管理

- 3.1　选择对象
- 3.2　复制对象
- 3.3　变换对象
- 3.4　控制对象
- 3.5　对齐与分布对象
- 3.6　本章练习

在 CorelDRAW X6 中，所有的编辑处理都需要在选择对象的基础上进行，所以准确地选择对象，是进行图形操作和管理的第一步。而在绘图过程中，通常都需要对绘制的对象进行一些如复制、变换、控制和排列等方面的管理，以得到理想的绘图效果。本章将详细介绍选择对象、复制对象、变换对象、控制对象、对齐和分布对象的操作方法。

 # 3.1 选择对象

在 CorelDRAW X6 中，对图形对象的选择是编辑图形时最基本的操作。对象的选择可以分为选择单个对象、选择多个对象和选择工作区中的所有对象 3 种，下面介绍选择对象的具体操作方法。

3.1.1 选择单一对象

需要选择单个对象时，在工具箱中选择"选择工具" ，单击要选取的对象，对象四周出现控制点，则表明对象已经被选中，如图 3-1 所示。

如果对象是组合图形，要选择对象中的单个图形元素，可在按下"Ctrl"键的同时再单击此图形，此时图形四周将出现圆形的控制点，表明该图形已经被选中，如图 3-2 所示。也可使用"Ctrl+U"快捷键将对象解组后，再选择单个图形。

未选的对象　　　　　　　选择的对象

图 3-1　选中对象

选择对象时，也可以在工作区中对象以外的地方按下鼠标左键不放，拖动鼠标拉出一个虚线框，框选完所要选择的对象并释放鼠标后，即可看到对象处于被选取状态，如图 3-3 所示。

组合的对象　　　　　　选择的对象

图 3-2　组合对象被选中

图 3-3　框选单个对象

提示

利用空格键可以从其他工具快速切换到"选择工具"，再按一下空格键，则切换回原来的工具。在实际工作中，用户会亲身体验到这种切换方式所带来的便利。

3.1.2 选择多个对象

在实际操作中，经常需要同时选择多个对象进行编辑，选择多个对象的操作方法如下。

步骤1 在工具箱中选取"选择工具" ⬚ ，单击其中一个对象，将其选中，如图 3-4 所示。

步骤2 按住"Shift"键不放，逐个单击其余的对象即可。

也可以与选择单个对象一样，在工作区中对象以外的地方按下鼠标左键不放，拖动鼠标创建一个虚线框，框选出所要选择的所有对象，释放鼠标后，即可看到选框范围内的对象都被选取。

提示

在框选多个对象时，如选取了多余的对象，可按下"Shift"键单击多选的对象，即可取消对该对象的选取。

CorelDRAW X6 新增了一个"手绘选择工具" ⬚ ，可以在按住鼠标左键后，自由拖动绘制出自定义的选取范围，只选取文档中需要的一个或多个对象，如图 3-5 所示。

选择一个对象 　　选择多个对象

图 3-4　选择对象　　　　　　　　　　　图 3-5　绘制选取范围

3.1.3 按一定顺序选择对象

使用快捷键，可以很方便地按图形的图层关系，在工作区中从上到下快速地依次选取对象，并依次循环选取，其操作方法如下。

步骤1 在工具箱中选择"选择工具" ⬚ 。

步骤2 按下键盘上的"Tab"键，在 CorelDRAW X6 中直接选取最后绘制的图形。

步骤3 继续按下"Tab"键，系统会按用户绘制图形的先后顺序从后到前逐步选取对象。

例如，在页面上按先后顺序分别绘制圆形、星形和矩形后，按顺序选取的效果如图 3-6 所示。

图 3-6　按一定顺序选择对象

3.1.4 选择重叠对象

在 CorelDRAW X6 中，使用选择工具选择被覆盖在对象下面的图形时，总是会选到最上层的对象。要方便地选取重叠的对象，可通过以下的操作方法来完成。

步骤 1 在工具箱中选择"选择工具"。

步骤 2 按下"Alt"键的同时，在重叠处单击鼠标，即可选取被覆盖的图形。

步骤 3 再次单击鼠标，则可以选取下一层的对象，依次类推，重叠在后面的图形都可以被选中，如图 3-7 所示。

图 3-7 选取重叠对象

3.1.5 全选对象

全选对象是指选择绘图窗口中所有的对象，其中包括所有的图形对象、文本、辅助线和相应对象上的所有节点。执行菜单命令，即可完成全选的操作。

执行"编辑→全选"命令，弹出图 3-8 所示的菜单选项。

"全选"命令中有对象、文本、辅助线和节点 4 个子命令，执行不同的全选命令会得到不同的全选结果。

图 3-8 全选命令

◆ 对象：选取绘图窗口中所有的对象，如图 3-9 所示。

◆ 文本：选取绘图窗口中所有的文本对象，如图 3-10 所示。

◆ 辅助线：选取绘图窗口中的所有辅助线，被选取的辅助线呈红色被选取状态，如图 3-11 所示。

◆ 节点：在选取当前页中的其中一个对象后，该命令才能使用，且被选取的对象必须是曲线对象。执行该命令后，所选对象的全部节点都将被选中，如图 3-12 所示。

图 3-9 全选对象

图 3-10 全选文本

图 3-11 全选辅助线

图 3-12 全选节点

技巧

使用"选择工具" ，可以通过框选的方式，对所有需要的图形对象进行选取；双击工具箱中的"选择工具"，则可以快速地选取工作区中的所有对象。

3.2 复制对象

在 CorelDRAW X6 中，复制对象有很多种方法。选取对象后，按下数字键盘上的"+"键，即可快速地复制出一个新对象。本节将详细讲解复制对象的其他方法。

3.2.1　对象的基本复制

选择对象以后，复制对象的操作方法主要有以下几种。

✦　执行"编辑→复制"命令后，再执行"编辑→粘贴"命令。

✦　通过右键单击对象，在弹出的菜单中选择"复制"命令。

✦　按下"Ctrl+C"键将对象复制到剪贴板，再按下"Ctrl+V"键粘贴到文件中。

✦　单击标准工具栏中的"复制" 按钮，再单击"粘贴" 按钮。

✦　按下小键盘的"+"键。

✦　使用"选择工具"选择对象后，按下鼠标左键将对象拖动到适当的位置，在释放鼠标左键之前按下鼠标右键，即可将对象复制到该位置，如图 3-13 所示。

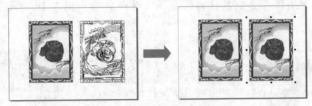

图 3-13　复制对象到指定的位置

3.2.2　对象的再制

"对象的再制"是指快捷地将对象按一定的方式复制为多个对象，其操作步骤如下。

步骤 1　使用"选择工具" 选取需要再制的对象，按住鼠标左键拖动一定的距离，然后在释放鼠标左键之前按下鼠标右键，即可在当前位置复制一个副本对象，如图 3-14 所示。

图 3-14　复制对象

步骤 2　执行"编辑→重复再制"命令，即可按照与上一步相同的间距和角度再制出新的对象，如图 3-15 所示。

图 3-15　再制对象

在绘图窗口中无任何选取对象的状态下，可以通过属性栏设置调节默认的再制偏移距离。在属性栏上的"再制距离"数值框中输入 x、y 方向上的偏移值即可，如图 3-16 所示。

图 3-16　属性栏中的再制偏移设置

3.2.3　复制对象属性

在 CorelDRAW X6 中，复制对象属性是一种比较特殊、重要的复制方法，它可以方便快捷地将指定对象中的轮廓笔、轮廓色、填充和文本属性通过复制的方法应用到所选对象中。复制对象属性的具体操作步骤如下。

步骤 1　使用 "选择工具" 选择需要复制属性的对象，如图 3-17 所示。

步骤 2　执行 "编辑→复制属性自" 命令，系统将弹出图 3-18 所示的 "复制属性" 对话框。

图 3-17　选中需要复制属性的对象

图 3-18　"复制属性" 对话框

✦ 轮廓笔：应用于对象的轮廓笔属性，包括轮廓线的宽度、样式等。

✦ 轮廓色：应用于对象轮廓线的颜色属性。

✦ 填充：应用于对象内部的颜色属性。

✦ 文本属性：只能应用于文本对象，可复制指定文本的大小、字体等文本属性。

步骤 3　在 "复制属性" 对话框中，选择需要复制的对象属性选项，这里以选中 "轮廓笔"、"轮廓色"、"填充" 选项为例，如图 3-19 所示。

步骤 4　单击 "确定" 按钮，当光标变为 ➡ 状态后，单击用于复制属性的源对象，即可将该对象的属性按设置复制到所选择的对象上，如图 3-20 所示。

图 3-19　"复制属性" 对话框设置

图 3-20　复制属性至所选对象

提示

用鼠标右键按住一个对象不放，将对象拖动至另一个对象上，释放鼠标后，在弹出的命令菜单中可选择 "复制填充"、"复制轮廓" 或 "复制所有属性" 选项，即可将源对象中的填充、轮廓或所有属性复制到所选对象上，如图 3-21 所示。

图 3-21 复制对象属性

 ## 3.3 变换对象

图形的基本编辑，包括改变图形的位置、大小、比例，旋转图形，镜像图形和倾斜图形，这是在绘图编辑中需要经常使用的操作。

执行"排列→变换"命令，在展开的子菜单中选择任一项命令，即可开启图 3-22 所示的"变换"泊坞窗。通过"变换"泊坞窗，可以对所选对象进行位置、旋转角度、比例、大小、镜像等精确的变换设置。另外，"变换"泊坞窗中的复制副本命令，可在变换对象的同时，将设置应用于复制的副本对象，而原对象保持不变。

图 3-22 "变换"泊坞窗

3.3.1 移动对象

使用"选择工具"选择需要移动的对象，然后在对象上按下鼠标左键并拖动，即可任意移动对象的位置。如果要精确移动对象的位置，可通过以下的操作步骤来完成。

步骤 1 使用"选择工具" 选中对象，如图 3-23 所示，然后执行"排列→变换→位置"命令，开启"变换"泊坞窗，此时泊坞窗显示为"位置"选项组，如图 3-24 所示。

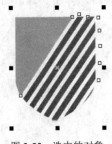

图 3-23 选中的对象

图 3-24 泊坞窗的显示

步骤 2 在"水平"和"垂直"数值框中，输入对象移动后的目标位置参数，并选择对象移动的相对位置，在"副本"文字框中输入需要复制的份数并单击"应用"按钮，可保留原来的对象不变，将设置应用到复制的对象上，如图 3-25 所示。

47

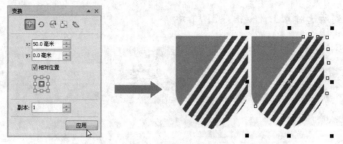

图 3-25 "移动"参数设置以及移动后的效果

提示

"移动"选项中的"相对位置",是指将对象或者对象副本,以原对象的锚点作为相对的坐标原点,沿某一方向移动到相对于原位置指定距离的新位置上。

除了使用"变换"泊坞窗移动对象外,还可使用"微调"的方式来完成。选取需要移动的对象,然后按下键盘上的方向键即可。

+ 按住"Ctrl"键的同时,按下键盘上的方向键,可按照"微调"的一小部分距离移动选定的对象。
+ 按住"Shift"键的同时,按下键盘上的方向键,可按照"微调"距离的倍数移动选定的对象。

提示

如果要对"微调"距离进行设置,可使用"选择工具"单击绘图窗口中的空白位置,取消对所有对象的选取,然后在属性栏中的"微调偏移"数值框中,将默认值修改为所需的偏移值即可,如图 3-26 所示。

图 3-26 设置微调偏移

3.3.2 旋转对象

使用"选择工具"在对象上单击两次,对象四周的控制点将变为双箭头形状,移动鼠标指针至对象四周的控制点上,当鼠标指针变成 ↻ 形状时,按下鼠标左键沿顺时针或逆时针方向拖动鼠标,即可使对象围绕基点按顺时针或逆时针方向旋转,如图 3-27 所示。

图 3-27 顺时针旋转对象

改变对象中的旋转基点 ⊙ 的位置,在旋转对象时,对象将围绕新的基点按顺时针或逆时针方向旋转,如图 3-28 所示。

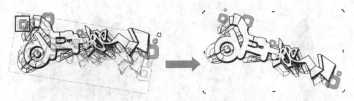

图 3-28　改变旋转基点后的旋转效果

除了使用手动方式旋转对象外，还可通过"变换"泊坞窗，按指定的角度旋转对象。

步骤 1　选取需要旋转的对象，单击"变换"泊坞窗中的"旋转"按钮，将泊坞窗切换到"旋转"选项，如图 3-29 所示。

步骤 2　设置好旋转中心点的位置（对象自身的中心点即为默认的旋转基点），旋转基点的位置可以通过选中图 3-30 所示的不同方向上的复选框进行设置。

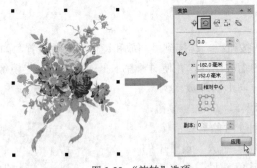

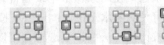

图 3-29　"旋转"选项　　　　　　图 3-30　选择基点位置

步骤 3　设置好旋转的角度，然后单击"应用"按钮，即可按所设置的参数完成对象的旋转操作，如图 3-31 所示。

图 3-31　按指定角度旋转对象

选取需要旋转的对象，设置好旋转的角度和旋转基点，在"副本"中输入需要复制的份数，然后单击"应用"按钮，可以在保留原对象的基础上，将设置应用到复制的对象上，轻松编辑出具有规则变化的组合图形，如图 3-32 所示。

提示

也可以先选择需要旋转的对象，然后在属性栏的"旋转角度"数值框中，对旋转的角度进行设置，如图 3-33 所示。

图 3-32　应用到再制后的图形效果

图 3-33　设置旋转角度

3.3.3　缩放和镜像对象

在"变换"泊坞窗中单击"缩放和镜像"按钮，切换到"缩放和镜像"选项设置，如图 3-34 所示。在该选项中，用户可以调整对象的缩放比例，并使对象在水平或垂直方向上镜像。

◆ 缩放：用于调整对象在水平和垂直方向上的缩放比例。

◆ 镜像：使对象在水平或垂直方向上翻转。单击　按钮，
可使对象水平镜像；单击　按钮，则使对象垂直镜像。

◆ 按比例：选中该复选框，可以对当前"缩放"设置中的
数值比例进行锁定，调整其中一个数值，另一个也相对
变化；取消选中，则两个数值在调整时不相互影响。需
要注意的是，在使对象按等比例缩放之前，需要选中"按
图 3-34　"缩放和镜像"选项
比例"复选框，将长宽百分比值调整为相同的数值，再取消"按比例"复选框的选取，
然后再进行下一步的操作。

使用"变换"泊坞窗精确缩放和镜像对象的操作步骤如下。

步骤 1　选取需要变换的对象，在"缩放"选项的"水平"数值框中输入对象宽度的缩
放百分比，然后单击　按钮，使该按钮处于选取状态。

步骤 2　在位置复选框中选择对象变换后的位置，设置"副本"为 1，然后单击"应用"
按钮，对图形进行水平的非等比例镜像复制，效果如图 3-35 所示。

图 3-35　调整对象的比例并镜像对象后的效果

技巧

使用"选择工具"在对象上单击，将光标移动到对象左边或右边居中的控制点上，按下鼠标左键向对应的另一边拖动鼠标指针，当拖出对象范围后释放鼠标，可使对象按不同的宽度比例进行水平镜像；同理，拖动上方或下方居中的控制点到对应的另一边，当拖出对象范围后释放鼠标，可使对象按不同的高度比例垂直镜像。拖动鼠标时按下"Ctrl"键，可使对象在保持长宽比例不变的情况下水平或垂直镜像，在释放鼠标之前按下鼠标右键，可在镜像对象的同时复制对象，如图 3-36 所示。

在"缩放和镜像"选项中，将长宽比例设置为 100%，选中 按钮，并选中不同方向上的复选框后，设置"副本"为 1 并单击"应用"按钮，图形效果如图 3-37 所示。

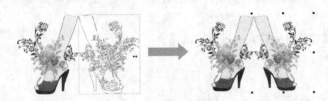

图 3-36　水平镜像并复制对象

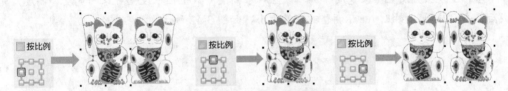

图 3-37　不同位置上的水平镜像效果

在"缩放和镜像"选项中，将长宽比例都设置为 50%，同时选中 和 按钮，并在位置复选框中选中不同方向上的复选框后，设置"副本"为 1，然后单击"应用"按钮，图形效果如图 3-38 所示。

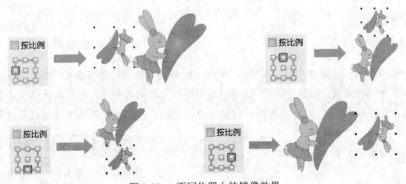

图 3-38　不同位置上的镜像效果

提示

用户还可通过调整属性栏中的"缩放因素"值来调整对象的缩放比例，如图 3-39 所示。单击属性栏中的"水平镜像" 和"垂直镜像" 按钮，也可以使对象水平或垂直镜像。

图 3-39　属性栏中的"缩放因素"选项

3.3.4　改变对象的大小

使用"选择工具" 在对象上单击选择对象，然后使用鼠标左键拖动对象四周任意一个角的控制点，即可调整对象的大小，如图 3-40 所示。

除了可以使用"选择工具"拖动控制点的方法调整对象的大小外，还可通过"变换"泊坞窗中的"大小"选项，对图形的大小进行精确调整，其具体操作步骤如下。

图 3-40　调整对象的大小

步骤 1　选择需要调整大小的对象，单击"变换"泊坞窗中的"大小"按钮，切换至"大小"选项，如图 3-41 所示。

步骤 2　在"设置对象宽度"和"设置对象高度"数值框中设置对象的宽度和高度，完成后单击"应用"按钮，即可调整对象的大小，如图 3-42 所示。

图 3-41　"大小"选项　　　　　　　　　　图 3-42　变换大小后与原对象的左边对齐

提示

使用"选择工具"选取对象后，在按住"Shift"键的同时拖动对象四角处的控制点，可以使对象按中心点位置等比例缩放。按住"Ctrl"键的同时拖动四角处的控制点，可以按原始大小的倍数来等比例缩放对象。按住"Alt"键的同时拖动四角处的控制点，可以按任意长宽比例延展对象。另外，通过设置属性栏中"对象的大小"数值，也可以精确地设置对象的大小，如图 3-43 所示。

图 3-43　"对象大小"选项

3.3.5　倾斜对象

使用"变换"泊坞窗中的"倾斜"选项，能精确地对图形的倾斜度进行设置。倾斜对象的操作方法与旋转对象基本相似，其操作步骤如下。

步骤1 选择需要倾斜的对象，在"变换"泊坞窗中单击"倾斜"按钮，"倾斜"选项如图 3-44 所示。

步骤2 在"水平"和"垂直"数值框中设置倾斜对象的参数值，然后单击"应用"按钮，对象的倾斜效果如图 3-45 所示。

在"倾斜"选项中选中"使用锚点"复选框后，下面的复选框将被激活，选中不同位置上的复选框后，单击"应用到再制"按钮，倾斜并再制后的对象将按指定位置与原对象对齐，如图 3-46 所示。

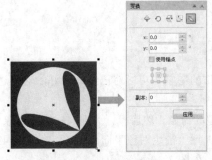

图 3-44 "倾斜"选项

图 3-45 按指定角度倾斜对象

技巧

使用"选择工具"单击对象两次，当对象四周出现双箭头形状的控制点时，移动光标到四周居中的控制点上，当鼠标指针变为 ⇄ 或 ↕ 形状时，按下鼠标左键并拖动鼠标，释放鼠标后，也可以使对象倾斜，如图 3-47 所示。

图 3-46 不同设置所产生的倾斜效果

图 3-47 手动倾斜对象

3.4 控制对象

在绘图过程中，为了达到所需要的绘图效果，绘图窗口中的一些对象需要进行相应的控制操作，如使对象群组或结合、解散对象的群组或打散对象、调整对象的叠放顺序等。另外，有时还需要将一些编辑好的对象锁定起来，使其不受其他移动或修改等操作的影响。掌握这些控制对象的方法，可以帮助用户更好、更高效地完成绘图操作。

3.4.1 锁定与解除锁定对象

在编辑复杂的图形时，有时为了避免对象受到操作的影响，可以对已经编辑好的对象进行锁定。被锁定以后的对象，不能被执行任何操作。

要锁定对象，可使用"选择工具" ▶选择需要锁定的对象，然后执行"排列→锁定对象"命令，或者使用右键单击对象，在弹出的命令菜单中选择"锁定对象"命令即可，如图 3-48 所示。锁定对象后，对象四周的控制点将变为 ▲ 状态，如图 3-49 所示。

锁定对象后，就不能对该对象进行任何的编辑。如果要继续编辑对象，就必须解除对象的锁定。选择锁定的对象后，执行"排列→解锁对象"命令，或者在对象上单击鼠标右键，从弹出的命令菜单中选择"解锁对象"命令即可，如图 3-50 所示。

图 3-48 执行"锁定对象"命令

图 3-49 对象的锁定状态

图 3-50 解除对象的锁定

提示

如果用户锁定了若干个对象，这些被锁定的对象可以单独解锁，也可以同时解锁。执行"排列→对所有对象解锁"菜单命令，即可将所有的对象一起解锁。

3.4.2 群组对象与取消群组

在进行比较复杂的绘图编辑时，通常会有很多的图形对象。为了方便操作，可以对一些对象进行群组操作；群组以后的多个对象，将被作为一个单独的对象来处理。

步骤 1 使用"选择工具" ▶选取需要群组的全部对象。

步骤 2 执行"排列→群组"命令或按下快捷键"Ctrl+G"，即可将选取的所有对象群组在一起，如图 3-51 所示。

提示

单击属性栏中的"群组" ⊞ 按钮，也可群组所选的多个对象。选择已群组的两组或多组对象，执行相同的群组操作，可以创建嵌套群组（嵌套群组是指将两组或多组已群组对象进行的再次组合）。另外，将不同图层的对象群组后，这些对象会存在于同一个图层中。

将多个对象群组后，如果需要对其中一个对象单独进行编辑时，就需要解散群组。解散群组的操作方法如下。

步骤 1 选择需要解组的群组对象。

步骤 2 执行"排列→取消群组"菜单命令，或者按下快捷键"Ctrl+U"，也可单击属性栏中的"取消群组"按钮 ⊞，即可取消对象的群组。解组后的对象状态如图 3-52 所示。

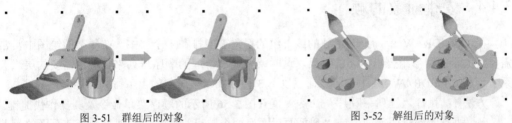

图 3-51 群组后的对象   图 3-52 解组后的对象

提示

如果要将嵌套群组对象全部解散为各个单一的对象，在选取该嵌套群组对象后，单击属性栏中的"取消全部群组"按钮 ⊞ 即可。

3.4.3 结合与打散对象

对象的"合并"命令与"群组"命令，在功能上是完全不一样的。"合并"是指把多个不同对象结合成一个新的对象，其对象属性也随之发生改变；而"群组"只是单纯地将多个不同对象组合在一起，各个对象属性不会发生改变。使用"合并"命令的操作步骤如下。

步骤 1 选取需要结合的多个对象。

步骤 2 执行"排列→合并"命令，或者按下"Ctrl+L"快捷键，也可以单击属性栏中的"合并"按钮 ⊞，即可将所选对象结合为一个对象，效果如图 3-53 所示。

提示

结合后的对象属性跟选取对象的先后顺序有关。如果采用点选的方式选择所要结合的对象，则结合后的对象属性与后选择的对象属性保持一致；如果采用框选的方式选取所要结合的对象，则结合后的对象属性会与位于最下层的对象属性保持一致，如图 3-54 所示。

图 3-53 结合后的对象效果   图 3-54 框选对象后的结合效果

对于结合后的对象，可以通过"拆分"命令来取消对象的结合，恢复各个对象原来的属性状态，其操作方法如下。

步骤 1 选取已经结合在一起的对象。

步骤 2 执行"排列→拆分曲线"命令，或者按下"Ctrl+K"快捷键，也可以单击属性栏上的"拆分"按钮 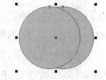，即可将对象分离成结合前的各个单独对象。拆分后的图形效果如图 3-55 所示。

提示

对象的"合并"和"拆分"命令，还可通过选择右键快捷菜单的方式来执行。

图 3-55 拆分后的对象

3.4.4 安排对象的顺序

在 CorelDRAW 中，一个单独的或群组的对象被安排在一个层中。在复杂的绘图中常常需要用大量的图形组合出需要的效果，这时就要通过合理的顺序排列来表现出需要的层次关系了。在 CorelDRAW X6 中，可以通过以下 3 种方式调整对象的上下排列顺序。

方法 1：执行"排列→顺序"命令，展开图 3-56 所示的顺序菜单命令及其操作快捷键。

✦ 执行"到页面前面"或"到页面后面"命令，可将所选对象调整到当前页面的最前面或最后面。

✦ 执行"到图层前面"或"到图层后面"命令，可将所选对象调整到当前页面中所有对象的最前面或最后面。

✦ 执行"向前一层"或"向后一层"命令，可将对象调整到当前所在图层的上一层或下一层。依次类推，从而快速改变图层上对象的叠放顺序。

✦ 选择需要调整顺序的对象后，执行"置于此对象前"或"置于此对象后"命令，当光标变为 ➡ 形状时，单击目标对象，即可将所选对象调整到目标对象的上一层或下一层，如图 3-57 和图 3-58 所示。

✦ 选择所有需要反转排列顺序的对象，然后执行"逆序"命令，即可将多个对象的顺序按原来相反的顺序排列，效果如图 3-59 所示。

图 3-56 排列顺序菜单命令

图 3-57 置于指定对象前的效果

方法 2：选择"选择工具" ▷，在需要移动叠加顺序的对象上按下鼠标右键，从弹出的命令菜单中，也可选择相应的命令来完成调整叠放顺序的操作。

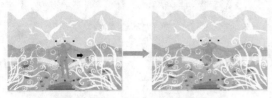

图 3-58　置于指定对象后的效果

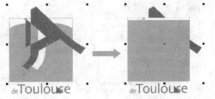

图 3-59　执行"逆序"命令的效果

 ## 3.5　对齐与分布对象

在 CorelDRAW X6 中，可以准确地排列、对齐对象，以及使各个对象按一定的方式进行分布。下面分别进行介绍。

选择需要对齐的所有对象以后，执行"排列→对齐和分布"菜单命令，如图 3-60 所示，然后在展开的下一级子菜单中选择相应的命令，即可使所选对象按一定的方式对齐和分布。

3.5.1　对齐对象

图 3-60　"对齐和分布"菜单命令

选择需要对齐的所有对象，单击属性栏中的"对齐与分布"按钮，弹出图 3-61 所示的"对齐与分布"泊坞窗，在该泊坞窗中可以设置对象的对齐方式。

将对象按指定方式对齐的操作步骤如下。

步骤 1　使用"选择工具"选择需要对齐的所有对象，如图 3-62 所示。

步骤 2　单击属性栏中的"对齐与分布"按钮，在弹出的"对齐与分布"泊坞窗中，分别单击"顶端对齐"和"水平居中对齐"按钮，对所选对象执行对齐操作，对象的对齐效果如图 3-63 所示。

图 3-61　"对齐与分布"泊坞窗

图 3-62　选中所有对象

步骤 3　按下"Ctrl+Z"快捷键，撤销上一步的操作，然后打开"对齐与分布"泊坞窗，分别单击"水平居中对齐"和"垂直居中对齐"按钮，对所选对象执行对齐操作，对象的对齐效果如图 3-64 所示。

图 3-63　顶端和水平居中对齐效果　　　　图 3-64　垂直和水平居中对齐效果

提示

用来对齐左、右、顶端或底端边缘的参照对象，是由对象创建的顺序或选择顺序决定的。如果在对齐前已经框选对象，则最后创建的对象将成为对齐其他对象的参考点；如果每次选择一个对象，则最后选定的对象将成为对齐其他对象的参考点。

3.5.2　分布对象

在"对齐与分布"泊坞窗的"分布"选项中，可以选择单个分布方式，也可以依次选择多个分布方式，为所选的多个对象引用分布间距的调整。

要水平分布对象，可以通过"分布"选项中的上一排功能按钮来完成，如图 3-65 所示。

图 3-65　"分布"选项设置

- ◆　"左分散排列"按钮：平均设置对象左边缘之间的间距。
- ◆　"水平分散排列中心"按钮：平均设置对象中心点之间的间距。
- ◆　"右分散排列"按钮：平均设置对象右边缘之间的间距。
- ◆　"水平分散排列间距"按钮：平均设置选定对象之间的间隔。

要垂直分布对象，可以通过"分布"选项中的下一排功能按钮来完成。

- ◆　"顶部分散排列"选项：平均设定对象上边缘之间的间距。
- ◆　"垂直分散排列中心"按钮：平均设定对象中心点之间的间距。
- ◆　"底部分散排列"按钮：平均设定对象下边缘之间的间距。
- ◆　"垂直分散排列间距"按钮：平均设定选定对象之间的间隔。

要指示分布对象的区域，请选择其下任一选项。

分布对象的操作方法如下。

步骤 1　如图 3-66 所示，选中需要进行分布的所有对象，然后执行"排列→对齐和分布→对齐与分布"命令，打开"对齐与分布"泊坞窗，如图 3-67 所示。

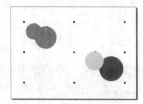

图 3-66　选中对象　　　　图 3-67　"对齐与分布"泊坞窗

步骤2 在"分布"选项中，分别单击"水平分散排列中心"和"垂直分散排列中心"按钮进行分布设置，如图3-68所示，得到的分布效果如图3-69所示。

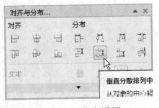

图3-68 分布设置

图3-69 在选定范围内分布对象

 # 3.6 本章练习

1.打开本书配套光盘中 Chapter 3\人物插画.cdr 文件，选择画面右下角的六边形，如图3-70所示；然后通过"变换"泊坞窗中的复制副本功能，对该图形进行复制处理，得到图3-71所示的效果；再将它们全部选中，并移动到人物剪影和花朵对象的下层，完成的效果如图3-72所示。

图3-70 选择六边形图案

图3-71 复制出副本图形

图3-72 调整对象叠放顺序后的效果

2.打开本书配套光盘中 Chapter 3\业绩表.cdr 文件，如图3-73所示；应用对齐和分布对象功能，将业绩表调整为图3-74所示的效果。

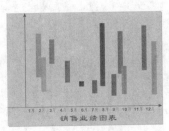

图3-73 打开的文件

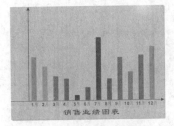

图3-74 绘制的图表效果

第 4 章

图形绘制

4.1　绘制几何图形

4.2　绘制线段及曲线

4.3　智能绘图

4.4　本章练习

作为专业的平面图形绘制软件，CorelDRAW X6 具有丰富的图形绘制工具和曲线编辑功能。掌握各种图形的绘制和编辑方法，是使用 CorelDRAW X6 进行平面设计创作的基本技能。本章将详细讲解 CorelDRAW X6 的各种基本图形绘制工具和路径绘图工具的使用方法和技巧。

4.1 绘制几何图形

CorelDRAW X6 为用户提供了多种绘制基本几何图形的工具。使用这些工具，用户可以轻松快捷地绘制出矩形、圆形、多边形、星形、螺纹、图纸和表格等几何图形。

4.1.1 绘制矩形

使用"矩形工具"和"3 点矩形工具"都可以绘制出用户所需要的矩形，只是在操作方法上有些不同，下面分别进行介绍。

1. 矩形工具

使用"矩形工具"绘制矩形和正方形的操作方法如下。

步骤 1 在工具箱中选择"矩形工具" 。

步骤 2 将光标移动到绘图窗口中，按下鼠标左键并向另一方向拖动鼠标，释放鼠标后，即可在页面上绘制出矩形，如图 4-1 所示。

步骤 3 按住"Ctrl"键不放，同时按下鼠标左键并向另一方向拖动鼠标，释放鼠标后即可绘制出正方形，如图 4-2 所示。

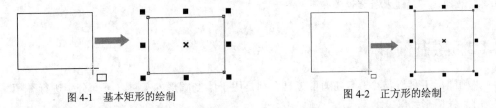

图 4-1 基本矩形的绘制   图 4-2 正方形的绘制

保持"选择工具" 无任何选取的情况下，选择"矩形工具"，其属性栏设置如图 4-3 所示。

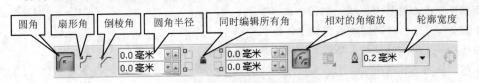

图 4-3 矩形工具的属性栏

✦ 圆角、扇形角和倒棱角：设置将要绘制的矩形的边角类型，也可以在选中绘制好的矩形后单击对应的类型按钮，将其转换为该类型矩形。

✦ 圆角半径：在 4 个数值框中输入数值，可分别设置所绘制矩形的边角圆滑度。不同

61

位置上的数值，将决定相对应的矩形 4 个角的圆滑度。数值为 0 时为直角。

✦ "同时编辑所有角"按钮🔒：单击该按钮使其成为激活状态🔓后，在任意一个圆角半径文字框中输入数值后，所有的圆角半径文字框中都会同时出现相同的数值，在页面上绘制的矩形都将以设置好的圆角方式显示。再次单击该按钮，使其处于解锁状态🔒，则可以分别为要绘制或选中的矩形设置 4 个角的圆滑度。

✦ 相对的角缩放：单击该按钮，可以使矩形边角在进行缩放调整时，边角大小也随矩形大小的改变而变化，反之则边角大小在缩放过程中保持不变。

✦ 轮廓宽度：直接在数值框中输入数值，或单击该选项的下拉按钮，在弹出的下拉列表中选择需要的数值，设置所绘制或所选中矩形的轮廓线的宽度。

选取"矩形工具"后，通过单击工具属性栏中不同的边角类型按钮并设置圆角半径数值，可以绘制对应类型和边角的矩形，如图 4-4 所示。

图 4-4 绘制不同边角类型的矩形

2．3 点矩形工具

"3 点矩形工具"是通过创建 3 个位置点来绘制矩形的工具，使用"3 点矩形工具"的操作方法如下。

步骤 1 在工具箱中选择"3 点矩形工具"🔲。

步骤 2 在绘图区域中按下鼠标左键，拖出一条任意方向的直线作为矩形的一边，释放鼠标后，将光标移动到适当的位置，再次单击鼠标左键，即可创建出任意起点和倾斜角度的矩形，如图 4-5 所示。

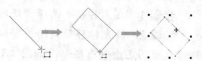

图 4-5 使用"3 点矩形工具"绘制矩形

提示

保持"选择工具"🔺无任何选取的情况下，选择"3 点矩形工具"后，属性栏设置与"矩形工具"相同，可通过属性栏设置矩形属性。

4.1.2 绘制圆形

"椭圆形工具"与"3 点椭圆形工具"都是用于绘制圆形的工具，下面分别进行介绍。

1．椭圆形工具

使用"椭圆形工具"绘制圆形的操作方法如下。

步骤 1 在工具箱中选择"椭圆形工具"⭕。

步骤 2 将光标移动到绘图窗口中，按下鼠标左键，并向另一方向拖动鼠标，释放鼠标后，即可绘制出椭圆形，如图 4-6 所示。

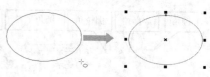

图 4-6 基本椭圆形绘制

提示

在绘制过程中同时按下"Ctrl"键，可以绘制出圆形。

保持"选择工具"🔺无任何选取的情况下，选择"椭圆形工具"后，属性栏设置如图 4-7 所示。

✦ 分别单击椭圆形⭕、饼形🥧和弧形◠按钮后，在绘图窗口中可以绘制出圆形、饼形和弧形，如图 4-8 所示。

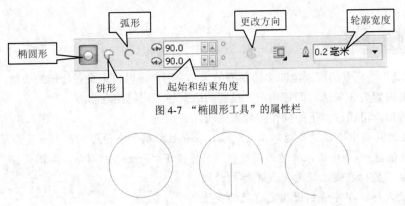

图 4-7 "椭圆形工具"的属性栏

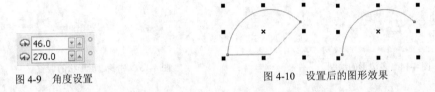

图 4-8 "椭圆形工具"属性栏中的 3 种类型

◆ 起始和结束角度：在绘制饼形和弧形的时候，默认的起始和结束角度为 0 和 270。按图 4-9 所示设置角度后，绘制的饼形和弧形如图 4-10 所示。

图 4-9 角度设置

图 4-10 设置后的图形效果

◆ 更改方向 ：选择绘制的饼形或弧形，再单击该按钮，所绘制的饼形或弧形将变为与之互补的图形，如图 4-11 所示。

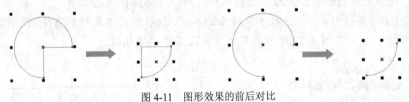

图 4-11 图形效果的前后对比

2. 3 点椭圆形工具

"3 点椭圆形工具"同样是通过指定 3 个位置点来绘制椭圆形的工具，其操作方法与"3 点矩形工具"相同。

步骤 1 在工具箱中选择"3 点椭圆形工具" 。

步骤 2 在绘图区域中按下鼠标左键并拖出一条任意方向的直线，作为椭圆的一条轴线的长度，释放鼠标后，将光标移动到适当的位置，再次单击鼠标左键，即可创建出任意起点和倾斜角度的椭圆，如图 4-12 所示。

提示

"3 点椭圆形工具"的属性栏设置与"椭圆形工具"相同，都可以通过属性栏对椭圆形的属性进行设置。

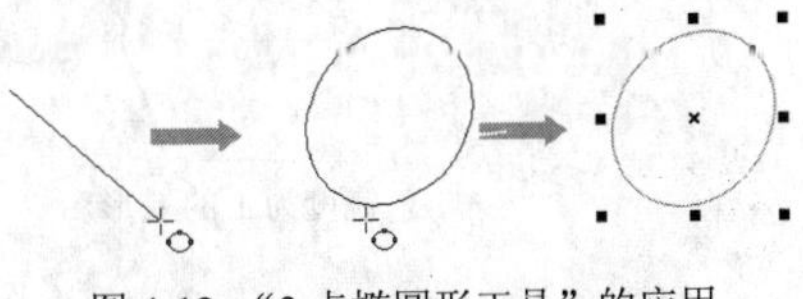

图 4-12 "3 点椭圆形工具"的应用

4.1.3   绘制多边形

"多边形工具" 是专门用于绘制多边图形的工具。用户可以自定义多边形的边数，多边形的边数最少可设置为 3 条边，即三角形。设置的边数越大，越接近圆形。

要绘制多边形，可通过以下的操作步骤来完成。

步骤 1   在工具箱中选择"多边形工具" ，在属性栏的"多边形、星形和复杂星形的点数或边数"数值框 中输入多边形的边数，然后按下"Enter"键确认，如图 4-13 所示。

步骤 2   按下鼠标左键，随意拖曳鼠标指针到适当位置后释放鼠标，即可绘制出指定边数的多边形，如图 4-14 所示。

图 4-13   选取多边形工具并设置多边形的边数

多边形、星形和复杂星形的各个边角是互相关联的。使用"形状工具" 拖动任一边上的节点，其余各边的节点也会产生相应的变化，如图 4-15 所示。

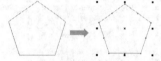

图 4-14   多边形的绘制

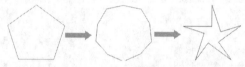

图 4-15   对多边形形状的调整

4.1.4   绘制星形和复杂星形

星形、复杂星形的绘制方法与多边形基本相同，具体操作方法如下。

步骤 1   在"多边形工具"上按下鼠标左键不放，在展开的工具栏中选择"星形工具" ，如图 4-16 所示，然后在图 4-17 所示的属性栏中设置多边形属性。

图 4-16   选择"星形工具"

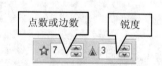

图 4-17   "星形工具"属性栏设置

步骤 2   使用绘制多边形的方法在页面上绘制星形后，在属性栏的 数值框中可改变星形的锐度，如图 4-18 所示。

锐度为 1 的星形   锐度为 53 的星形   锐度为 99 的星形

图 4-18   各种锐度的星形

步骤 3 在工具箱中选择"复杂星形工具" ，在属性栏中设置复杂星形属性，如图 4-19 所示。

步骤 4 在页面上按下鼠标左键，向另一方向拖动鼠标，即可在页面上绘制出复杂星形，如图 4-20 所示。

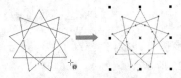

图 4-19 "复杂星形工具"的属性栏设置　　　　图 4-20 绘制的复杂星形

在"复杂星形工具"的属性栏中，"锐度" ▲ 是指星形边角的尖锐度。设置不同的边数后，复杂星形的尖锐度也各不相同。当复杂星形的端点数少于 7 时，不能设置锐度。通常情况下，复杂星形的点数越多，对象的尖锐度就越高。图 4-21 所示为设置不同的边数和锐度后绘制的复杂星形。

图 4-21 不同边数和锐度的设置及其效果

4.1.5 绘制螺纹

CorelDRAW X6 提供的螺纹工具可以直接绘制出螺旋形图形，螺纹图形包括对称式螺纹和对数螺纹。

◆ 对称式螺纹：对称式螺纹均匀扩展，每个回圈之间的间距相等。

◆ 对数螺纹：对数螺纹扩展时，回圈之间的距离从内向外不断增大。用户可以设置对数螺纹向外扩展的比率。

对称式螺纹具有相等的螺纹间距，绘制对称式螺纹可通过以下的操作步骤来完成。

步骤 1 在工具箱中选择"螺纹工具" ，同时在属性栏上可显示该工具的属性设置，如图 4-22 所示。

步骤 2 在"螺纹工具"属性栏中单击"对称式螺纹"按钮，在"螺纹回圈"数值框中输入螺旋纹的圈数，这里以输入 10 为例。

图 4-22 "螺纹工具"的属性设置

步骤 3 在绘图窗口中按下鼠标左键，按对角方向拖动鼠标，即可绘制出对称式的螺纹，如图 4-23 所示。

步骤 4 在绘制过程中按住"Ctrl"键，可绘制出圆形的对称式螺纹，如图 4-24 所示。

对数螺纹是指从螺纹中心不断向外扩展的螺旋方式，螺纹间的距离从内向外不断扩大。绘制对数螺纹可通过以下的操作步骤来完成。

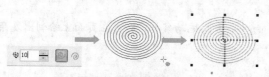

图 4-23　对称式螺纹　　　　　　　　　　图 4-24　圆形对称式螺纹

步骤 1　选择"螺纹工具" 后，在属性栏中单击"对数螺纹"按钮 ，属性栏设置如图 4-25 所示。

螺纹扩展参数

图 4-25　对数螺纹的属性栏设置

步骤 2　在"螺纹扩展参数"数值框中输入所需的螺纹扩展量，以输入 50 为例，然后在绘图窗口中绘制出对数螺纹，如图 4-26 所示。

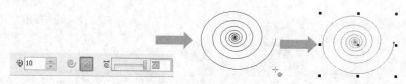

图 4-26　对数螺纹的绘制

4.1.6　绘制图纸

使用图纸工具，可以绘制不同行数和列数的网格图形。绘制出的网格，由一组矩形或正方形群组而成，可以取消其群组，使其成为独立的矩形或正方形。

步骤 1　在工具箱中选择"图纸工具" 。

步骤 2　移动光标至绘图窗口中，按下鼠标左键沿对角线拖动光标到指定的位置，松开鼠标即可绘制出图纸网格，如图 4-27 所示。

步骤 3　在绘制过程中按住"Ctrl"键，可绘制出长宽相等的图纸网格，如图 4-28 所示。

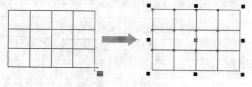

图 4-27　图纸的绘制

图 4-28　正方形网格的绘制

选择"图纸工具" 后，其属性栏设置如图 4-29 所示，用户可以在图纸"行数"和"列数"数值框中输入数值，以改变图纸网格的行和列数。

选择绘制好的图纸网格，按下"Ctrl+U"快捷键将其解散群组，图纸网格将解散为多个独立的矩形或正方形，如图 4-30 所示。

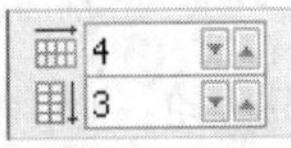

图 4-29　图纸的行和列数设置

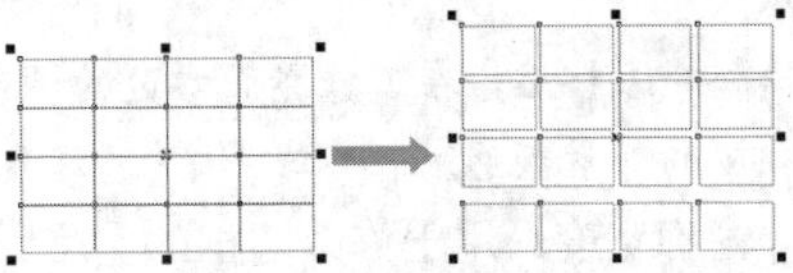

图 4-30　解散网格

4.1.7　绘制表格

使用表格工具可以绘制出表格图形，更改表格的属性和格式，合并和拆分单元格，还可以轻松创建出所需要的表格类型。用户可以在绘图中添加表格，也可以将段落文本与表格互相转换，还可以在表格中插入行或列、添加文字、图形图像及背景等。

1．绘制表格

在绘图过程中，可以通过插入表格，在表格中编排文字和排列图像，使版面达到规整的效果。选择工具箱中的表格工具，然后在绘图窗口中按下鼠标左键，并向对角线方向拖动鼠标，即可绘制出表格，如图 4-31 所示。

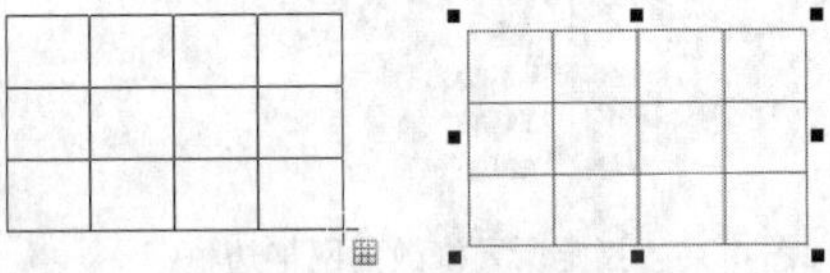

选择整个表格或部分单元格后，可以通过表格工具属性栏，修改整个表格或部分单元格的属性格式，如图 4-32 所示。

✦ 在表格的行数和列数数值框中，可以设置表格的行数和列数。

图 4-31　绘制表格

图 4-32　表格属性设置

✦ 背景：用于设置表格的背景颜色。默认状态下，表格背景为无色。单击背景颜色选取器按钮，在弹出的颜色选取器中即可选择所需要的颜色。设置表格背景颜色后，单击属性栏中的"编辑填充"按钮，在弹出的"选择颜色"对话框中，可以编辑和自定义所需要的网格背景色，如图 4-33 所示。图 4-34 所示是将网格背景填充为黄色后的效果。

图 4-33　"选择颜色"对话框

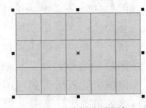

图 4-34　编辑背景颜色

提示

选择整个表格后，在工作界面右边的调色板中选择所需要的色样，单击鼠标左键，也可为网格设置相应的背景颜色。

✦ 轮廓宽度：用于修改边框的宽度、颜色和线条样式等。单击 ▦ 按钮，弹出图 4-35 所示的下拉列表，在其中可以选择需要修改的边框。指定需要修改的边框后，所设置的边框属性只对指定的边框起作用。在"轮廓宽度"数值框 $\boxed{0.567\ pt\ \blacktriangledown}$ 中，可以对网格边框的宽度进行设置。单击边框颜色选取器按钮，然后在颜色选取器中可以设置边框的颜色。单击"轮廓笔" ▨ 按钮，弹出图 4-36 所示的"轮廓笔"对话框，在其中可以设置网格边框的轮廓属性。图 4-37 所示为修改网格外部边框颜色后的网格效果，图 4-38 所示为分别修改外部、内部、左侧和右侧边框属性后的网格效果。

图 4-35　指定所要修改的网格边框

图 4-36　"轮廓笔"对话框

提示

选择整个表格后，在工作界面右边的调色板中所需要的色样上单击鼠标右键，也可为网格边框设置相应的颜色。

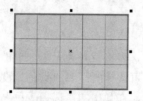

图 4-37　修改网格外部边框属性后的效果

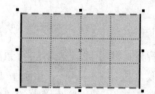

图 4-38　修改外部、内部、左侧和右侧边框属性后的网格

✦ 选项：单击该选项下拉按钮，弹出图 4-39 所示的选项面板。选中"在键入时自动调整单元格大小"复选框，在表格中输入文字时，当单元格不能完全显示文本时，系统将自动调整单元格的大小，以完全显示文字。选中"单独的单元格边框"复选框，然后在"水平单元格间距"中输入数值，可以修改表格中的单元格边框间距。默认状态下，垂直单元格间距与水平单元格间距相等，如果要单独设置水平与垂直单元格的间距，可单击"锁定"按钮 🔒，解除"垂直单元格间距"选项与"水平单元格间距"选项的锁定状态，然后分别在"水平单元格间距"和"垂直单元格间距"数值框中输入所需的间距值即可。图 4-40 所示为将单元格间距都设置为 4.0mm 后的网格效果。

图 4-39 表格"选项"设置

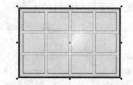

图 4-40 设置单元格间距后的效果

2. 选择表格、行或列

在处理表格的过程中，首先选择需要处理的表格、单元格、行或列。在 CorelDRAW X6 中选择表格内容，首先需要使用表格工具在表格上单击，将光标插入到单元格中，然后再通过下列的方法，选择表格内容。

✦ 要选择表格中的所有单元格，执行"表格→选择→表格"命令，或者按下"Ctrl+A+A"快捷键即可。

✦ 要选择某一行，可在需要选择的行中单击，然后执行"表格→选择→行"命令即可；也可以将表格工具光标移动到需要选择的行左侧的表格边框上，当光标变为 ➡ 状态时单击鼠标即可。

✦ 要选择某一列，在需要选择的列中单击，然后执行"表格→选择→列"命令即可；也可以将表格工具光标移动到需要选择的列上方的表格边框上，当光标变为 ⬇ 状态时单击鼠标即可。

✦ 要选择所有表格内容，将表格工具光标移动到表格的左上角，当光标变为 ◥ 状态时，单击鼠标即可。

✦ 要选择表格中的单元格，使用表格工具在需要选择的单元格中单击，然后执行"表格→选择→单元格"命令，或者按下"Ctrl+A"快捷键即可。

✦ 要选择连续排列的多个单元格，可将表格工具光标插入表格后，在需要选择的多个单元格内拖动鼠标即可。

提示

将表格工具光标插入到单元格中，然后就可以在该单元格中输入文字。

3. 移动表格、行或列

创建表格后，可以将表格中的行或列移动到该表格中的其他位置，也可以将行或列移动到其他的表格中。

✦ 要将行或列移动到表格中的其他位置，可选择要移动的行或列，然后将其拖至其他位置。

✦ 要将行或列移动到其他表格中，可选择要移动的表格行或列，按下"Ctrl+X"快捷键进行剪切，然后在另一个表格中选择一行或一列，按下"Ctrl+V"快捷键进行粘贴，此时将弹出"粘贴行"或"粘贴列"对话框，如图 4-41 所示。在其中选择插入行或列的位置后，单击"确定"按钮即可。

4. 插入和删除表格行或列

在绘图过程中，可以根据图形或文字编排的需要，在绘制的表格中插入行或列，或者删除表格中的部分行或列。插入行或列的具体操作步骤如下。

步骤 1 选择绘制的表格，然后使用表格工具在表格上单击，当光标插入单元格中，然后在表格上按下鼠标左键并拖动，选择多个连续排列的单元格，如图 4-42 所示。

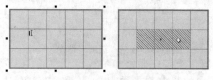

图 4-41 "粘贴行"和"粘贴列"对话框　　　　　　　　图 4-42 选择单元格

步骤 2 执行"表格→插入"命令，在展开的下一级子菜单中选择相应的命令，即可在当前选取的单元格上方、下方、左侧或右侧插入行或列，如图 4-43 所示。图 4-44 所示为在选取的单元格上方插入行后的效果。

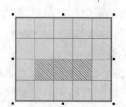

图 4-43 "插入"菜单命令　　　　　　　　图 4-44 在选取的单元格上方插入行

- ✦ **行上方**：在所选单元格或行的上方插入相应数量的行。
- ✦ **行下方**：在所选单元格或行的下方插入相应数量的行。
- ✦ **列左侧**：在所选单元格或列的左侧插入相应数量的列。
- ✦ **列右侧**：在所选单元格或列的右侧插入相应数量的列。
- ✦ **插入行**：选择该命令，将弹出图 4-45 所示的"插入行"对话框，在其中可以设置插入行的行数和位置。
- ✦ **插入列**：选择该命令，将弹出图 4-46 所示的"插入列"对话框，在其中可以设置插入列的列数和位置。

提示

选择单元格后，执行"表格"→"插入"菜单中的"行上方"、"行下方"、"行左侧"或"行右侧"命令时，插入的行数或列数由所选择的行数或列数决定。例如，选择 3 列单元格时，将在表格中插入 3 列，如图 4-47 所示。

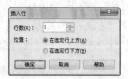

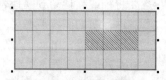

图 4-45 "插入行"对话框　　　图 4-46 "插入列"对话框　　　图 4-47 插入的列数

在表格中删除行或列的操作步骤如下。

步骤1 选择绘制的表格，然后使用表格工具在表格上单击，当光标插入单元格中，然后将光标移动到需要删除的行或列的左侧或上方的外部边框线上，光标将变为➡或⬇状态，如图4-48所示。

步骤2 单击鼠标左键，选择需要删除的行或列，图4-49所示为选择的列。

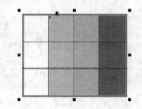

图4-48 选择列时的光标显示状态

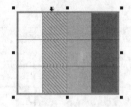

图4-49 选择的列

步骤3 执行"表格→删除"命令，展开图4-50所示的下一级子菜单，在其中选择相应的命令，即可删除选定的行或列。图4-51所示为删除选定列后的效果。

图4-50 删除表格命令

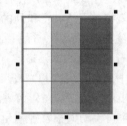

图4-51 删除选定列后的效果

提示

执行"表格→删除→表格"命令，将删除选定的行或列所在的整个表格。

5. 合并和拆分表格、单元格

在绘制的表格中，可以通过合并相邻的多个单元格、行和列，或者将一个单元格拆分为多个单元格的方式，调整表格的配置方式。

合并表格单元格

选择要合并的单元格，然后执行"表格→合并单元格"命令即可，如图4-52所示。用于合并的单元格必须是在水平或垂直方向上呈矩形状，且要相邻。在合并表格单元格时，左上角单元格的格式将决定合并后的单元格格式。

拆分表格单元格

选择合并后的单元格，然后执行"表格→拆分单元格"命令，即可将其拆分。拆分后的每个单元格格式保持拆分前的格式不变，如图4-53所示。

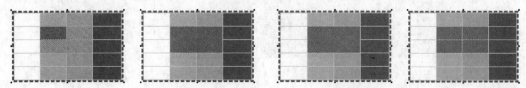

图4-52 合并单元格   图4-53 拆分单元格

拆分表格单元格为行或列

选择需要拆分的单元格，然后执行"表格→拆分为行"或"表格→拆分为列"命令，弹出图 4-54 或图 4-55 所示的"拆分单元格"对话框，在其中设置拆分的行数或栏数后，单击"确定"按钮即可。图 4-56 所示为拆分为 3 行的效果，图 4-57 所示为拆分为 3 列的效果。

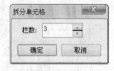

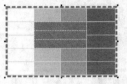

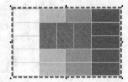

图 4-54　设置行数　　　　图 4-55　设置栏数　　　　图 4-56　拆分为 3 行的效果　　图 4-57　拆分为 3 列的效果

6．调整表格单元格、行和列的大小

在绘制的表格中，可以调整表格单元格、行和列的大小，还可以对调整单元格大小后的表格行或列进行重新分布，使行或列具有相同的大小。

调整表格单元格、行和列的大小

要调整表格单元格、行和列的大小，可在选择需要调整的单元格、行或列后，在属性栏中的"宽度"和"高度"数值框中输入大小值即可，如图 4-58 所示。

图 4-58　单元格的大小设置及调整后的效果

用户也可手动调整表格单元格、行和列的大小。将表格工具光标插入到表格中，然后拖动单元格、行或列的边框线，即可进行调整，如图 4-59 所示。

分布表格行或列

选择要分布的表格单元格，执行"表格→分布→行均分"命令，即可使所有选定行的高度相同。执行"表格→分布→列均分"命令，即可使所有选定列的宽度相同。

7．文本与表格的转换

在 CorelDRAW X6 中，除了使用表格工具绘制表格外，还可以将选定的文本创建为表格。另外，用户也可将绘制好的表格转换为相应的段落文本框，然后在创建的段落文本框中进行文字的编排。

从文本创建表格

选择需要创建为表格的文本，然后执行"表格→将文本转换为表格"命令，弹出图 4-60 所示的"将文本转换为表格"对话框。

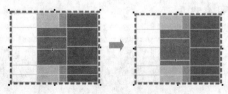

图 4-59　手动调整单元格的大小

图 4-60　"将文本转换为表格"对话框

◆ 逗号：选中该单选项，在创建表格时，在文本中的逗号显示处创建一个列，在段落标记显示处创建一个行，如图 4-61 所示。

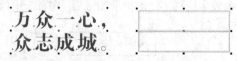

图 4-61　选择的文本和转换后的表格

◆ 制表位：选中该单选项，在创建表格时，将创律一个显示制表位的列和一个显示段落标记的行。

◆ 段落：选中该单选项，在创建表格时，将创建一个显示段落标记的列。

◆ 用户定义：选中该单选项，然后在右边的文本框中输入一个字符，创建表格时，将创建一个显示指定标记的列和一个显示段落标记的行。如果在选择"用户定义"单选项后，不输入字符，则只会创建一列，而文本的每个段落将创建一个表格行。

从表格创建文本

选择需要创建为文本的表格，然后执行"表格→将表格转换为文本"命令，弹出图 4-62 所示的"将表格转换为文本"对话框。

◆ 句号：选中该单选项，在创建表格时，使用句号替换每列，使用段落标记替换每行。

◆ 制表位：选中该单选项，在创建表格时，使用制　　图 4-62　"将表格转换为文本"对话框表位替换每列，使用段落标记替换每行。

◆ 段落：选中该单选项，在创建表格时，使用段落标记替换每列。

◆ 用户定义：选中该单选项，然后在右边的文本框中输入字符，可使用指定的字符替换每列，使用段落标记替换每行，如图 4-63 所示。如果在选择"用户定义"单选项后，不输入字符，则表格的每行都将被划分为段落，并且表格列将被忽略。

图 4-63　将表格创建为文本

4.1.8　绘制基本形状

基本形状工具组为用户提供了 5 组基本形状样式，在"基本形状"工具 上按下鼠标左键不放，即可显示展开工具栏，如图 4-64 所示。每个基本形状工具都包含有多个基本形状扩展图形，下面分别介绍。

1. 基本形状

在工具箱中选择"基本形状"工具后，在属性栏中即可查看其系列扩展图形，如图 4-65 所示。在"完美形状"下拉列表中选择不同的扩展图形后，在页面中绘制的图形如图 4-66 所示。

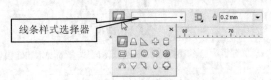

线条样式选择器

图 4-64　5 组基本形状　　　　　图 4-65　基本形状的扩展图形

2. 箭头形状

选择"箭头形状"工具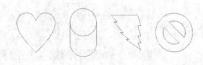后，在属性栏中展开的箭头形状系列扩展图形如图 4-67 所示。图 4-68 所示为绘制的部分箭头形状。

图 4-66　扩展图形的绘制

3. 流程图形状、标题形状和标注形状

在"基本形状"工具展开工具栏中分别选择"流程图形状"、"标题形状"和"标注形状"后，在属性栏中展开的各形状系列扩展图形如图 4-69 所示。

图 4-67　"箭头形状"的扩展图形　　　　　图 4-68　扩展图形的绘制

"流程图形状"扩展图形　　　　"标题形状"扩展图形　　　　"标注形状"扩展图形

图 4-69　各类扩展图形

4.2　绘制线段及曲线

在绘制图形的过程中，曲线的绘制同样是基本的操作方法之一，通过绘制曲线可以创造出不同形状的图形。本节主要介绍应用各种曲线工具绘制图形的操作方法，以及对曲线绘制工具进行基本属性的设置。

4.2.1　使用手绘工具

使用手绘工具绘制线条，可通过以下的操作步骤来完成。

步骤 1 在工具箱中选择"手绘工具" 后，光标显示为 形状，这时即可开始绘制线条。

步骤 2 在绘图窗口中单击鼠标，作为直线的起点。

步骤 3 将光标移动到理想的位置单击，即可完成直线的绘制，如图 4-70 所示。

如果需要绘制连续的折线，在已完成的直线端点上单击，然后移动到直线以外的地方再次单击即可。绘制连续折线还有一个便捷的方法：单击鼠标以决定直线的起点，然后在每个转折处双击鼠标，一直到终点再单击鼠标，即可快速完成折线的绘制，如图 4-71 所示。

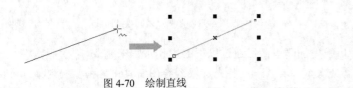

图 4-70 绘制直线

图 4-71 绘制连续折线

手绘工具除了可以绘制简单的直线外，还可以配合属性栏绘制出不同粗细、线形的直线或箭头符号，如图 4-72 所示。

图 4-72 手绘工具的属性栏

图 4-73 和图 4-74 所示为使用手绘工具配合属性栏设置绘制出的箭头图形。

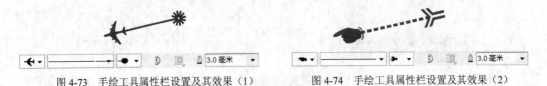

图 4-73 手绘工具属性栏设置及其效果（1）　　图 4-74 手绘工具属性栏设置及其效果（2）

使用手绘工具也可以绘制封闭的曲线图形，当曲线的终点回到起点位置时，光标变为 形状，单击鼠标左键，即可绘制出封闭图形，如图 4-75 所示。

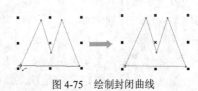

图 4-75 绘制封闭曲线

4.2.2 使用贝塞尔工具

贝塞尔工具用于绘制平滑、精确的曲线，通过改变节点和控制点的位置，可以控制曲线的弯曲度。绘制完曲线以后，通过调整控制点，可以调节直线和曲线的形状。

使用"贝塞尔工具"绘制曲线的操作步骤如下。

步骤 1 在工具箱中选择"贝塞尔工具" 。

步骤 2 在绘图窗口中按下鼠标左键并拖动鼠标，确定起始节点（第一个锚点），此时该节点两边将出现两个控制点，连接控制点的是一条蓝色的控制线，如图 4-76 所示。

步骤 3 将光标移到适当的位置，按下鼠标左键并拖动，这时第 2 个锚点的控制线长度和角度都将随光标的移动而改变，同时曲线的弯曲度也在发生变化。调整好曲线形态以后，释放鼠标即可，如图 4-77 所示。

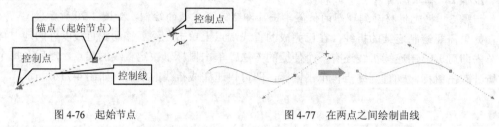

图 4-76　起始节点　　　　　　　　　图 4-77　在两点之间绘制曲线

使用贝塞尔工具绘制直线/折线更加简单，可通过以下的操作步骤来完成。

步骤 1　在工具箱中选择"贝塞尔工具" ，将光标移到绘图窗口中单击，确定第 1 个节点，然后将光标移到下一个位置，单击确定第 2 个节点，这时在两节点之间就会出现一条直线，如图 4-78 所示。

步骤 2　在下一个节点处单击鼠标，得到下一条线段。继续创建线段，在得到需要的线条图形后，双击鼠标左键，完成折线的绘制，如图 4-79 所示。

图 4-78　绘制的直线　　　　　　　　　图 4-79　绘制的折线

4.2.3　使用艺术笔工具

使用艺术笔工具可一次性创造出系统提供的各种图案、笔触效果。艺术笔工具在属性栏中分为 5 种样式，即预设、画笔、喷涂、书法和压力。通过属性栏参数的设置，可以绘制喷涂列表中的各种图形，还可以对绘制的封闭图形进行色彩上的调整。

1. 预设

选择"艺术笔工具" 后，在属性栏中会默认选择"预设"按钮 ，如图 4-80 所示。

✦ 手绘平滑：其数值决定线条的平滑程度。程序提供的平滑度最高是 100，可根据需
要调整其参数设置。

✦ 笔触宽度：在其文字框中输入数值来决定笔触的宽度。

✦ 笔触列表：在其下拉列表中可选择系统提供的笔触样式。

✦ 随对象一起缩放笔触：单击该按钮后缩放绘制的笔触，笔触线条宽度随缩放而改变。

图 4-80　"艺术笔工具"属性栏

在属性栏中设置好相应的参数后，在绘图窗口中按下鼠标左键并拖动鼠标，即可绘制出所选的笔触样式，如图 4-81 所示。

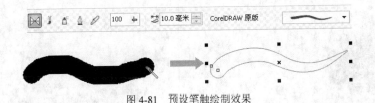

图 4-81　预设笔触绘制效果

2. 画笔

CorelDRAW X6 提供了多种笔刷样式供用户选择，包括带箭头的笔刷、填满了色谱图样的笔刷等。在使用画笔笔刷时，可以在属性栏中设置该笔刷的属性。"笔刷"属性栏中的各选项设置如图 4-82 所示。

图 4-82　画笔笔刷属性栏

◆ 类别：在其下拉列表中可选择要使用的笔刷类型。
◆ 笔触列表：在其下拉列表中可选择当前笔刷类型可用的笔触样式。
◆ 浏览：可浏览硬盘中的文件夹。
◆ 保存艺术笔触▣：自定义笔触后，将其保存到笔触列表。

图 4-83 所示为"笔刷"艺术笔工具属性栏参数设置及绘制的笔触效果。

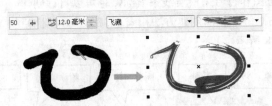

图 4-83　画笔笔触绘制效果

在 CorelDRAW X6 中，还可使用一个对象或一组矢量对象自定义画笔笔触。创建自定义画笔笔触后，可以将其保存为预设。

步骤 1　选择要保存为画笔笔触的图形对象，如图 4-84 所示。

步骤 2　选择"艺术笔工具"属性栏中的"笔刷"按钮，再单击属性栏中的"保存艺术笔触"按钮▣，弹出图 4-85 所示的"另存为"对话框。

步骤 3　在"另存为"对话框的"文件名"文字框中输入笔触名称，单击"保存"按钮，即可将绘制的图形保存在"自定义"类别的笔触列表中，如图 4-86 所示。

图 4-84　绘制的图形

图 4-85　"另存为"对话框

图 4-86　添加笔触图案

　　在"笔触列表"中添加笔触图案后，属性栏中的"删除"按钮[×]将被激活。单击该按钮，弹出图 4-87 所示的删除询问对话框，单击"是"按钮后，即可将添加的笔触图案从列表中删除。

　　3．喷涂

　　使用喷涂笔触，可以在线条上喷涂一系列对象。除图形和文本对象以外，还可导入位图和符号来沿着线条喷涂，也可以自行创建喷涂列表文件，方法与画笔笔触的创建方法相同。"喷涂"[图]属性栏中的各项参数如图 4-88 所示。

图 4-87　确认删除对话框

图 4-88　喷涂笔刷属性栏

　◆　喷涂对象大小：用于设置喷涂对象的缩放比例。

　◆　类别：在其下拉列表中可选择要使用的喷涂笔触类型。

　◆　喷射图样：在其下拉列表中可选择系统提供的喷涂笔触样式。

　◆　喷涂顺序：在其下拉列表中提供有"随机"、"顺序"和"按方向"3 个选项，选择其中一种喷涂顺序来应用到对象上。

　◆　喷涂列表选项[图]：用来设置喷涂对象的顺序和设置喷涂对象。

✦ 每个色块中的图像数和图像间距：在上方的文字框中输入数值，可设置每个喷涂色块中的图像数。在下方的文字框中输入数值，可调整喷涂笔触中各个色块之间的距离。

✦ 旋转：使喷涂对象按一定角度旋转。

✦ 偏移：使喷涂对象中各个元素产生位置上的偏移。分别单击"旋转"和"偏移"按钮，可打开对应的面板设置，如图4-89所示。

除图形和文本对象以外，在CorelDRAW X6中还可以导入位图和符号来沿着线条喷涂，也可以自行创建喷涂列表文件，方法与创建画笔笔触的方法相同。

步骤1 选中需要创建为喷涂预设的对象，如图4-90所示，然后单击属性栏中的"添加到喷涂列表"按钮，将该对象添加到喷涂列表。

图4-89 "旋转"和"偏移"设置

图4-90 选中创建的对象

步骤2 单击"喷涂列表选项"按钮，弹出图4-91所示的"创建播放列表"对话框，在"播放列表"中选择"图像9"，然后单击"确定"按钮。

步骤3 在绘图页面上拖动鼠标，绘制的图形效果如图4-92所示。

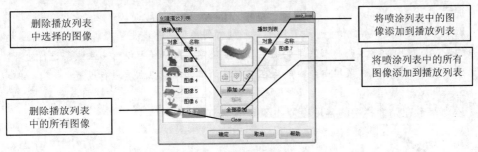

图4-91 喷涂列表选项

图4-92 喷涂笔触绘制效果

在"选择喷涂顺序"下拉列表中选择不同的排列方式，绘制的图形效果如图4-93所示。

（一）随机　　　　　　（二）顺序　　　　　　（三）按方向

图4-93 不同喷涂顺序的排列效果

调整喷涂属性栏中的"旋转"和"偏移"设置，然后绘制的图形效果如图 4-94 所示。

（一）原图   （二）旋转 80°，增加 20°   （三）偏移 20mm

图 4-94　旋转与偏移

4. 书法

书法笔触属性栏中的各项参数如图 4-95 所示。

步骤 1　在属性栏中单击"书法"按钮。

步骤 2　在"艺术笔工具宽度"数值框中设置笔触的宽度，然后按下鼠标左键并拖动鼠标进行绘制，松开鼠标后绘制的笔触如图 4-96 所示。

图 4-95　书法笔刷属性栏

提示

调节"书法角度"参数值，可设置图形笔触的倾斜角度。用户设置的宽度是线条的最大宽度，线条的实际宽度由所绘线条与书法角度之间的角度决定。用户还可以对书法线条进行处理，方法是选择"效果→艺术笔"菜单命令，然后在艺术笔泊坞窗中根据需要进行设置。

5. 压力

压力笔触在属性栏中的各项设置如图 4-97 所示。

图 4-96　书法笔触绘制效果

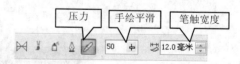

图 4-97　压力笔触属性栏

使用"压力"笔触绘制的图形效果如图 4-98 所示。

6. 使用绘图板绘画

如果电脑连接并安装了绘图板，用户可以使用绘图笔代替鼠标进行绘画，如图 4-99 所示，这样就如同在纸张上进行手绘操作一样，增强了操作的灵活性。不管是使用鼠标还是绘图板，要完成一幅漂亮的书法或是图画，前提条件还是需要具备一定的美术功底。

使用绘图笔在绘图板中进行绘画的操作方法与使用鼠标相似。下面以使用艺术笔工具中的"书法"笔触为例，介绍使用绘图板绘图的操作方法。

步骤 1　将绘图板连接到电脑后，通过安装光盘安装好绘图板的驱动程序。

图 4-98 压力笔刷绘图效果   图 4-99 wacom 数码绘图板

步骤 2 启动 CorelDRAW X6 并新建一个图形文件，然后按照平常用笔的方式握住绘图笔，将绘图笔移动到绘图板上，在绘图板上方并靠近绘图板的位置移动绘图笔，如图 4-100 所示，即可移动光标。

步骤 3 将光标移动到手绘工具 按钮上，在绘图板上按住绘图笔不放，然后拖动绘图笔，将光标移动到展开工具栏中的艺术笔工具 上，选择该工具，如图 4-101 所示。

图 4-100 使用绘图笔绘图   图 4-101 选择艺术笔工具

步骤 4 移动光标到艺术笔工具属性栏中的"书法"按钮 上，使用绘图笔单击一下绘图板，激活该按钮，然后按图 4-102 所示设置书法笔触属性。

步骤 5 移动光标到绘图窗口中，在绘图板上拖动绘图笔，绘制兰花叶片，如图 4-103 所示。

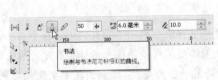

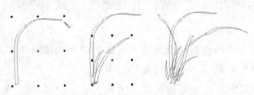

图 4-102 选择书法笔触   图 4-103 绘制的兰花叶片

步骤 6 移动光标到绘图窗口中的空白位置，然后在绘图板上拖动绘图笔，框选绘制的兰花叶片，再按下"Ctrl+K"快捷键，将笔触对象与路径对象打散，并删除不需要的路径，如图 4-104 所示。

步骤 7 将剩下的叶片对象填充为黑色，如图 4-105 所示。

图 4-104 打散笔触对象并删除路径   图 4-105 叶片对象的填充效果

步骤8 下面需要擦除叶片中的不自然感，而绘图笔的笔帽一端就可作为橡皮擦工具使用。选择选择工具，使用绘图笔的笔尖一端单击绘图板，选择其中一个叶片对象，如图 4-106 所示。

步骤9 使用绘图笔的笔帽单击绘图板，此时可以切换至橡皮擦工具 ，在属性栏中设置橡皮擦的厚度，如图 4-107 所示，然后在多余的叶片部位拖动鼠标，使叶片伸展得更加自然，效果如图 4-108 所示。

图 4-106　选择一个叶片对象　　图 4-107　设置橡皮擦工具的厚度　　图 4-108　擦除多余叶片部位的效果

步骤10 使用形状工具擦除为对象增加的多余节点，并适当调整叶片的形状，效果如图 4-109 所示。

步骤11 使用同样的方法编辑其他的叶片形状，然后绘制出兰花并填充相应的颜色，完成效果如图 4-110 所示。最后为兰花添加一个装饰画框，如图 4-111 所示，完成绘图板的应用操作。

图 4-109　调整叶片形状后的效果　　图 4-110　绘制的兰花效果　　图 4-111　添加画框后的效果

提示

通过绘图板使用艺术笔工具进行绘画时，不同于使用鼠标绘画的一个很大的优点在于，在选择艺术笔工具并激活属性栏中的"压力"按钮 后，使用绘图笔在绘图板上进行绘画时，所绘制的笔触宽度会根据用笔压力的大小变化而变化。绘图时用笔的压力越大，绘制的笔触宽度就越宽，反之则越细，如图 4-112 所示。

图 4-112　压力笔触的文字书写效果

4.2.4　使用钢笔工具

使用钢笔工具绘制图形的方法与贝塞尔曲线工具相似，也是通过节点和手柄来达到绘制图形的目的。不同的是，在使用钢笔工具的过程中，可以在确定下一个锚点之前预览曲线的当前状态。

1. 钢笔工具的属性栏设置

选择"钢笔工具"  后，该工具的属性栏设置如图 4-113 所示。

图 4-113　钢笔工具的属性栏设置

✦ 闭合曲线 ：绘制曲线后单击该按钮，可以在曲线开始与结束点间自动添加 一条直线，使曲线首尾闭合。

✦ 预览模式 ：单击该按钮，将其激活。绘制曲线时，在确定下一节点之前，可预览到曲线的当前形状，否则将不能预览。

✦ 自动添加或删除节点 ：单击该按钮后，在曲线上单击可自动添加或删除节点。

2. 绘制曲线

在工具箱中选择"钢笔工具" ，将光标移动到工作区中的某一位置，单击鼠标指定曲线的起始节点，然后移动光标到下一个位置，按下鼠标左键并向另一方向拖动鼠标，即可绘制出相应的曲线，如图 4-114 所示。

在绘图过程中，可以在曲线上增加新的节点或删除已有的节点，以对曲线进行进一步的编辑。添加和删除节点时钢笔工具的状态如图 4-115 所示。

图 4-114　用钢笔工具绘制曲线　　　　图 4-115　增加和删除节点时的光标状态

3. 绘制直线

使用钢笔工具绘制直线是非常简单的操作，可以按照下面的操作步骤来完成。

步骤 1　在工具箱中选择"钢笔工具" ，将鼠标指针移动到工作区中的某一位置，单击鼠标左键指定直线的起点。

步骤 2　拖动鼠标指针至适当的位置，双击鼠标左键完成直线的绘制，如图 4-116 所示。

4. 平滑节点与尖突节点的转换

在使用钢笔工具绘制形状时，如果需要将平滑节点转换为尖突，可以按照下面的方法进行操作。

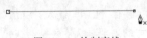

图 4-116　绘制直线

步骤 1　使用"钢笔工具" 绘制一条曲线，如图 4-117 所示。

步骤 2　使用鼠标左键靠近最后绘制的节点，然后按住"Alt"键的同时单击该节点，即可将其转换为尖突节点，如图 4-118 所示。

步骤 3　将平滑节点转换为尖突后，下一步就可以绘制出直线，如图 4-119 所示。

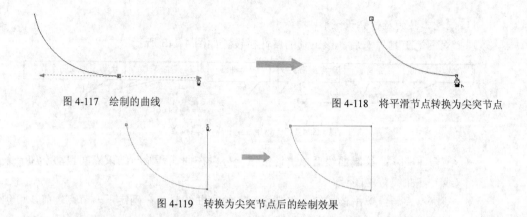

图 4-117　绘制的曲线　　　　　　　　　　　　　图 4-118　将平滑节点转换为尖突节点

图 4-119　转换为尖突节点后的绘制效果

4.2.5　使用 3 点曲线工具

使用 3 点曲线工具，可以绘制出各种样式的弧线或者近似圆弧的曲线。

步骤 1　在工具箱中选择"3 点曲线工具"　，在起始点单击鼠标左键不放，向另一方向拖动鼠标，指定曲线的起点和终点的位置与间距，如图 4-120 所示。

步骤 2　松开鼠标后，移动光标来指定曲线弯曲的方向，在适当位置单击鼠标左键，即可完成曲线的绘制，如图 4-121 所示。

图 4-120　指定曲线的起点和终点　　　　　　　图 4-121　指定曲线的弯曲方向和弯曲度

4.2.6　使用折线工具

使用折线工具，可以方便地创建多个节点连接成的折线。

步骤 1　在工具箱中选择"折线工具"　。

步骤 2　在绘图页面中依次单击鼠标，即可完成多点线的绘制，效果如图 4-122 所示。

提示

按住"Ctrl"键或"Shift"键并拖动鼠标，可以绘制 15° 倍数方向的线段。按住并拖动鼠标，则可以沿鼠标轨迹绘制曲线，如图 4-123 所示。

图 4-122　绘制折线　　　　　　图 4-123　绘制 15° 线段和沿鼠标轨迹绘制曲线

4.2.7　使用 2 点线工具

使用 2 点线工具，可以多种方式绘制逐条相连或与图形边缘相连的连接线，组合成需要的图形，常用于绘制流程图或结构示意图。

选择"2 点线工具" 后，其属性栏设置如图 4-124 所示。

图 4-124　2 点线工具的属性栏设置

✦　2 点线工具 ：按住鼠标左键并拖动，释放鼠标后，可在鼠标按下与释放的位置间创建一条直线；将光标放置在直线的一个端点上，在光标改变形状为 时按住并拖动鼠标绘制直线，可以使新绘制的直线与之相连，成为一个整体，如图 4-125 所示。

✦　垂直 2 点线 ：用于绘制一条与现有线条或对象相垂直的直线，如图 4-126 所示。

✦　相切的 2 点线 ：用于绘制一条与现有线条或对象相切的直线，如图 4-127 所示。

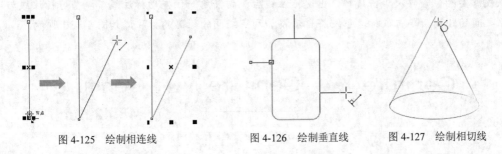

图 4-125　绘制相连线　　　　图 4-126　绘制垂直线　　　　图 4-127　绘制相切线

4.2.8　使用 B 样条工具

选取 B 样条工具 后，按住鼠标左键并拖动，绘制出曲线轨迹，在需要变向的位置单击左键，添加一个轮廓控制点，继续拖动即可改变曲线轨迹；绘制过程中双击鼠标左键，可以完成曲线绘制；将鼠标指针移动到起始点并单击，可以自动闭合曲线，如图 4-128 所示。需要调整其形状时，可以使用形状工具调整外围的控制轮廓，即可轻松调整曲线或闭合图形的形状。

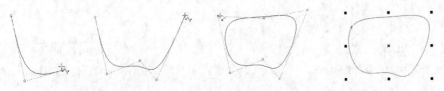

图 4-128　使用 B 样条工具绘制闭合图形

4.2.9 使用度量工具

使用度量工具可以方便、快捷地测量出对象的水平、垂直距离，以及倾斜角度等。度量工具属性栏中的各项参数如图 4-129 所示，可通过属性栏设置数值的单位和标注的样式等。

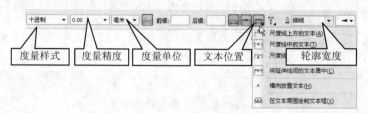

图 4-129 度量工具属性栏

1. 平行度量工具

"平行度量工具" 用于为对象添加任意角度上的距离标注。

步骤 1 在工具箱中选择"平行度量工具"后，在其属性栏中设置好需要的参数。

步骤 2 在测量对象的边缘或任意需要的位置上单击鼠标后，移动鼠标指针至另一边缘点或需要的位置再次单击鼠标，出现标注线后，向任意一侧拖动标注线，调整好标注线与对象之间的距离后单击鼠标，系统将自动添加两点之间的距离的标注，如图 4-130 所示。

图 4-130 使用平行度量工具做水平标注

提示

使用该工具时按下"Ctrl"键，可按 15° 的整数倍方向上移动标注线。在属性栏的度量单位下拉列表中设置数值的单位，在文本位置下拉列表中可自行选择需要的标注样式。

2. 水平或垂直度量工具

"水平或垂直度量工具" 可以标注出对象的水平距离和垂直距离，图 4-131 和图 4-132 所示是为对象添加垂直和水平标注后的效果。

图 4-131 垂直度量标注

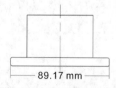

图 4-132 水平度量标注

3. 角度量工具

使用"角度量工具"，可准确地测量出所定位的角度，具体操作方法如下。

步骤 1 选择属性栏中的"角度量工具"按钮 ![图标]，然后单击指定角的顶点，移动光标到适当的位置，单击创建角的第一条边。

步骤 2 移动光标至对应的位置上，定位好角度后单击鼠标，形成角度。

步骤 3 再次单击鼠标后，系统将自动添加角度标注，效果如图 4-133 所示。

4. 线段度量工具

"线段度量工具" ![图标]可以自动捕获图形曲线上两个节点之间线段的距离，只需在要度量的线段上单击鼠标并向需要的方向拖动，即可在释放鼠标后完成对所选线段两端节点直线距离的标注，如图 4-134 所示。

图 4-133 角度量工具效果　　　　　　图 4-134 线段标注效果

5. 标注工具

使用"3 点标注工具" ![图标]，可以快捷地为对象添加折线标注文字，操作步骤如下。

步骤 1 选取"3 点标注工具"，移动鼠标指针到需要标注的起点位置后按下鼠标左键，然后将光标拖到对象外合适的距离，释放鼠标并继续拖动，标注线将形成一条折线，如图 4-135 所示。

步骤 2 将光标移动至直线终点处双击或单击两次后，光标自动进入文本输入状态，此时可以手动添加文字标注，效果如图 4-136 所示。

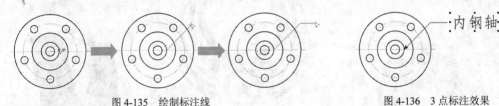

图 4-135 绘制标注线　　　　　　　　图 4-136 3 点标注效果

 # 4.3　智能绘图

智能绘图工具能自动识别多种形状，如圆形、矩形、箭头、菱形和梯形等，并能对随意绘制的曲线进行组织和优化，使线条自动平滑显示。

步骤 1 在工具箱中选择"智能绘图工具" ![图标]。

步骤 2 在该工具属性栏中，设置"形状识别等级"和"智能平滑等级"选项为"中"，如图 4-137 所示。

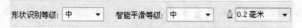

图 4-137　智能绘图工具属性栏

✦ 形状识别等级：用于选择系统对形状的识别程度。

✦ 智能平滑等级：用于选择系统对形状的平滑程度。

✦ 轮廓宽度 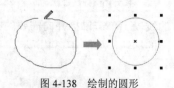：用于选择或设置形状的轮廓线
宽度。

　　步骤 3　在绘图窗口中按下鼠标左键不放，拖动鼠标绘制
一个大致的圆形，释放鼠标后，系统会对该图形进行自动平
滑处理，使其成为一个标准的圆形，如图 4-138 所示。

图 4-138　绘制的圆形

 # 4.4　本章练习

　　1．运用本章介绍的绘制几何图形和曲线的方法，使用椭圆形工具和贝塞尔工具绘制图
4-139 所示的标志图形。

　　2．运用本章介绍的绘制基本形状和曲线的方法，并结合前面学习的复制和变换对象的方
法，使用基本形状工具和钢笔工具绘制图 4-140 所示的装饰图案。

　　3．结合使用贝塞尔工具和艺术笔工具，绘制图 4-141 所示的简单人物插画。

图 4-139　标志图形

图 4-140　装饰图案

图 4-141　人物插画

第 5 章

填充图形

- 5.1　自定义调色板
- 5.2　均匀填充
- 5.3　渐变填充
- 5.4　填充图案、纹理和 PostScript 底纹
- 5.5　填充开放的曲线
- 5.6　使用交互式填充工具
- 5.7　使用网状填充工具
- 5.8　使用滴管和应用颜色工具填充
- 5.9　设置默认填充
- 5.10　本章练习

对于人的视觉来说，最具冲击力的是色彩。不同的颜色所代表的含义也会不同，色彩运用是否合理，是判断一件作品是否成功的关键所在。

5.1 自定义调色板

在 CorelDRAW X6 中，可以使用"调色板编辑器"对话框来创建自定义的调色板。执行"工具→调色板编辑器"命令，即可开启图 5-1 所示的"调色板编辑器"对话框。

1. 创建自定义调色板

在"调色板编辑器"对话框中单击"新建调色板"按钮，开启图 5-2 所示的"新建调色板"对话框，在"文件名"一栏中输入颜色名称，然后单击"保存"按钮即可，如图 5-3 所示。

2. 编辑自定义调色板

创建自定义调色板后，可以对调色板进行编辑，下面为读者介绍"调色板编辑器"对话框中各选项的使用方法。

图 5-1 "调色板编辑器"对话框

图 5-2 "新建调色板"对话框

图 5-3 "调色板编辑器"对话框中的新调色板

- ✦ "添加颜色"按钮：单击该按钮，在弹出的"选择颜色"对话框中自定义一种颜色，然后单击"加到调色板"按钮即可，如图 5-4 所示。
- ✦ "编辑颜色"按钮：在"调色板编辑器"对话框的颜色列表框中选择要更改的颜色，然后单击"编辑颜色"按钮，在"选择颜色"对话框中自定义一种颜色，完成后单击"确定"按钮，即可完成编辑，如图 5-5 所示。

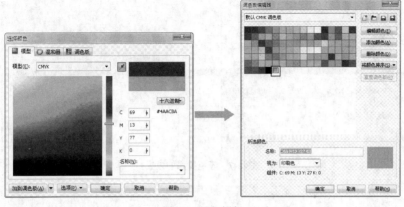

图 5-4　添加颜色

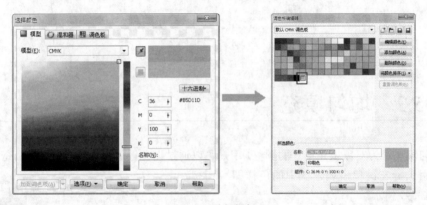

图 5-5　编辑颜色

◆ "删除颜色"按钮：在颜色列表框中选择要删除的颜色，然后单击"删除颜色"按钮即可。

【技巧与提示】

按住"Shift"键或"Ctrl"键在颜色选择区域中单击，可以选取多个连续排列或不连续排列的颜色。

单击"删除颜色"按钮后，程序会弹出图 5-6 所示的提示对话框。单击"是"按钮，即可删除所选颜色。不勾选"再次显示该对话框"复选框，可取消该提示对话框的再次显示。

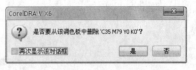

图 5-6　提示对话框

◆ "将颜色排序"按钮：单击该按钮，在展开的下拉列表中可选择所需的排序方式，使颜色选择区域中的颜色按指定的方式重新排序，如图 5-7 所示。

◆ "重置调色板"按钮：单击该按钮，弹出图 5-8 所示的提示对话框，单击"是"按钮，即可重置调色板。

◆ "名称"文本框：用于显示所选颜色的名称，也可以在其文本框中为所选颜色重新命名。

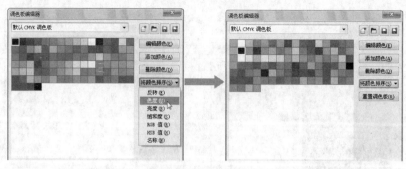

图 5-7　颜色排序的效果

图 5-8　重置调色板

 ## 5.2　均匀填充

均匀填充是为对象填充单一的颜色，用户可以通过调色板进行填充。选中要填充的对象，然后使用鼠标左键单击调色板中的色样即可，如图 5-9 所示。

使用调色板填充对象的另一种方法是，使用鼠标左键将调色板中的色样直接拖动到图形对象上，当光标变为图 5-10 所示的状态后释放鼠标，即可将该颜色应用到对象上，如图 5-11 所示。

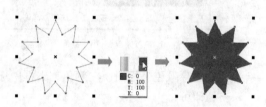

图 5-9　对象的填充效果

图 5-10　拖动色块至对象上　　　　图 5-11　对象的填充效果

提示

使用鼠标左键单击调色板中的⊠按钮，可清除对象的内部填充颜色；使用右键单击调色板中的⊠按钮，可清除对象的外部轮廓。

如果要在填充对象时自定义对象的均匀填充色，可使用"标准填充"对话框来完成。

步骤 1　选择要填充的对象，单击工具箱中的"填充工具"按钮 ◇ ，在展开的工具栏中单击"均匀填充"选项，弹出"均匀填充"对话框。

步骤 2　在"模型"下拉列表中选择需要的颜色模式，这里以"CMYK"模式为例。

步骤 3 在"组件"中输入所需的颜色参数值，例如，设置颜色值为 C30、M100、Y5、K0，单击"确定"按钮即可，如图 5-12 所示。

图 5-12 颜色参数设置及填充效果

下面分别介绍"均匀填充"对话框中其他两个标签选项的功能。单击"混合器"标签，该标签选项设置如图 5-13 所示。

◆ 模型：用于选择填充颜色的色彩模式。

◆ 色度：用于决定显示颜色的范围及颜色之间的关系，单击后面的下拉按钮，可从提供的下拉列表中选择不同的方式，如图 5-14 所示。

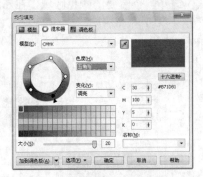

图 5-13 "混合器"选项设置

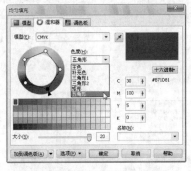

图 5-14 "色度"下拉列表选项

◆ 变化：从下拉列表中可以选择决定颜色表的显示色调，如图 5-15 所示。

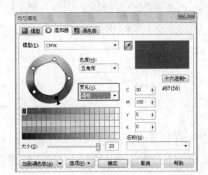

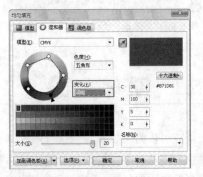

图 5-15 不同"变化"选项下的颜色表显示效果

◆ 大小：用于决定设置颜色表所显示的列数。图 5-16 所示是设置"大小"后颜色表的显示效果。

单击"调色板"标签，显示图 5-17 所示的"调色板"设置面板。

◆ 调色板：在该选项下拉列表中，包含了系统提供的固定调色板类型，如图 5-18 所示。在下拉列表中展开"调色板库"，可显示更多的调色板类型；选择"我的调色板"，可以载入外部的或用户自行保存的其他调色板类型。

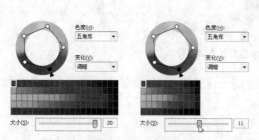

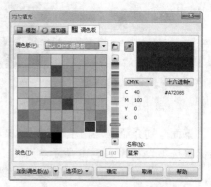

图 5-16　设置"大小"后的颜色表显示

图 5-17　"调色板"选项设置

◆ 拖动纵向颜色条中的矩形滑块，可以从中选择一个需要的颜色区域，在左边的正方形颜色窗口中会显示该区域内的色样，如图 5-19 所示。

◆ "组件"选项栏：用于显示当前所选颜色的参数值。

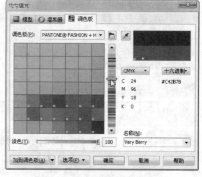

图 5-18　"调色板"下拉列表

图 5-19　选取的颜色区域

 # 5.3　渐变填充

渐变填充可以为对象添加两种或两种以上颜色的平滑渐进的色彩效果。渐变填充方式应用到设计创作中是非常重要的一个技巧，它可以用于表现物体的质感，以及在绘图中用于表现非常丰富的色彩变化等。

5.3.1 使用填充工具进行填充

单击工具箱中的"填充工具"按钮 ，在展开的工具栏中单击"渐变填充"选项，弹出"渐变填充"对话框，系统默认的填充类型为线性，如图 5-20 所示。

应用渐变填充时，可以指定所选填充类型的属性，例如填充颜色的调和方向、填充的角度、中心点、中点和边界；还可以通过指定渐变步长值，调整渐变填充的打印和显示质量。默认情况下，渐变步长值设置处于锁定状态，因此渐变填充的打印质量由打印设置中的指定值决定，而显示质量由设置的默认值决定。在应用渐变填充时，可以解除对渐变步长值设置的锁定状态，设置一个适合于打印与显示质量的步长值。

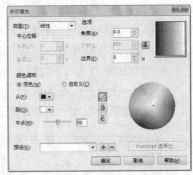

图 5-20 "渐变填充"对话框

- ◆ "角度"文本框：设定渐变颜色的角度。在"辐射"类型中不能设置渐变的角度，设置角度除了输入角度值外，另一种更简单的方式是将光标移进右上角的"预览视窗"中，按住鼠标左键并拖动鼠标，光标停留点就是新设置的渐变角度。

- ◆ "步长"文本框：决定各个颜色之间的过渡数量。单击"步长值"后面的 按钮进行解锁，即可在其数值框中进行步长值的设置，如图 5-21 所示，设置步长值后的渐变填充效果如图 5-22 所示。

图 5-21 "步长值"的设置

图 5-22 设置步长值后的填充效果

- ◆ "边界"文本框：设定颜色渐变过渡的范围，数值越小范围越大，反之就越小。同样，"圆锥"渐变类型也不能进行边界的设置。修改"边界"设置后，填充效果如图 5-23 所示。

- ◆ "双色"选项：指渐变的方式是以两种颜

图 5-23 不同的边界设置效果

色进行过渡。其中的"从"是指渐变的起始颜色，"到"是指渐变的结束颜色。单击右边的下拉按钮，可从弹出的颜色选取器中选择需要的颜色，如图 5-24 所示。也可以单击列表框下方的"更多"按钮，在弹出的"选择颜色"对话框中自定义颜色，如图 5-25 所示。

- ✦ ：根据色调的饱和度，沿直线变化来确定中间填充颜色。它由颜色开始到颜色结束，并穿过色轮。
- ✦ ：颜色从开始到结束，沿色轮逆时针旋转调和颜色。
- ✦ ：颜色从开始到结束，沿色轮顺时针旋转调和颜色。
- ✦ 预设：在该选项下拉列表中可选择系统预设的多种渐变样式，包括柱面、彩虹和落日等。
- ✦ ：设置好渐变颜色后，在"预设"文本框中为该颜色命名，然后按下 按钮，可以将其保存为一种新的渐变填充样式，在以后可以从"预设"下拉列表中直接调用。

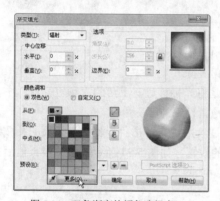
图 5-24 双色渐变的颜色选择窗口

图 5-25 "选择颜色"对话框

- ✦ 自定义：选中该单选项后，可以通过添加多种颜色来自定义更多的颜色渐变。自定义渐变填充可以包含两种或两种以上颜色，用户可以在填充渐进的任何位置添加新的颜色。
- ✦ 位置：是指目前添加的颜色所处的位置。可通过设置数值来精确定位，也可通过拖动颜色滑块来改变其位置。
- ✦ 当前：是指当前位置处的颜色。
- ✦ 其他：单击"其他"按钮，可以在弹出的"选择颜色"对话框中自行设置一个所需要的颜色。

在 CorelDRAW X6 中，渐变填充包含 4 种类型：线性渐变、辐射渐变、圆锥渐变和正方形渐变。在熟悉了"渐变填充"对话框的基本设置后，下面分别为读者详细介绍这 4 种渐变类型的应用方法。

1. 线性渐变填充

线性渐变填充是指在两个或两个以上的颜色之间产生直线型的颜色渐变，从而产生丰富的颜色变化效果。为对象应用线性渐变填充的操作方法如下。

步骤 1 使用"选择工具" 选择需要填充的对象，如图 5-26 所示。

步骤2 按下"F11"键开启"渐变填充"对话框，选中"颜色调和"选项栏中的"自定义"单选项，如图5-27所示。

步骤3 单击渐变颜色条两端的小方块，出现一个虚线框，在虚线框中的任意位置处双击鼠标左键，添加一个控制点，然后在右边的颜色选取器中单击所需的色样，即可设置控制点处的颜色，如图5-28所示。

图 5-26 选中对象

步骤4 在"角度"数值框中设置渐变的角度值，设置好后，单击"确定"按钮，对象的填充效果如图5-29所示。

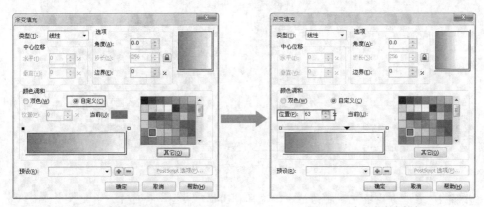

图 5-27 "线性"渐变选项设置　　　　　图 5-28 自定义渐变颜色

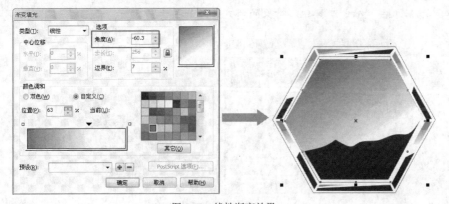

图 5-29 线性渐变效果

2. 辐射渐变填充

辐射渐变填充是指在两个或两个以上的颜色之间，产生以同心圆的形式由对象中心向外辐射的颜色渐变效果。辐射渐变填充可以很好地体现球体的光线变化效果和光晕效果。为对象应用辐射渐变填充的操作步骤如下。

步骤1 使用"选择工具"选中需要应用渐变效果的对象，如图5-30所示。

图 5-30 选取填充对象

步骤 2 在"渐变填充"对话框中，选择"类型"下拉列表中的"辐射"选项，保持默认的"双色"单选项的选取。

步骤 3 在"从"颜色选取器中选择所需的渐变起始颜色，并在"到"颜色选取器中选择所需的渐变结束颜色，然后单击"确定"按钮，效果如图 5-31 所示。

3. 圆锥渐变填充

圆锥渐变填充是指在两个或两个以上的颜色之间产生的色彩渐变，以模拟光线落在圆锥上的视觉效果，从而使平面图形表现出空间立体感。为对象应用圆锥渐变填充的操作步骤如下。

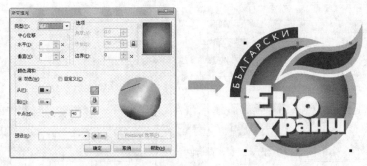

图 5-31　辐射渐变参数设置及填充效果

步骤 1 在"渐变填充"对话框中，选择"圆锥"类型，并选中"自定义"单选项。

步骤 2 在渐变颜色条的适当位置处添加适当数量的控制点，并为每个控制点设置相应的颜色，然后单击"确定"按钮，对象的填充效果如图 5-32 所示。

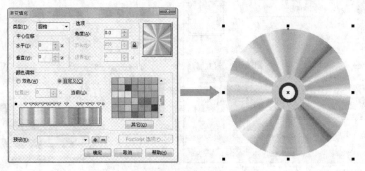

图 5-32　圆锥渐变参数设置及填充效果

4. 正方形渐变填充

正方形渐变填充是指在两个或两个以上的颜色之间，产生以同心方形的形式从对象中心向外扩散的色彩渐变效果。为对象应用正方形渐变填充的操作步骤如下。

步骤 1 使用"选择工具" 选中应用渐变填充的对象，如图 5-33 所示。

步骤 2 按下"F11"键打开"渐变填充"对话框，在该对话框

图 5-33　选中对象

中选择"正方形"类型，并选中"双色"单选项。

步骤3 设置从"紫色"到"白色"的渐变颜色，然后单击"确定"按钮，对象的填充效果如图 5-34 所示。

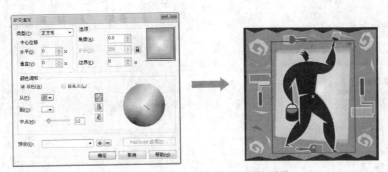

图 5-34 正方形渐变参数设置及填充效果

5.3.2 通过"对象属性"泊坞窗进行渐变填充

除了使用填充工具为对象填充渐变颜色外，还可使用"对象属性"泊坞窗来完成对象的渐变填充操作。

步骤1 点选需要应用渐变填充的图形对象后，执行"窗口→泊坞窗→对象属性"命令，或者按下"Alt+Enter"键，开启"对象属性"泊坞窗，如图 5-35 所示。

步骤2 在"对象属性"泊坞窗的"填充"列表中单击"渐变填充"按钮，此时显示的"渐变填充"设置如图 5-36 所示。

图 5-35 "对象属性"泊坞窗

图 5-36 "渐变填充"设置

步骤3 在"类型"选项栏中单击所要应用的渐变类型按钮，然后在"自"颜色选取器中选择渐变的起始颜色，并在"到"颜色选取器中选择渐变的结束颜色，如图 5-37 所示。

步骤4 单击颜色设置选项下的▼按钮，在展开的扩展选项中，可以为当前的渐变填充类型设置中心偏移量、渐变角度、填充边界、渐变步长等选项；在"填充预设"下拉列表中，可以选择程序提供的预设渐变色样式，如图 5-38 所示。

步骤5 在"对象属性"泊坞窗中设置好需要的渐变类型及颜色填充后，工作区中所选的图形对象将同步应用所完成的渐变效果设置。

图 5-37 设置渐变类型

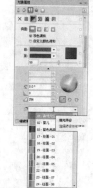

图 5-38 渐变填充扩展选项

5.4 填充图案、纹理和 PostScript 底纹

CorelDRAW X6 提供了预设的图样填充，用户可直接将这些图样填充到对象上，也可以用绘制的对象或导入的图像来创建图样进行填充。

5.4.1 使用填充工具中的图样填充

CorelDRAW X6 提供了预设的多种图样，使用"图样填充"对话框可以直接为对象填充这些图样，也可以用绘制的对象或导入的图像创建图样进行填充。

单击"填充工具"按钮，在展开的工具栏中单击"图样填充"选项，弹出图 5-39 所示的"图样填充"对话框。

图样填充分为双色、全色和位图填充。用户可以修改图样填充的平铺大小，还可以设置平铺原点，并精确地指定填充的起始位置等。下面分别介绍应用这 3 种填充的操作方法。

图 5-39 "图样填充"对话框

1. 双色图样填充

双色图样填充是指为对象填充只有"前部"和"后部"两种颜色的图案样式。在为对象填充双色图样时，可以调整图案的"前部"和"后部"两种颜色。使用双色图样填充的具体操作步骤如下。

步骤 1 绘制一个图形对象，单击"填充"工具，展开工具栏中的"图样填充"选项，打开"图样填充"对话框，该对话框默认为"双色"填充模式。

步骤 2 展开图样下拉列表框，在其中选择所需的图样，然后单击"确定"按钮，即可为对象填充该图样，如图 5-40 所示。

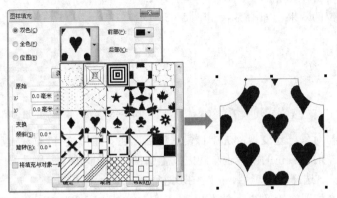

图 5-40 应用双色填充效果

在"图样填充"对话框中，各选项的功能如下。

✦ "前部"和"后部"：用于设置图案的前部和后部颜色。图 5-41 所示是修改"前部"
和"后部"颜色后的填充效果。

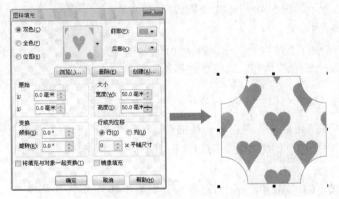

图 5-41 设置颜色后的双色填充

✦ 原始：在"x"和"y"数值框中输入数值，可使图案进行填充后相对于图形的位置
发生变化。

✦ 大小：在"宽度"和"高度"数值框中输入数值，可设置用于填充图案的单元图案
大小，如图 5-42 所示。

✦ 变换：在"倾斜"和"旋转"数值框中输入数值，可以使单元图案进行相应的倾斜
或旋转，如图 5-43 所示。

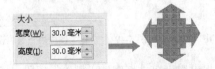

图 5-42 单元格大小设置及其效果

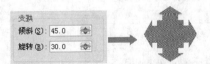

图 5-43 "变换"设置及其填充效果

✦ 行或列位移：在"行或列位移"选区中输入"行"或"列"的百分比值，可使图案

产生错位的效果，如图 5-44 和图 5-45 所示。

图 5-44 "行"设置后的错位填充效果　　　　图 5-45 "列"设置后的错位填充效果

✦ 将填充与对象一起变换：选中该复选框后，在对图形进行缩放、倾斜、选择等变换操作时，用于填充的图案也会随之发生变换，反之则保持不变。

✦ 镜像填充：选择该选项后，再对图形进行填充，将产生图案镜像的填充效果。

✦ 浏览：单击该按钮，弹出图 5-46 所示的"导入"对话框，在其中选择一张图片或其他的图形文件后，单击"导入"按钮，图片将自动转换为双色样式并添加到样式列表中，如图 5-47 所示。图 5-48 所示为使用该样式填充对象后的效果。

✦ 删除：从图样下拉列表框中选择一个图样，然后单击"删除"按钮，即可将选择的图样删除。

图 5-46 "导入"对话框

2. 全色填充

"全色图案填充"可以由矢量图案和线描样式图形生成，也可通过浏览图像的方式填充为位图图案。使用"全色"图案填充，可以将很多丰富的图案置入到对象中，产生各种精美的图案效果。

"全色"模式下的"图样填充"对话框设置如图 5-49 所示。

图 5-47 添加到样式列表　　　图 5-48 修改后的图案效果　　　图 5-49 "全色"图样填充选项设置

"全色"图案填充与"双色"图案填充一样，也可单击对话框中的"浏览"按钮，将其他图片载入到图案样式列表框中，但不同之处在于，"全色"模式下载入的图片将完全保留图片原有的颜色，如图 5-50 所示。

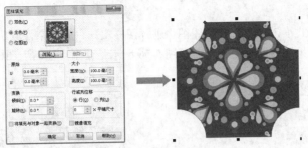

图 5-50　载人图片后的图案效果

　　全色填充可以为对象填充丰富的图案效果，下面将通过全色图样填充制作相框效果，其具体操作方法如下。

　　步骤 1　在工具箱中单击"矩形工具" 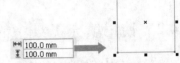，在工作区中绘制一个正方形，然后在属性栏中设置对象大小，如图 5-51 所示，设置完成后按下
"Enter"键。

　　步骤 2　参照图 5-52 所示对"图样填充"对话框进行参数设置，设置完成后单击"确定"按钮，得到图 5-53 所示的边框效果。

图 5-51　对象大小的设置及绘制的正方形

　　【技巧与提示】

　　在"图样填充"对话框中设置图样的"宽度"和"高度"时，必须设置与被填充对象相同的大小，才能获得最佳的效果。

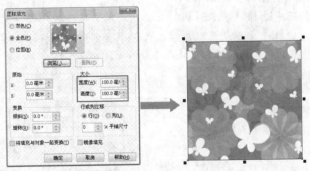

图 5-52　设置"图样填充"对话框　　　　图 5-53　填充效果

　　步骤 3　在标准工具栏中单击"导入"按钮，导入一张图片，如图 5-54 所示。将该图像放置在正方形的中心，并调整至合适的大小，完成一幅装饰画的制作，如图 5-55 所示。

图 5-54　导入的图片　　　　图 5-55　完成的组合效果

3．位图填充

在"位图"模式下，可以选择位图图像进行图样填充，其复杂性取决于图像大小和图像分辨率等，填充效果比前两种更加丰富。图 5-56 所示是使用"位图"图样填充的效果。

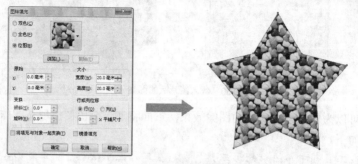

图 5-56 "位图"模式填充效果

5.4.2 使用填充工具中的底纹填充

底纹填充是随机生成的填充，可赋予对象自然的外观。CorelDRAW X6 提供预设的底纹样式，而且每种底纹均有一组可更改的选项。可以使用任一种颜色模式或调色板中的颜色来自定义底纹颜色后进行填充。底纹填充只能包含 RGB 颜色，但是，可以使用其他颜色模式和调色板作为参考来选择颜色。

使用底纹填充对象的操作步骤如下。

步骤 1 在工具箱中选择"基本形状"工具，单击属性栏中的"完美形状"按钮，在弹出的下拉列表中选择十字形状，然后在工作区中绘制出该形状，如图 5-57 所示。

步骤 2 选择"填充"工具，展开工具栏中的"底纹填充"选项，弹出图 5-58 所示的"底纹填充"对话框。

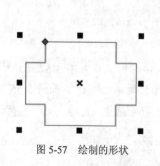

图 5-57 绘制的形状

图 5-58 "底纹填充"对话框

步骤 3 在"底纹列表"中选择所需的底纹样式，并在对话框右边的颜色选择器中设置底纹的组成颜色（根据用户选择底纹样式的不同，会出现相应的选项，如图 5-59 所示）。选择颜色后，系统会弹出图 5-60 所示的提示对话框，单击"确定"按钮。

图 5-59 不同样式底纹的对话框显示

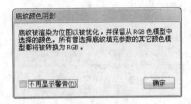

图 5-60 提示对话框

步骤 4 回到"底纹填充"对话框，单击"预览"按钮，查看设置后的底纹效果。调整到满意的填充效果后，单击"确定"按钮，纹理的填充效果如图 5-61 所示。

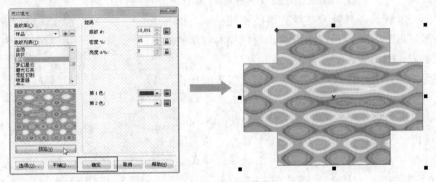

图 5-61 底纹填充效果

◆ 在"底纹填充"对话框中，单击对话框中的"选项"按钮，弹出图 5-62 所示的"底纹选项"对话框，在其中可以设置位图分辨率和最大平铺宽度。

◆ 单击"平铺"按钮，弹出图 5-63 所示的"平铺"对话框，在其中可以设置"原始"、"大小"、"变换"和"行或列位移"等参数。用户可以更改底纹中心来创建自定义填充。需要注意的是，相对于对象顶部来调整第一个平铺的水平或垂直位置时，会影响其余的填充。如果希望纹理填充根据对填充对象所做的操作而改变，可以选择"将填充与对象一起变换"复选框。

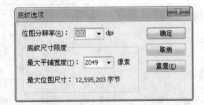

图 5-62 "底纹选项"对话框

【技巧与提示】

用户可以修改从"底纹库"中选择的底纹，还可将修改的底纹保存到另一个"底纹库"中。单击"底纹填充"对话框中的 按钮，弹出"保存底纹为"对话框，在"底纹名称"文字框中输入底纹的保存名称，并在"库名称"下拉列表中选择保存的位置，然后单击"确定"按钮，即可保存自定义的底纹填充效果，如图 5-64 所示。

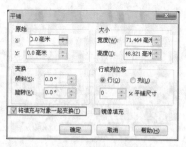

图 5-63 "平铺"对话框

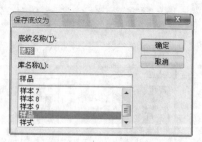

图 5-64 "保存底纹为"对话框

5.4.3 使用填充工具中的 PostScript 填充

PostScript 底纹填充是使用 PostScript 语言设计的特殊纹理填充。有些底纹非常复杂，因此打印或屏幕显示包含 PostScript 底纹填充的对象时，等待时间可能较长，并且一些填充可能不能显示，而只能显示字母 "PS"，这种现象取决于对填充对象所应用的视图方式的不同。

应用 PostScript 底纹填充效果，可通过以下的操作步骤来完成。

单击 "填充" 工具，展开工具栏中的 "PostScript" 选项，弹出 "PostScript 底纹" 对话框，选中 "预览填充" 复选框，在预览窗口中可预览所选的底纹样式，如图 5-65 所示。

图 5-65 "PostScript 底纹"对话框

✦ 在样本列表框中选择样本，并在 "参数" 选项栏中设置相应的参数，然后单击 "确定" 按钮，填充效果如图 5-66 所示。

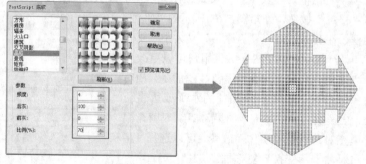

图 5-66 PostScript 底纹填充效果

【技巧与提示】

在应用 PostScript 底纹填充时，可以更改底纹大小、线宽，以及底纹的前景或背景中出现的灰色量等参数。在 "PostScript 底纹填充" 对话框中选择不同的底纹样式，其 "参数" 设置也会相应发生改变。

通过应用 PostScript 底纹填充效果，可以使形状的填充形式更加多样，下面详细介绍其操作步骤。

步骤 1 选择"基本形状"工具 ，在属性栏中的"完美形状"下拉列表中选择"水滴"形状，然后在工作区中绘制出该形状，如图 5-67 所示。

步骤 2 单击"填充"工具，展开工具栏中的"PostScript"选项，弹出"PostScript 底纹"对话框，在其中可以设置底纹填充的相关参数，如图 5-68 所示。

步骤 3 设置完成后，单击"确定"按钮，填充效果如图 5-69 所示。

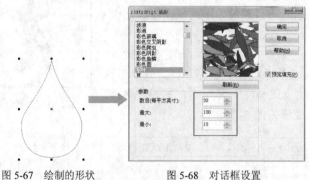

图 5-67　绘制的形状　　　　图 5-68　对话框设置　　　　图 5-69　填充完成效果

5.5　填充开放的曲线

默认状态下，CorelDRAW 只能对封闭的曲线填充颜色。如果要使开放的曲线也能填充颜色，就必须更改工具选项设置。

单击属性栏中的"选项"按钮 ，打开"选项"对话框，在其中展开"文档\常规"选项，如图 5-70 所示。在"常规"设置中选中"填充开放式曲线"复选框，然后单击"确定"按钮，即可对开放式曲线填充颜色，如图 5-71 所示。

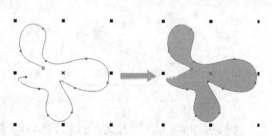

图 5-70　"常规"选项设置　　　　图 5-71　填充开放式曲线的效果

5.6 使用交互式填充工具

使用"交互式填充工具"可以直接在对象上设置填充参数并进行颜色的调整，其填充方式包括标准填充、渐变填充、图样填充、底纹填充和 PostScript 填充，用户可以通过属性栏方便快捷地修改填充方式。

图 5-72 打开的图形文件

选择"交互式填充工具"后，可以通过以下的操作方法完成对象的各种填充操作。

步骤 1 在标准工具栏中单击"打开"按钮，打开图 5-72 所示的图形。下面将为该图形中的白色背景对象应用交互式填充效果。

步骤 2 在工具箱中选择"交互式填充工具"，单击需要填充的对象，此时该工具的属性栏设置如图 5-73 所示。

图 5-73 属性栏设置

步骤 3 在"均匀填充类型"下拉列表中选择"均匀填充"选项，并在"均匀填充调色板颜色"列表中选取需要的颜色，然后按下"Enter"键，得到的填充效果如图 5-74 所示。

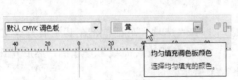

图 5-74 标准填充效果

步骤 4 在"填充类型"的下拉列表中选择"线性"选项，属性栏设置和填充效果分别如图 5-75 和图 5-76 所示。

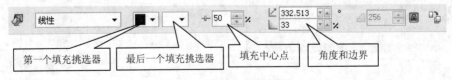

图 5-75 "线性"属性栏设置

步骤 5 在"填充下拉式"列表中选择线性起始点的颜色，以黄色为例，然后在"最后一个填充挑选器"下拉列表中选择线性终点的颜色，以月光绿黄色为例，此时的填充效果如图 5-77 所示。

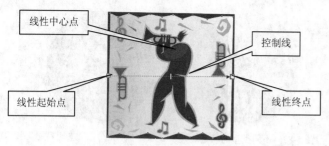

线性中心点

控制线

线性起始点

线性终点

图5-76 对象上的线性渐变控制点

图5-77 应用线性填充

步骤6 在"渐变填充中心点"数值框中输入线性中心点的位置，并在"渐变填充角和边界"中输入填充的角度和边界值，参数设置和填充效果分别如图5-78和图5-79所示。

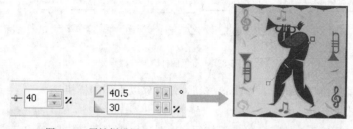

图5-78 属性栏设置　　　　　　图5-79 填充对象效果

【技巧与提示】

　　将光标放置在线性控制起点或终点上，当光标变为十字形时，按下鼠标左键并拖动控制点，即可手动调整渐变的角度和边界距离。

步骤7 将光标放置在线性中心控制点上，按下鼠标左键并拖动控制点，可手动调整线性渐变的中心位置，如图5-80所示。

步骤8 在线性控制线上双击鼠标左键，可以在此处添加一个线性控制点（双击控制线上的控制点，可以删除该控制点）。单击该控制点，使其成为选取状态，然后单击调色板中相应的颜色块，即可将该颜色应用到控制点所在的位置上，效果如图5-81所示。

图5-80 调整渐变中心点

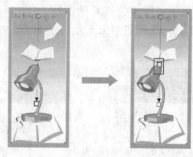

图5-81 增加线性控制点

步骤9 在"填充类型"下拉列表中，分别选择"辐射"、"圆锥"和"正方形"后，对象的填充效果如图5-82所示。

图 5-82　不同类型的填充效果

步骤 10　在"填充类型"下拉列表中选择"双色图样"选项，属性栏设置如图 5-83 所示，设置"双色图样"填充后的效果如图 5-84 所示。

图 5-83　"双色图样"属性栏设置

- ◆ "小型拼接"按钮：单击该按钮，使对象以小型图样拼接的方式填充。
- ◆ "中型拼接"按钮：单击该按钮，使对象以中型图样拼接的方式填充。
- ◆ "大型拼接"按钮：单击该按钮，使对象以大型图样拼接的方式填充。
- ◆ "变换对象"按钮：单击该按钮，可以变换对象的填充。
- ◆ "生成填充图块镜像"按钮：单击该按钮，可以生成填充图块镜像。

图 5-84　应用"双色图样"
后的图形效果

- ◆ "创建图案"按钮：单击该按钮，弹出"创建图样"对话框，如图 5-85 所示，在其中设置所要创建的图样类型和分辨率级别后，单击"确定"按钮，然后框选需要创建为图样的对象，将弹出图 5-86 所示的"创建图样"对话框，单击"确定"按钮，即可生成新的图样。

步骤 11　拖动图形上生成的控制点，可以调整图样的大小，也可以旋转或倾斜图样，如图 5-87 所示。

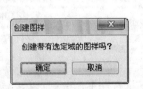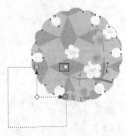

图 5-85　"创建图样"对话框　　图 5-86　"创建图样"对话框　　图 5-87　调整图样的排列

步骤 12 在"填充类型"下拉列表中分别选择"全色图样"、"位图图样"、"底纹填充"和"PostScript 填充"选项后，对象的填充效果分别如图 5-88 和图 5-89 所示。

图 5-88 "全色图样"与"位图图样"效果　　　　图 5-89 "底纹填充"与"PostScript 填充"效果

5.7 使用网状填充工具

网状填充工具可以为对象应用复杂多变的网状填充效果，同时，在不同的网点上可填充不同的颜色并定义颜色的扭曲方向，从而产生各异的效果。网状填充只能应用于封闭对象或单条路径上。应用网状填充时，可以指定网格的列数和行数，以及指定网格的交叉点等。

5.7.1 创建及编辑对象网格

用户创建网格对象之后，可以通过添加、移除节点或交叉点等方式编辑网格。使用"网状填充工具" 的操作步骤如下。

步骤 1 在工具箱中选择"椭圆形工具" ，然后在工作区中绘制一个圆形。

步骤 2 保持对象的选中状态，在工具箱中选择"网状填充工具" ，这时在对象上将出现图 5-90 所示的网格。

步骤 3 使用鼠标在网格中单击，此时属性栏设置如图 5-91 所示。

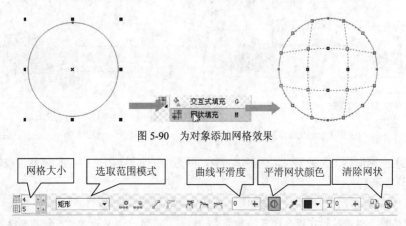

图 5-90 为对象添加网格效果

图 5-91 属性栏设置

步骤 4 将光标靠近网格线，当光标变为▶~形状时，在网格线上双击，可以添加一条经过该点的网格线，如图 5-92 所示。

步骤 5 如果需要编辑网格，可以先将一些不需要的节点删除。在需要删除节点的左上方拖出一个虚线框，将需要删除的节点框选后释放鼠标，即可将选取框内的所有节点全部选中，然后按下"Delete"键即可将它们删除，如图 5-93 所示。

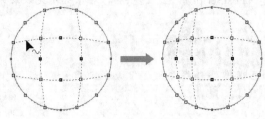

图 5-92　添加网格线

【技巧与提示】

在 CorelDRAW X6 中，系统默认的框选类型为"矩形"，用户可以在属性栏的"选取范围模式"下拉列表中，选取适合的选取方式。图 5-94 所示为"手绘"状态下的选取效果。

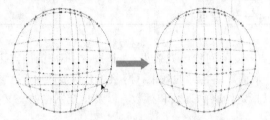

图 5-93　删除多余的节点

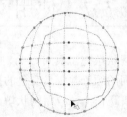

图 5-94　"手绘"状态下的选取效果

5.7.2　为对象填充颜色

使用"网状填充工具"为对象添加颜色，能够很好地表现对象的光影关系及质感。用户可以按照下面的操作方法，为对象应用网格填充效果。

步骤 1 选择要填充的节点，使用鼠标左键单击调色板中相应的色样，即可对该节点处的区域进行填充，如图 5-95 所示。

步骤 2 将光标移动到节点上，按住并拖动节点，即可扭曲颜色填充的方向，如图 5-96 所示。

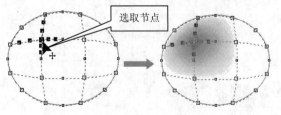

选取节点

图 5-95　填充节点颜色

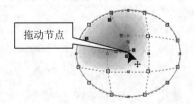

拖动节点

图 5-96　拖动节点后的填充效果

在不需要应用网格填充效果时，选择该对象，然后单击属性栏中的"清除网状"按钮⊗即可。

【技巧与提示】

编辑网格的方法与控制曲线的方法相似，即通过属性栏对网格进行编辑。在添加或删除网格节点时，在网格线上双击鼠标左键，即可添加节点。同样，在节点上双击鼠标左键又可以删除节点。

下面将使用"网状填充工具"为对象应用网状填充效果，使对象的色彩更加鲜明，具体操作步骤如下。

步骤 1 按下"Ctrl+N"键新建一个图形文件，然后按下"Ctrl+I"键导入一个 CorelDRAW 文件，如图 5-97 所示。

步骤 2 使用"选择工具" 选中图 5-98 所示的对象，然后切换到"网状填充工具" ，在选中的对象上将出现网格，如图 5-99 所示。

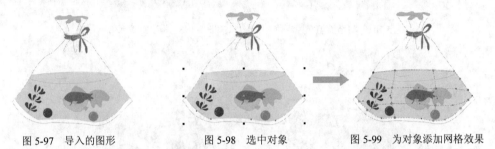

图 5-97 导入的图形　　　　图 5-98 选中对象　　　　图 5-99 为对象添加网格效果

步骤 3 按照 5.7.1 小节中介绍的方法为对象添加网格线和编辑节点，得到的网格效果如图 5-100 所示。

步骤 4 按住"Shift"键选中需要填色处的节点，然后在调色板的"天蓝"色样上单击，选中的节点即被填充为天蓝色，如图 5-101 所示。

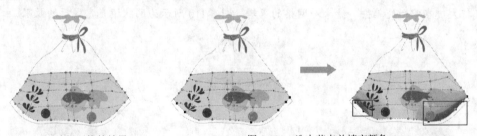

图 5-100 编辑网格的效果　　　　　　图 5-101 选中节点并填充颜色

步骤 5 框选图 5-102 所示的节点，然后在调色板的"冰蓝"色样上单击，得到图 5-103 所示的填充效果。

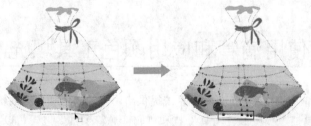

图 5-102 框选节点　　　　图 5-103 节点的填充效果

步骤 6 选中图 5-104 所示的节点，然后在调色板中单击"青"色样，将它们填充为青色。按照相同的操作方法，选中图 5-105 所示的节点，将它们填充为冰蓝色。

步骤 7 如图 5-106 和图 5-107 所示，分别将选中的节点填充为冰蓝色和白色。

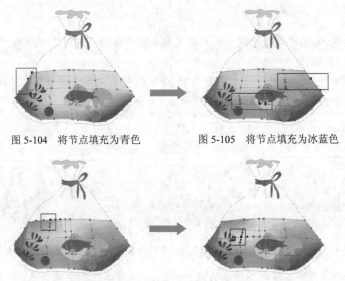

图 5-104　将节点填充为青色　　　　　　　　图 5-105　将节点填充为冰蓝色

图 5-106　将节点填充为冰蓝色　　　　　　　图 5-107　将节点填充为白色

　　步骤 8　选中图 5-108 所示的节点，执行"窗口→泊坞窗→彩色"命令，在打开的"颜色"泊坞窗中设置图 5-109 所示的颜色，然后单击"填充"按钮为节点填充颜色。填充完成后，使用鼠标左键在空白处单击，结束对网格的编辑。图 5-110 所示为网状填充完成后的效果。

图 5-108　选中的节点　　　图 5-109　"颜色泊坞窗"的设置　　　图 5-110　最终完成效果

5.8　使用滴管和应用颜色工具填充

　　"滴管工具"和"应用颜色工具"是系统提供给用户的取色和填充的辅助工具。

　　"滴管工具"包括"颜色滴管工具" 和"属性滴管工具" ，可以为对象选择并复制对象属性，如填充、线条粗细、大小和效果等。使用"滴管工具"吸取对象中的填充、线条粗细、大小和效果等对象属性后，将自动切换到"应用颜色（属性）工具" ，将这些对象属性应用于工作区中的其他对象上。

　　在"颜色滴管工具" 和"属性滴管工具" 的工具属性栏中，可以对滴管工具的工作属性进行设置，例如设置取色方式、要吸取的对象属性等，如图 5-111 所示。

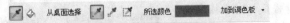

图 5-111　滴管工具属性栏设置

在"属性滴管工具"的属性栏中，分别单击"属性"、"变换"、"效果"按钮，展开的弹出式面板如图 5-112 所示。

【技巧与提示】

在弹出式面板中，被勾选的选项表示颜色滴管工具所能吸取的信息范围，反之，未被勾选的选项所对应的信息将不能被吸取。

用户在吸取对象中的各种属性后，就可以使用"应用颜色工具" ◇ 将这些属性应用到其他的对象上，具体操作方法如下。

步骤 1　在工具箱中选择"属性滴管工具" ✍ ，并在属性栏中选中"属性"、"变换"和"效果"中所有的选项，然后使用"属性滴管工具"单击有应用轮廓图效果的源对象，如图 5-113 所示。

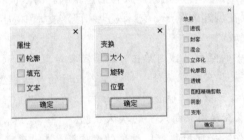

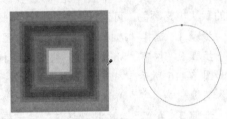

图 5-112　"属性"、"变换"、"效果"面板　　　　图 5-113　使用"属性滴管工具"单击源对象

【技巧与提示】

轮廓图是由对象的轮廓向内或向外放射而形成的同心图形效果。当源对象有应用轮廓图效果时，目标对象在应用该效果后的图形大小，会与使用"颜色滴管工具"单击处的轮廓对象大小保持一致。

步骤 2　程序将自动换至"应用属性工具" ◇ ，并将光标移动到需要填充的对象上，当光标变为◇状态时单击鼠标左键，即可将吸取的源对象信息应用到目标对象中，应用后的目标对象将与源对象居中对齐，如图 5-114 所示。

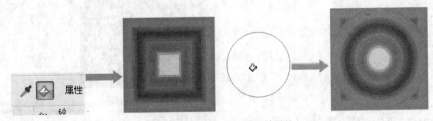

图 5-114　填充后的图形效果

步骤 3 使用"选择工具"  将目标对象拖离源对象，即可以清楚地看到两个对象之间具有相同的填充和效果等属性，如图 5-115 所示。

【技巧与提示】

使用"应用属性工具"将所吸取的各种信息应用到目标对象之前，用户还可通过"应用颜色工具"属性栏，对所要应用的信息范围进行设置，其设置方法与"颜色滴管工具"相似。

图 5-115 目标对象与源对象的对比效果

5.9 设置默认填充

在 CorelDRAW 中，默认状态下绘制出的图形，没有填充色，只有黑色轮廓。而默认状态下输入的段落文本，都会填充为黑色。如果要在创建的图形、艺术效果和段落文本中应用新的默认填充颜色，可通过以下的操作步骤来完成。

步骤 1 选择"选择工具" ，在绘图窗口中的空白区域内单击，取消所有对象的选取。

步骤 2 按下"Shift+F11"快捷键，打开"更改文档默认值"对话框，此时的对话框显示如图 5-116 所示。勾选对应的复选框并确认后，可以在工作区中创建该内容的对象时（如艺术笔触、美术字、标注、图形、段落文本等），直接填充新设置的默认颜色。

步骤 3 在"更改文档默认值"对话框中选择需要应用新默认颜色的选项，单击"确定"按钮，弹出图 5-117 所示的"均匀填充"对话框，在其中设置好新的默认填充颜色，然后单击"确定"按钮关闭该对话框。

步骤 4 回到绘图窗口，使用绘图工具绘制一个图形对象，该对象即被填充为新的默认颜色。

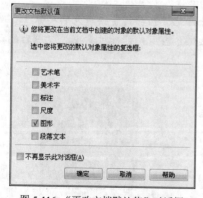

图 5-116 "更改文档默认值"对话框

图 5-117 "均匀填充"对话框

5.10　本章练习

1. 打开本书配套光盘中的 Chapter 5\花卉组合.cdr 文件，如图 5-118 所示，然后为该文件中的线框图对象填充合适的颜色，得到具有装饰效果的花卉组合图案，如图 5-119 所示。

2. 绘制图 5-120 所示的爱心树，并为各个对象应用均匀填充和渐变色填充效果。

图 5-118　花卉组合线框图　　　　图 5-119　组合图形填色效果　　　　图 5-120　绘制的爱心树

3. 使用绘图工具绘制图 5-121 所示的辣椒图形，然后运用本章所学的网状填充工具为对象填充颜色，最终效果如图 5-122 所示。

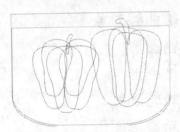

图 5-121　辣椒图形线框　　　　　　图 5-122　网状填充效果

第 6 章

编辑图形

- 6.1 编辑曲线对象
- 6.2 切割图形
- 6.3 修饰图形
- 6.4 编辑轮廓线
- 6.5 重新整形图形
- 6.6 图框精确剪裁对象
- 6.7 本章练习

在使用 CorelDRAW X6 进行图形绘制的过程中，通常都需要调整对象的外形，以获得满意的造型效果。通过本章的学习，读者可以很熟练地掌握编辑图形形状、修饰图形、设置轮廓线、造型对象和精确剪裁对象等的方法。

6.1 编辑曲线对象

在通常情况下，曲线绘制完成后还需要对它进行精确的调整，以达到需要的造型效果。本节将详细讲解控制绘图曲线的操作方法。

6.1.1 添加和删除节点

在 CorelDRAW X6 中，可以通过添加节点，将曲线形状调整得更加精确；也可以通过删除多余的节点，使曲线更加平滑。

"添加节点"的操作方法如下。

步骤 1 在工作区中绘制一个几何图形（以星形为例）。选择绘制的星形后，单击属性栏中的"转换为曲线" 按钮，将该图形转换为曲线。

步骤 2 选取"形状工具" ，在图形上需要添加节点的位置处单击鼠标左键。

步骤 3 在属性栏中单击"添加节点" 按钮，即可在指定的位置添加一个新的节点，如图 6-1 所示。

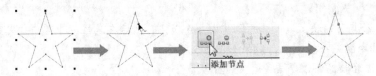

图 6-1 为星形添加节点

技巧

为对象添加节点的另一种简便方法是，直接使用形状工具 在曲线上需要添加节点的位置，双击鼠标左键即可。

在实际操作中，可以使用"删除节点"按钮 来删除曲线上多余的节点，其操作方法如下。

方法 1：使用"形状工具" 单击或框选出所要删除的节点，然后单击属性栏中的"删除节点"按钮 即可，如图 6-2 所示。

方法 2：直接使用"形状工具" 双击曲线上需要删除的节点即可，如图 6-3 所示。

方法 3：在使用"形状工具" 选取节点后单击鼠标右键，从弹出的命令菜单中选择"删除"命令，如图 6-4 所示。

方法 4：使用"形状工具" 选中需要删除的对象，然后按下键盘上的"Delete"键，即可将该节点删除。

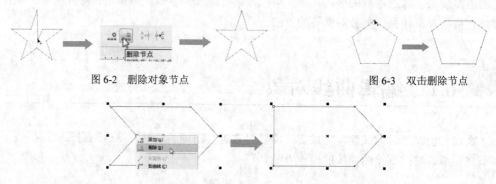

图 6-2   删除对象节点　　　　　　　　　　　　　　　　　　图 6-3   双击删除节点

图 6-4   使用右键菜单删除节点

6.1.2   更改节点的属性

CorelDRAW 中的节点分为 3 种类型，即尖突节点、平滑节点和对称节点。在编辑曲线的过程中，需要转换节点的属性，以更好地为曲线造型。同时，也可以直接通过直线与曲线的相互转换来控制曲线的形状。

1. 将节点转换为尖突节点

将节点转换为尖突节点后，尖突节点两端的控制手柄成为相对独立的状态。当移动其中一个控制手柄的位置时，不会影响另一个控制手柄。

步骤 1   使用 "椭圆形工具" 绘制一个圆形，并按下 "Ctrl+Q" 快捷键将对象转换为曲线。

步骤 2   使用 "形状工具" 选取其中一个节点，然后在属性栏中单击 "尖突节点" 按钮，再拖动其中的一个控制点，效果如图 6-5 所示。

2. 将节点转换为平滑节点

平滑节点两边的控制点是互相关联的，当移动其中一个控制点时，另外一个控制点也会随之移动，可产生平滑过渡的曲线。

曲线上新增的节点默认为平滑节点。要将尖角节点转换成平滑节点，只需要在选取节点后，单击属性栏中的 "平滑节点" 按钮即可，如图 6-6 所示。

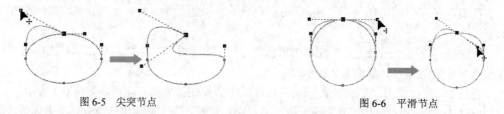

图 6-5   尖突节点　　　　　　　　　　　　　　　　　　图 6-6   平滑节点

3. 将节点转换为对称节点

对称节点是指在平滑节点特征的基础上，使各个控制线的长度相等，从而使平滑节点两

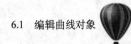

边的曲线率也相等。将节点转换为对称节点的操作方法如下。

步骤1　使用"贝塞尔工具" 在工作区中绘制一条线段，使用"形状工具" 选取其中一个节点，然后单击"转换为曲线"按钮 。

步骤2　双击曲线的中间位置，添加一个新的节点，然后向下拖动该节点。

步骤3　单击属性栏中的"对称节点"按钮 ，将该节点转换为对称节点，然后拖动该节点两端的控制点，效果如图 6-7 所示。

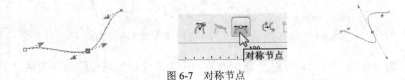

图 6-7　对称节点

4. 将直线转换为曲线

使用"转换为曲线"功能，可以将直线转换为曲线，下面以上一步编辑后的图形为例进行介绍。

步骤1　保持上一步操作时对节点的选取，单击属性栏中的"转换为曲线"按钮 。

步骤2　此时在该线条上将出现两个控制点，拖动其中一个控制点，可以调整曲线的弯曲度，如图 6-8 所示。

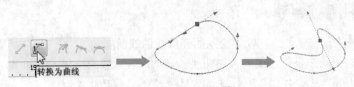

图 6-8　转换直线为曲线

5. 将曲线转换为直线

使用"转换为线条"功能，可以将曲线转换为直线，其操作方法如下。

步骤1　使用"椭圆形工具" 绘制一个椭圆形，然后按下"Ctrl+Q"键将椭圆转换为曲线。

步骤2　使用"形状工具" 选取其中一个节点，单击属性栏中的"转换为线条"按钮 ，效果如图 6-9 所示。

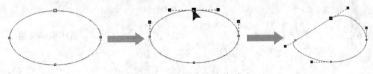

图 6-9　转换曲线为直线

6.1.3　闭合和断开曲线

通过"连接两个节点"功能，可以将同一个对象上断开的两个相邻节点连接成一个节点，从而使不封闭图形成为封闭图形。连接两个节点的操作方法如下。

步骤 1 按下 "F10" 键将工具切换到 "形状工具" ，然后在按下 "Shift" 键的同时选取断开的两个相邻节点，如图 6-10 所示。

步骤 2 单击属性栏中的 "连接两个节点" 按钮，即可完成操作，如图 6-11 所示。

图 6-10 选取节点　　　　　图 6-11 连接对象两个节点

通过 "断开曲线" 功能，可以将曲线上的一个节点在原来的位置分离为两个节点，从而断开曲线的连接，使图形由封闭变为不封闭状态。此外，还可以将由多个节点连接成的曲线分离成多条独立的线段。

断开曲线的操作方法如下。

步骤 1 使用 "形状工具" 选取曲线对象中需要分割的节点。

步骤 2 单击属性栏中的 "断开曲线" 按钮，然后移动其中一个节点，可以看到原节点已经分割为两个独立的节点，如图 6-12 所示。

6.1.4　自动闭合曲线

使用 "闭合曲线" 功能，可以将绘制的开放式曲线的起始节点和终止节点自动闭合，形成闭合的曲线。自动闭合曲线的操作方法如下。

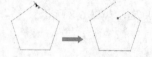

图 6-12　配合属性栏设置分割曲线

步骤 1 使用 "贝塞尔工具" 在工作区中绘制一条开放式曲线。

步骤 2 选择 "形状工具" ，按住 "Shift" 键单击曲线的起始节点和终止节点，将它们同时选取，如图 6-13 所示。

步骤 3 单击属性栏中的 "闭合曲线" 按钮，即可将该曲线自动闭合成为封闭曲线，如图 6-14 所示。

图 6-13　选择起始节点和终止节点　　　　图 6-14　自动闭合曲线后的效果

6.2　切割图形

使用 "刻刀工具" 可以把一个对象分成几个部分。需要注意的是，使用 "刻刀工具" 不是删除对象，而是将对象分割。

在工具箱中选择"刻刀工具" ，与之相对应的属性栏设置如图 6-15 所示，各选项说明如下。

✦ "保留为一个对象"按钮 ：单击该按钮，可以使分割后的对象成为一个整体。

图 6-15 "刻刀工具"的属性栏设置

✦ "剪切时自动闭合"按钮 ：单击该按钮，可以将一个对象分成两个独立的对象。

✦ 同时单击"保留为一个对象" 和"剪切时自动闭合" 按钮，则不会把对象分割，而是将对象连成一个整体。

使用"刻刀工具"切割对象的操作方法如下。

步骤 1 按下"Ctrl+N"键新建一个图形文件，在工具箱中选择"基本形状"工具 ，绘制一个基本形状，如图 6-16 所示。

步骤 2 单击"填充"工具按钮，在展开工具栏中选择"图样填充"选项，然后参照图 6-17 所示进行选项设置，完成后单击"确定"按钮，得到图 6-18 所示的填充效果。

图 6-16 绘制的形状　　图 6-17 "图样填充"对话框参数设置　　图 6-18 对象的填充效果

步骤 3 在工具箱中选择"刻刀工具" ，并在属性栏中单击"剪切时自动闭合"按钮 ，将光标指向准备切割的对象，当光标变为 状态时单击对象，然后将光标移动到适当位置处再次单击对象，如图 6-19 所示。

步骤 4 按下空格键切换到"选择工具" ，再按下"→"方向键，调整切割后的对象的位置，效果如图 6-20 所示。

用户也可以使用"刻刀工具" ，在对象上以按住鼠标左键拖动的方式切割对象，释放鼠标后，即可按光标移动的轨迹切割对象，如图 6-21 所示。

图 6-19 使用直线分割对象　　图 6-20 调整分割对象的位置　　图 6-21 使用曲线分割对象

 # 6.3 修饰图形

在编辑图形时，除了使用形状工具编辑图形形状和使用刻刀工具切割图形的方法外，还可以使用 CorelDRAW X6 中的涂抹笔刷、粗糙笔刷、自由变换工具和删除虚拟线段工具对图形进行修饰，以满足不同的图形编辑需要。

6.3.1　涂抹笔刷

使用"涂抹笔刷"工具可以创建更为复杂的曲线图形。"涂抹笔刷"工具可在矢量图形边缘或内部任意涂抹，以达到变形对象的目的。

选择"涂抹笔刷"工具 ，该工具的属性栏设置如图 6-22 所示。

图 6-22　属性栏设置

✦ "笔尖大小"文字框：输入数值来设置涂抹笔刷的宽度。

✦ "水份浓度"文字框：可设置涂抹笔刷的力度，只需单击 按钮，即可转换为使用已经连接好的压感笔模式。

✦ "斜移"文字框：用于设置涂抹笔刷、模拟压感笔的倾斜角度。

✦ "方位"文字框：用于设置涂抹笔刷、模拟压感笔的笔尖方位角。

使用"涂抹笔刷"工具 为对象应用不规则涂抹变形效果的具体操作方法如下。

步骤 1　使用"选择工具" 选取需要处理的对象。

步骤 2　选择"形状工具"，展开工具栏中的"涂抹笔刷工具" ，此时光标变为椭圆形状，然后在对象上按下鼠标左键并拖动鼠标，即可涂抹拖移处的部位，如图 6-23 所示。

步骤 3　重复上一步操作，涂抹后的贺卡效果如图 6-24 所示。

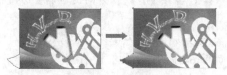

图 6-23　涂抹笔刷的应用效果

图 6-24　涂抹笔刷效果

6.3.2　粗糙笔刷

"粗糙笔刷"工具是一种多变的扭曲变形工具，它可以改变矢量图形对象中曲线的平滑度，从而产生粗糙的边缘变形效果。

选择"粗糙笔刷"工具 ，该工具的属性栏设置如图 6-25 所示。"粗糙笔刷"工具的属性栏设置与"涂抹笔刷"类似，只是在"尖突方向"的下拉列表中设置笔尖方位角时，需要在"为关系输入固定值"文字框中设置笔尖方位角的角度值。

下面通过制作艺术画框效果，介绍"粗糙笔刷"工具的使用方法。

步骤 1　使用"选择工具" 选取需要处理的对象，如图 6-26 所示。

步骤2 选择"形状工具",展开工具栏中的"粗糙笔刷"工具 ，单击鼠标左键并在对象边缘拖曳鼠标指针,即可使对象产生粗糙的边缘变形效果,如图6-27所示。

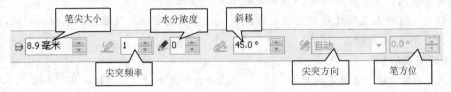

图6-25 属性栏设置

【技巧与提示】

在使用"粗糙笔刷"工具 时,如果对象没有转换为曲线,系统会弹出图6-28所示的"转换为曲线"对话框,单击"确定"按钮,将对象转化为曲线。

图6-26 选取对象　　　图6-27 粗糙的边缘变形效果　　　图6-28 "转换为曲线"对话框

6.3.3　自由变换对象

使用"自由变换工具"可以将对象自由旋转、自由角度镜像和自由调节,下面将分别对这3种变换操作进行讲解。

在"形状工具"展开工具栏中选择"自由变换工具" ,在属性栏中会显示它的相关选项,如图6-29所示。

图6-29 "自由变换工具"的属性栏设置

+ "自由旋转"按钮 ：单击该按钮,可以将对象按自由角度旋转。
+ "自由角度反射"按钮 ：单击该按钮,可以将对象按自由角度镜像。
+ "自由缩放"按钮 ：单击该按钮,可以将对象任意缩放。
+ "自由倾斜"按钮 ：单击该按钮,可以将对象自由扭曲。
+ "应用到再制"按钮 ：单击该按钮,可在旋转、镜像、调节和扭曲对象的同时再制对象。
+ "相对于对象"按钮 ：单击该按钮,在"对象位置"文本框 中输入需要的参数,然后按下"Enter"键,可以将对象移动到指定的位置。

1. 自由旋转工具

使用"自由旋转工具"可以将对象按任一角度旋转,也可以指定旋转中心点旋转对象。下面介绍使用"自由旋转工具"的方法。

步骤1 在工具箱中选择"选择工具" 👆 ，然后单击鼠标左键选中对象，如图 6-30 所示。

步骤2 在工具箱中按住"形状工具" 👆 不放，在展开工具栏中选择"自由变换工具" 🔣 ，松开鼠标，然后在属性栏中单击"自由旋转工具"按钮 ⟳ 。

步骤3 在对象上按住鼠标左键进行拖动，调整至适当的角度后释放鼠标，对象即被自由旋转，如图 6-31 所示。

【技巧与提示】

在工具箱中选择"自由变换工具" 🔣 ，并在属性栏中单击"自由旋转工具"按钮 ⟳ ，再单击"应用到再制"按钮 🔳 ，然后拖动对象至适当的角度后释放鼠标，即可在旋转对象的同时对该对象进行再制，如图 6-32 所示。

图 6-30 选中对象　　　　图 6-31 自由旋转对象　　　　图 6-32 自由旋转并再制对象

2. 自由角度反射工具

使用"自由角度反射工具"可以将选择的对象按任一个角度镜像，也可以在镜像对象的同时再制对象。下面为读者介绍使用自由角度反射工具的方法。

使用"选择工具" 👆 选中对象，然后选中"自由变换工具" 🔣 ，并在属性栏中单击"自由角度反射工具"按钮 ⟲ ，然后在对象底部按住鼠标左键拖移，移动轴的倾斜度可以决定对象的镜像方向，方向确定后松开鼠标左键，即可完成镜像操作，如图 6-33 所示。

在工具箱中选择"自由变换工具" 🔣 ，并在属性栏中单击"自由角度反射工具"按钮 ⟲ ，再单击"应用到再制"按钮 🔳 ，然后拖动对象至适当的角度后释放鼠标，即可在自由镜像对象的同时再制该对象，如图 6-34 所示。

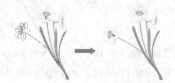

图 6-33 自由镜像对象　　　　　　图 6-34 自由镜像并再制对象

3. 自由缩放工具

使用"自由缩放工具"可以将对象放大或缩小，也可以将对象扭曲或者在调节时再制对象。

在自由变换工具属性栏中选择"自由缩放工具" 🔳 ，然后在对象的任意位置上按住鼠标左键拖动，对象就会随着移动的位置进行缩放，缩放到所需的大小后松开左键，即可完成操作，如图 6-35 所示。

下面使用"自由缩放工具" 🔳 制作小鱼，使读者进一步掌握使用"自由缩放工具"的方法。

步骤1 使用"选择工具"选中对象。

步骤2 选中"自由变换工具" 🔣 ，并先后单击属性栏中的"自由缩放工具" 🔳 和"应用到再制"⚙按钮。

步骤 3　在对象上按住鼠标左键拖动,调节对象到适当的大小后释放鼠标,如图 6-36 所示。

步骤 4　保持对象的选中状态,单击属性栏中的"相对于对象"按钮⊞,并在属性栏的"对象位置"文本框中输入数值 ，然后按下"Enter"键完成操作,效果如图 6-37 所示。

4. 自由倾斜工具

使用"自由倾斜工具"可以扭曲对象,该工具的使用方法与"自由缩放工具"相似。图 6-38 所示是使用"自由倾斜工具"扭曲对象的效果。

图 6-35　自由变换对象　　图 6-36　使用自由缩放工具制作小鱼　　图 6-37　调整对象的位置　　图 6-38　自由扭曲对象

6.3.4　删除虚拟线段

"虚拟段删除工具"可以删除相交对象中两个交叉点之间的线段,从而产生新的图形形状。

单击"裁剪工具"✂,展开工具栏中的"虚拟段删除工具"按钮✎,移动光标到交叉的线段处,此时"虚拟段删除工具"的图标会变成竖立状态✐,单击此处的线段,即可将该线段删除。如果要删除多条虚拟线段,可以在要删除的对象周围拖出一个虚线框,框选要删除的对象即可。

步骤 1　按下"Ctrl+N"键新建一个图形文件,在工具箱中选择"基本形状"工具🔶,并在属性栏的"完美形状"下拉列表中选择图 6-39 所示的形状,然后按住"Ctrl"键在页面中绘制出该形状,如图 6-40 所示。

步骤 2　保持对象的选中状态,在属性栏的"旋转角度"文本框设置角度为 225°,然后按下"Enter"键使对象旋转,效果如图 6-41 所示。

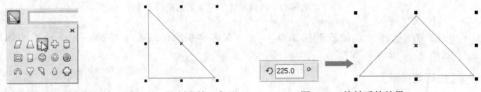

图 6-39　"完美形状"下拉列表　　图 6-40　绘制出的三角形　　　　图 6-41　旋转后的效果

步骤 3　按下小键盘中的"+"键复制该对象,并移动复制的对象至图 6-42 所示的位置,然后按住"Shift"键将对象等比例放大。重复上述操作,效果如图 6-43 所示。

图 6-42　移动对象至适当位置　　　　图 6-43　等比例放大对象

步骤 4 使用"选择工具" 将所有对象全部选中，按下"F12"键打开"轮廓笔"对话框，然后按照图 6-44 所示进行设置，设置完成后按下"确定"按钮，得到图 6-45 所示的轮廓效果。

步骤 5 在工具箱中选择"虚拟段删除工具" ，在要删除的对象周围拖出一个虚线框，释放鼠标后，完成虚拟段的删除操作，效果如图 6-46 所示。

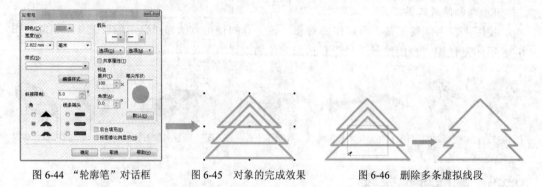

图 6-44 "轮廓笔"对话框　　　图 6-45 对象的完成效果　　　图 6-46 删除多条虚拟线段

步骤 6 使用"矩形工具" 绘制一个矩形，按下"F12"键打开"轮廓笔"对话框，然后进行相应的参数设置，设置完成后单击"确定"按钮，得到图 6-47 所示的轮廓效果。

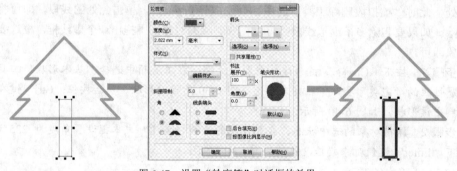

图 6-47 设置"轮廓笔"对话框的效果

步骤 7 选择"虚拟段删除工具" ，在需要删除的对象上单击，完成该虚拟线段的删除，如图 6-48 所示。

【技巧与提示】

"虚拟段删除工具" 对阴影、文本或图像等无效。

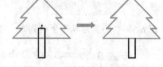

图 6-48 删除单条虚拟线段

6.3.5　涂抹工具

使用"涂抹工具"涂抹图形对象的边缘，可以改变对象边缘的曲线路径，对图形进行需要的造型编辑。

在"形状工具"展开工具栏中选择"涂抹工具" ，在属性栏中会显示它的相关选项，如图 6-49 所示。

图 6-49 "涂抹工具"的属性栏

- ✦ "笔尖半径"文字框：用来设置涂抹笔刷的半径大小。
- ✦ "压力"文字框：用来设置对图形边沿的涂抹力度。
- ✦ "笔压"按钮：在连接了数字笔或绘图板绘图时，单击该按钮，可以应用绘画时的压力效果。
- ✦ "平滑涂抹"按钮：单击该按钮，可以通过涂抹得到平滑的曲线。
- ✦ "尖状涂抹"按钮：单击该按钮，可以通过涂抹得到有尖角的曲线。

选取"涂抹工具"后，在属性栏中设置好需要的笔尖半径和压力，然后单击"平滑涂抹"或"尖状涂抹"按钮，在图形对象的边缘按住并拖动鼠标，即可使图形边缘的曲线向对应的方向改变形状，如图 6-50 所示。

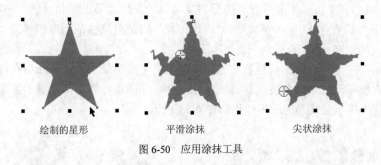

绘制的星形　　　　平滑涂抹　　　　尖状涂抹

图 6-50 应用涂抹工具

6.3.6 转动工具

使用"转动工具"在图形对象的边缘按住鼠标左键不放，即可按指定方向对图形边缘的曲线进行转动，对图形进行需要的造型编辑。

在"形状工具"展开工具栏中选择"转动工具"，在属性栏中会显示它的相关选项，如图 6-51 所示。

图 6-51 "转动工具"的属性栏

- ✦ "笔尖半径"文字框：用来设置转动图形边缘时的半径大小。
- ✦ "速度"文字框：用来设置转动变化的速度。
- ✦ "逆时针转动"按钮：单击该按钮，可以使图形边缘的曲线按逆时针转动。
- ✦ "顺时针转动"按钮：单击该按钮，可以使图形边缘的曲线按顺时针转动。

选取"涂抹工具"后,在属性栏中设置好需要的笔尖半径和速度,然后单击"逆时针转动"或"顺时针转动"按钮,在图形对象的边缘按住鼠标左键不动或在转动发生后拖动鼠标,即可使图形边缘的曲线向对应的方向进行转动,如图 6-52 所示。

绘制的星形　　　　逆时针转动　　　　顺时针涂抹

图 6-52　应用转动工具

6.3.7　吸引与排斥工具

"吸引工具"和"排斥工具"在对图形对象边缘的变化效果上是相反的,"吸引工具"可以将笔触范围内的节点吸引在一起,而"排斥工具"则是将笔触范围内相邻的节点分离开,分别产生不同的造型效果。

选取"吸引工具"后,在属性栏中设置好需要的笔尖半径和速度,然后在图形对象的边缘按住鼠标左键不动或在变化发生后拖动鼠标,即可使图形边缘的节点吸引聚集到一起,如图 6-53 所示;"排斥工具"的应用效果如图 6-54 所示。

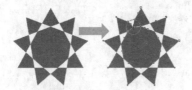 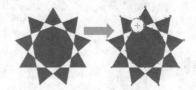

图 6-53　吸引工具应用效果　　　　　图 6-54　排斥工具应用效果

 ## 6.4　编辑轮廓线

在绘图过程中,通过修改对象的轮廓属性,可以起到修饰对象和增加对象醒目度的作用。默认状态下,系统都为绘制的图形添加颜色为黑色、宽度为 0.2mm、线条样式为直线型的轮廓,下面介绍修改轮廓属性和转换轮廓线的方法。

6.4.1　改变轮廓线的颜色

在 CorelDRAW 中设置轮廓颜色的方法有多种,用户可以使用调色板、"轮廓笔"对话框、"轮廓颜色"对话框和"颜色"泊坞窗来完成,下面分别介绍它们的使用方法。

1. 使用调色板

使用"选择工具" 🖰 选择需要设置轮廓色的对象，然后使用鼠标右键单击调色板中的色样，即可为该对象设置新的轮廓色，如图 6-55 所示。如果选择的对象无轮廓，则直接单击调色板中的色样，即可为对象添加指定颜色的轮廓。

提示

使用鼠标左键将调色板中的色样拖至对象的轮廓上，也可修改对象的轮廓色，如图 6-56 所示。

图 6-55 添加轮廓和修改轮廓色

图 6-56 修改轮廓色

2. 使用"轮廓笔"对话框

如果要自定义轮廓颜色，还可以通过"轮廓笔"对话框来完成。

步骤 1 选取需要设置轮廓属性的对象，单击工具箱中的"轮廓笔"按钮 🖊，在展开工具栏中单击"轮廓笔"选项，或者按下"F12"键，弹出"轮廓笔"对话框，如图 6-57 所示。

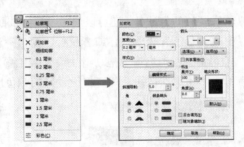

图 6-57 "轮廓笔"对话框

步骤 2 在"宽度"下拉列表中选择适合的轮廓宽度；单击"颜色"下拉按钮，在展开的颜色选取器中选择适合的轮廓颜色，也可以单击"更多"按钮，在弹出的"选择颜色"对话框中自定义轮廓颜色，如图 6-58 所示，然后单击"确定"按钮，回到"轮廓笔"对话框。

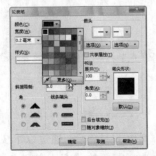 

图 6-58 设置轮廓宽度和轮廓颜色

步骤 3 在"样式"下拉列表中选择系统提供的轮廓样式。设置好后，单击"确定"按钮，效果如图 6-59 所示。

✦ 后台填充：能将轮廓限制在对象填充的区域之外。

✦ 随对象缩放：在对图形进行比例缩放时，其轮廓的宽度会按比例进行相应的缩放。

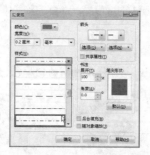

图 6-59　应用轮廓设置后的图形效果

3. 使用"轮廓颜色"对话框

如果只需要自定义轮廓颜色，而不需要设置其他的轮廓属性，可以在"轮廓笔"工具 展开工具栏中选择"轮廓颜色"选项 ，然后在弹出的"轮廓颜色"对话框中自定义轮廓色，如图 6-60 所示。

4. 使用"颜色"泊坞窗

除了前面介绍的设置轮廓颜色的方法外，还可以通过"颜色"泊坞窗进行设置。选择"轮廓笔"工具，展开工具栏中的"彩色"选项 ，或者执行"窗口→泊坞窗→彩色"命令，打开图 6-61 所示的"颜色"泊坞窗。在泊坞窗中拖动滑块设置颜色参数，或者直接在数值框中输入所需的颜色值，然后单击"轮廓"按钮，即可将设置好的颜色应用到对象的轮廓。

图 6-60　使用"轮廓颜色"对话框自定义颜色　　　　图 6-61　"颜色"泊坞窗

提示

在"颜色"泊坞窗中设置好颜色参数后，单击"填充"按钮，可以为对象内部填充均匀颜色。

6.4.2　改变轮廓线的宽度

要改变轮廓线的宽度，可在选择需要设置轮廓宽度的对象后，通过以下 3 种方法来完成。

✦ 单击"轮廓笔"按钮 ，从展开工具栏中选择需要的轮廓线宽度，如图 6-62 所示。

✦ 在属性栏的"轮廓宽度"选项 0.2毫米 中进行设置。在该选项下拉列表中可以选择预设的轮廓线宽度，也可以直接在该选项数值框中输入所需的轮廓宽度值。

◆ 按下"F12"键打开"轮廓笔"对话框，在该对话框的"宽度"选项中可以选择或自定义轮廓的宽度，并在"宽度"数值框右边的下拉列表中，可以选择数值的单位，如图 6-63 所示。

图 6-62 预设的轮廓宽度 　　　 图 6-63 "轮廓笔"对话框中的"宽度"选项

6.4.3 改变轮廓线的样式

轮廓线不仅可以使用默认的直线，还可以将轮廓线设置为各种不同样式的虚线，并且用户还可以自行编辑线条的样式。选择需要设置轮廓线形状样式的对象，按下"F12"键打开"轮廓笔"对话框，在其中就可以设置轮廓线的样式和边角形状。

◆ 在"样式"下拉列表中可以为轮廓线选择一种线条样式，如图 6-64 所示，图 6-65 所示为应用该样式后的轮廓效果。单击"编辑样式"按钮，在打开的"编辑线条样式"对话框中可以自定义线条的样式，如图 6-66 所示。

图 6-64 选择线条样式 　　 图 6-65 应用后的轮廓效果 　　 图 6-66 自定义线条样式

◆ 在图 6-67 所示的"角"选项栏中，可以将线条的拐角设置为尖角、圆角或斜角样式。图 6-68 所示为分别设置这 3 种样式后的效果。

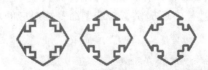

图 6-67 "角"选项栏 　　 图 6-68 分别设置尖角、圆角或斜角后的效果

◆ 在图 6-69 所示的"书法"选项栏中，可以为轮廓线条设置书法轮廓样式。在"展开"数值框中输入数值，可以设置笔尖的宽度。在"角度"数值框中输入数值，可以基

于绘图画面而更改画笔的方向。用户也可以在"笔尖形状"预览框中单击或拖动，手动调整书法轮廓样式，如图 6-70 所示。图 6-71 所示是为对象应用书法轮廓样式前后的效果对比。

图 6-69 "书法"选项栏　　图 6-70 手动调整书法轮廓样式　　图 6-71 为对象应用书法轮廓样式前后的效果对比

提示

"展开"选项的取值范围为 1～100，100 为默认设置。减小该选项值，可以使方形笔尖变成矩形，圆形笔尖变成椭圆形，以创建更加明显的书法效果。

6.4.4　清除轮廓线

要清除对象中的轮廓线，在选择对象后，直接使用鼠标右键单击调色板中的⊠图标，或者在"轮廓笔"工具展开工具栏中选择"无轮廓"选项✕即可。

6.4.5　转换轮廓线

在 CorelDRAW 中，只能对轮廓线进行宽度、颜色和样式的调整。如果要为对象中的轮廓线填充渐变、图样或底纹效果，或者要对其进行更多的编辑，可以选择并将轮廓线转换为对象，以便能进行下一步的编辑。

选择需要转换轮廓线的对象，执行"排列→将轮廓转换为对象"命令，即可将该对象中的轮廓转换为对象。图 6-72 所示是转换为对象后的轮廓填充底纹后的效果。

图 6-72 转换为对象后的轮廓填充底纹后的效果

6.5　重新整形图形

在"排列→造型"子菜单中，为用户提供了一些改变对象形状的功能命令，如图 6-73 所示。同时，在属性栏中还提供了与造型命令相对应的功能按钮，以便更快捷地使用这些命令，如图 6-74 所示。

图 6-73 "造型"命令

图 6-74 "造型"功能按钮

6.5.1　合并图形

合并功能可以合并多个单一对象或组合的多个图形对象，还能合并单独的线条，但不能合并段落文本和位图图像。它可以将多个对象结合在一起，以此创建具有单一轮廓的独立对象。新对象将沿用目标对象的填充和轮廓属性，所有对象之间的重叠线都将消失。

使用框选对象的方法全选需要合并的图形，执行"排列→造形→合并"命令，或单击属性栏中的"合并"按钮 即可，效果如图 6-75 所示。

提示

当用户使用框选的方式选择对象进行合并时，合并后的对象属性会与所选对象中位于最下层的对象保持一致。如果使用选择工具并按下"Shift"键加选的方式选择对象，那么合并后的对象属性会与最后选取的对象保持一致。

除了使用造型命令修整对象外，还可以通过"造型"泊坞窗完成对象的合并操作。

步骤 1　选择用于合并的来源对象，执行"窗口→泊坞窗→造型"命令，开启"造型"泊坞窗，在泊坞窗顶部的下拉列表中选择"焊接"选项，如图 6-76 所示。

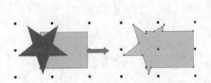

图 6-75　对象的合并效果

图 6-76　"造型"泊坞窗中的"焊接"选项设置

◆　"保留原始源对象"复选框：选中该复选框后，在焊接对象的同时将保留来源对象。

◆　"保留原目标对象"复选框：选中该复选框后，在焊接对象的同时将保留目标对象。

步骤 2　选中"保留原始源对象"和"保留原目标对象"复选框，然后单击"焊接到"按钮，当光标变成 形状后单击目标对象，即可将对象合并，效果如图 6-77 所示。

【技巧与提示】

同时选中"保留原始源对象"和"保留原目标对象"复选框，在造型对象的同时，将保留用于合并的来源对象和目标对象，图 6-78 为合并完成后移动合并对象的效果，其功能与直接应用"创建边界" 相同。取消选取"保留原始源对象"和"保留原目标对象"复选框，造型对象后不会保留任何原对象。

图 6-77　对象合并效果

图 6-78　保留来源与目标对象的合并效果

6.5.2　修剪图形

使用"修剪"功能，可以从目标对象上剪掉与其他对象之间重叠的部分，目标对象仍保留原有的填充和轮廓属性。用户可以使用上面图层的对象作为来源对象修剪下面图层的对象，也可以使用下面图层的对象修剪上面图层的对象。

图 6-79　修剪后的对象与原始对象的对比

使用框选对象的方法选择需要修剪的对象，执行"排列→造型→修剪"命令或单击属性栏中的"修剪"按钮，得到的效果是下面图层的对象被上面图层的对象修剪，如图 6-79 所示。

与"合并"功能相似，修剪后的图形效果与选择对象的方式有关。在执行"修剪"命令时，根据选择对象的先后顺序不同，应用修剪命令后的图形效果也会相应不同，如图 6-80 所示。

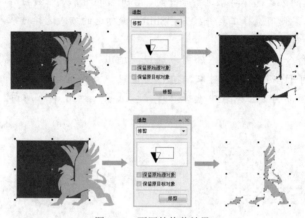

图 6-80　不同的修剪效果

提示

"造型"泊坞窗中还可执行"相交"、"简化"、"移除后面对象"和"移除前面对象"等操作，操作方法与"合并"功能相似，因此在介绍后面的其他修整功能时，将不做相应的泊坞窗介绍了。

6.5.3　相交图形

应用"相交"命令，可以得到两个或多个对象重叠的交集部分。选择需要相交的图形对象，执行"排列→造型→相交"命令或单击属性栏中的"相交"按钮，即可在这两个图形对象的交叠处创建一个新的对象，新对象以目标对象的填充和轮廓属性为准，效果如图 6-81 所示。

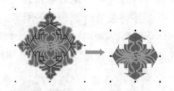

图 6-81　相交后生成的新对象效果

6.5.4　简化图形

"简化"功能可以减去两个或多个重叠对象的交集部分，并保留原始对象。选择需要简化的对象后，单击属性栏中的"简化"按钮，简化后的图形效果如图 6-82 所示。

图 6-82　简化后的图形效果

6.5.5 移除后面对象与移除前面对象

选择所有图形对象后,单击"移除后面对象"按钮,不仅可以减去最上层对象下的所有图形对象(包括重叠与不重叠的图形对象),还能减去下层对象与上层对象的重叠部分,而只保留最上层对象中剩余的部分,如图 6-83 所示。

"移除后面对象"与"移除前面对象"命令在功能上恰好相反。选择所有图形对象后,单击"移除前面对象"按钮,可以减去上面图层中所有的图形对象,以及上层对象与下层对象的重叠部分,而只保留最下层对象中剩余的部分,如图 6-84 所示。

图 6-83 "前减后"效果

图 6-84 "后减前"效果

6.6 图框精确剪裁对象

"图框精确剪裁"命令可以将对象置入到目标对象的内部,使对象按目标对象的外形进行精确的裁剪。在 CorelDRAW X6 中进行图形编辑、版式安排等实际操作时,"图框精确剪裁"命令是经常用到的一项很重要的功能。

6.6.1 放置在容器中

将所选对象放置在容器中的操作步骤如下。

步骤 1 选择工具箱中的"基本形状"工具,在属性栏的完美形状下拉列表中选择形状,然后将该形状绘制出来,如图 6-85 所示。按下"Ctrl+I"键导入一个图形文件,如图 6-86 所示。

步骤 2 保持导入对象的选中状态,执行"效果→图框精确剪裁→置于图文框内部"命令,这时光标变为黑色粗箭头状态,单击上一步绘制的图形,即可将所选对象置于该图形中,如图 6-87 所示。

图 6-85 绘制的外形

图 6-86 导入的图像

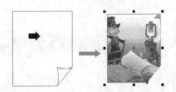

图 6-87 将图像置于容器中

要用图框精确剪裁对象,还可以通过以下的操作方法来完成。

步骤 1 使用"选择工具"选择需要置入容器中的对象,在按住鼠标右键的同时将该对象拖动到目标对象上,释放鼠标后弹出图 6-88 所示的命令菜单。

步骤 2 在命令菜单中选择"图框精确剪裁到内部"命令，所选对象即被置入到目标对象中，效果如图 6-89 所示。

拖放图形　　　　　　　　　菜单命令

图 6-88　弹出的命令菜单

图 6-89　图形置入后的效果

6.6.2　提取内容

"提取内容"命令用于提取嵌套图框精确剪裁中每一级的内容。执行"效果→图框精确剪裁→提取内容"命令，或者在点选图框后，在图框下面出现的功能按钮栏上单击"提取内容"按钮，即可将置入到容器中的对象从容器中提取出来，如图 6-90 所示。

6.6.3　编辑内容

将对象精确剪裁后，还可以进入容器内部，对容器内的对象进行缩放、旋转或位置等的调整，具体操作方法如下。

步骤 1 使用"选择工具" 选中图框精确剪裁对象，如图 6-91 所示，然后执行"效果→图框精确剪裁→编辑内容"命令，或在图框下面出现的功能按钮栏上单击"编辑内容" 按钮，或者在图框对象上单击鼠标右键并选择"编辑内容"命令。

图 6-90　提取的内容

步骤 2 进入容器内部后，目标对象以轮廓的形式显示，如图 6-92 所示。这时可以根据需要，对容器内的对象进行相应的编辑。图 6-93 所示是调整内部对象的位置和大小并镜像对象后的效果。

图 6-91　选中对象　　　　图 6-92　编辑状态　　　图 6-93　编辑内容

6.6.4　锁定图框精确剪裁的内容

用户不但可以对"图框精确剪裁"对象的内容进行编辑，还可以通过选择右键菜单中的"锁定 PowerClip 的内容"命令或单击功能按钮栏中的 按钮，将容器内的对象锁定。

锁定图框精确剪裁的内容后，在变换图框精确剪裁对象时，只对容器对象进行变换，而容器内的对象不受影响，如图 6-94 所示。要解除图框精确剪裁内容的锁定状态，可再次执行"锁定 PowerClip 的内容"命令。

图 6-94 移动锁定内容的精确裁剪对象后的效果

6.6.5 结束编辑

在完成对图框精确剪裁内容的编辑后，执行"效果→图框精确剪裁→结束编辑"命令，或单击功能按钮栏中的图按钮，或者在图框对象上单击鼠标右键，从弹出的命令菜单中选择"结束编辑"命令，即可结束内容的编辑，如图 6-95 所示。

图 6-95 编辑完成效果

技巧

默认状态下，在 CorelDRAW 中绘制的图形都具有轮廓。如果容器对象具有轮廓，可在进行图框精确裁剪操作后，单击调色板中的⊠按钮，取消容器对象中的轮廓。

6.7 本章练习

1. 运用贝塞尔工具、多边形工具和椭圆形工具，并结合本章所学的编辑曲线对象的方法和修剪功能，绘制出图 6-96 所示的小女孩形象。

2. 运用本章所学的相交、修剪命令，并结合绘图和填色工具，绘制出图 6-97 所示装饰画中的人物剪影部分。

图 6-96 绘制的小女孩形象　　图 6-97 绘制的人物剪影

第 7 章

文本处理

7.1 添加文本

7.2 选择文本

7.3 设置美术字文本和段落文本格式

7.4 设置段落文本的其他格式

7.5 书写工具

7.6 查找和替换文本

7.7 编辑和转换文本

7.8 图文混排

7.9 本章练习

在进行平面设计创作时，图形、色彩和文字是最基本的三大要素。文字的作用是任何元素不可替代的，它能直观地反映出诉求信息，让人一目了然。本章将向读者详细讲解在CorelDRAW X6中输入文本和进行文字编辑的各种操作方法。通过本章的学习，读者可以创作出属于自己的完整作品。

7.1　添加文本

在CorelDRAW X6中使用的文本类型，包括美术文本和段落文本。美术文本用于添加少量文字，可将其当作一个单独的图形对象来处理。段落文本用于添加较大篇幅的文本，可对其进行多样的编排。

在进行文字处理时，可直接使用"文本工具" 字 输入文字，也可从其他排版软件中载入文字，根据具体的情况选择不同的文字输入方式。

7.1.1　添加美术字文本

输入美术文本的时候，只要选择工具箱中的"文本工具" 字 （快捷键为"F8"），在绘图窗口中的任意位置单击鼠标左键，出现输入文字的光标后，选择适合的输入法，便可直接输入文字。在输入过程中可按下"Enter"键进行段落换行，如图7-1所示。

不经历风雨
怎能见彩虹!

图 7-1　输入的横排文字

可通过属性栏设置文本属性。选取输入的文本后，属性栏选项设置如图7-2所示。

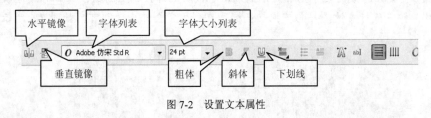

图 7-2　设置文本属性

属性栏中的"字体列表"，用于为输入的文字设置字体。"字体大小列表"用于为输入的文字设置字体大小。单击属性栏中对应的字符效果按钮，可以为选择的文字设置粗体、斜体和下划线效果，如图7-3所示。

不经历风雨
怎能见彩虹

图 7-3　设置文本属性

141

提示

使用"文本工具"输入文字后,可直接拖动文本四周的控制点来改变文本大小。如果要通过属性栏精确改变文字的字体和大小,必须使用"选择工具"选择文本之后才能执行。

7.1.2 添加段落文本

在页面上输入段落文本,可通过以下的操作步骤来完成。

步骤 1 选取"文本工具" 字,在工作区中按下鼠标左键不放,拖曳出一个矩形的段落文本框,如图 7-4 所示。

步骤 2 释放鼠标后,在文本框中将出现输入文字的光标,切换到相应的输入法后,即可在文本框中输入段落文本,如图 7-5 所示。

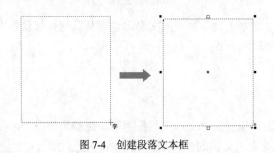

图 7-4 创建段落文本框　　　　　　　　　　图 7-5 含有隐藏文本的文本框

提示

默认情况下,无论输入多少文字,文本框的大小都会保持不变,超出文本框容纳范围的文字都将被自动隐藏,此时文本框下方居中的控制点变为 ▽ 形状。

步骤 3 要让隐藏的文字全部显示出来,可移动鼠标指针至隐藏按钮 ▽ 上,当光标变成 ↕ 形状时,按下鼠标左键,并向下拖动鼠标,直到文字全部出现即可,如图 7-6 所示。

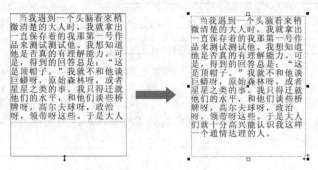

图 7-6 单击含有隐藏文本的手柄

提示

选择文本框后,也可执行"文本→段落文本框→使文本适合框架"命令,文本框将自动调整文字的大小,使文字完全在文本框中显示出来,如图 7-7 所示。

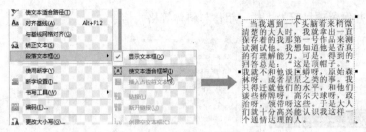

图 7-7　按文本框大小显示文字

7.1.3　转换文字方向

在默认状态下，CorelDRAW 中输入的文本为横向排列。在图形项目的编辑设计过程中，常常需要转换文字的排列方向，这时可通过以下的操作方法来完成。

步骤 1　使用"选择工具" 选中需要转换的文本对象。

步骤 2　保持文本对象的选中状态，在属性栏中单击"将文本更改为垂直方向"按钮 或"将文本更改为水平方向"按钮 ，即可将文本由水平方向转换为垂直方向或由垂直方向转换为水平方向。图 7-8 所示为将文字由水平方向转换为垂直方向后的效果。

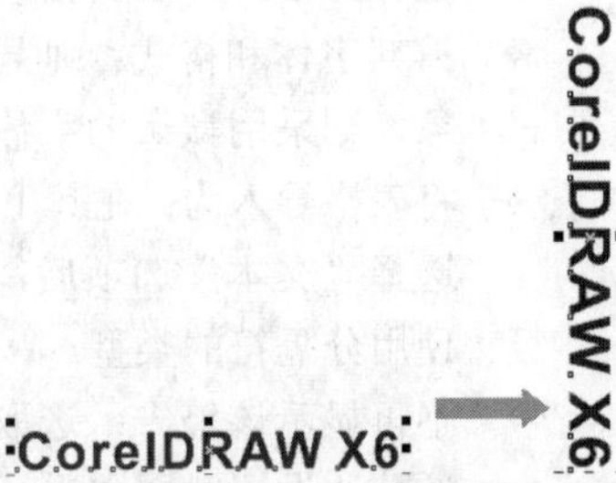

图 7-8　将横排文本转换为竖排文本

7.1.4　贴入与导入外部文本

如果需要在 CorelDRAW 中加入其他文字处理程序（如 Word 或写字板等）中的文字时，可以采用贴入或导入的方式来完成。

1. 贴入文本

贴入文字的操作方法如下。

步骤 1　在其他文字处理程序中选取需要的文字，如图 7-9 所示，然后按下快捷键"Ctrl+C"进行复制。

步骤 2　切换到 CorelDRAW X6 中，使用"文本工具" 在页面上按住鼠标左键并拖动鼠标，创建一个段落文本框，然后按下快捷键"Ctrl+V"进行粘贴，此时将弹出图 7-10 所示的"导入/粘贴文本"对话框。

步骤 3　用户可以根据实际需要，选择其中的"保持字体和格式"、"仅保持格式"或"摒弃字体和格式"单选项，然后单击"确定"按钮即可，如图 7-11 所示。

【技巧与提示】

在复制其他文字处理程序中的文字并切换到 CorelDRAW X6 后，使用"文本工具"在绘图窗口中单击，再执行粘贴命令，可将所复制的文本粘贴为美术文本。

"导入/粘贴文本"对话框中各选项的功能如下。

✦ 保持字体和格式：保持字体和格式可以确保导入和粘贴的文本保留其原来的字体类

143

型，并保留项目符号、栏、粗体与斜体等格式信息。

图 7-9　选择需要贴入的文本　　图 7-10　"导入/粘贴文本"对话框　　　　图 7-11　粘入文本

◆ 仅保持格式：只保留项目符号、栏、粗体与斜体等格式信息。

◆ 摒弃字体和格式：则导入或粘贴的文本将采用选定文本对象的属性，如果未选定对象，则采用默认的字体与格式属性。

◆ 将表格导入为：在其下拉列表中可以选择导入表格的方式，包括"表格"和"文本"。选择"文本"选项后，下方的"使用以下分隔符"选项将被激活，在其中可以选择使用分隔符的类型。

◆ 不再显示该警告：选取该复选框后，执行粘贴命令时将不会出现该对话框，软件将按默认设置对文本进行粘贴。

【技巧与提示】

将"记事本"中的文字进行复制并粘贴到 CorelDRAW 文件中时，系统会直接对文字进行粘贴，而不会弹出"导入/粘贴文本"对话框。

2．导入文本

导入文本的操作方法如下。

步骤 1　执行"文件→导入"命令，在弹出的"导入"对话框中选择需要导入的文本文件，然后按下"导入"按钮。

步骤 2　在弹出的"导入/粘贴文本"对话框中进行设置后，单击"确定"按钮。当光标变为标尺状态时，在绘图窗口中单击鼠标，即可将该文件中的所有文字内容以段落文本的形式导入到当前的绘图窗口中，如图 7-12 所示。

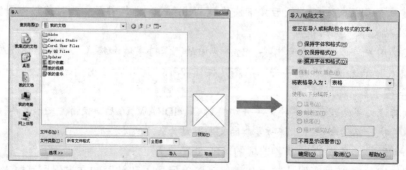

图 7-12　导入外部文本

图 7-12　导入外部文本（续）

7.1.5　在图形内输入文本

在 CorelDRAW X6 中，还可将文本输入到自定义的图形对象中，其操作步骤如下。

步骤 1　绘制一个几何图形或自定义形状的封闭图形。

步骤 2　选择"文本工具"字，将光标移动到对象的轮廓线上，当光标变为 形状时单击鼠标左键，如图 7-13 所示，此时在图形内将出现段落文本框，如图 7-14 所示。

步骤 3　在文本框中输入所需的文字即可，如图 7-15 所示。

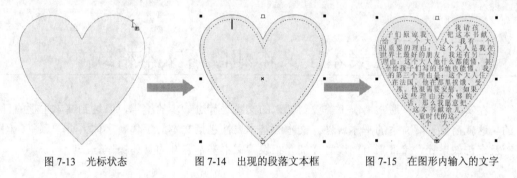

图 7-13　光标状态　　　　图 7-14　出现的段落文本框　　　　图 7-15　在图形内输入的文字

7.2　选择文本

与图形的编辑处理一样，在对文本对象进行编辑时，必须首先对文本进行选择。用户可选择绘图窗口中的全部文本、单个文本或一个文本对象中的部分文本，下面分别介绍对文本进行选择的操作方法。

7.2.1　选择全部文本

选择全部文本的操作方法与选择图形对象相似，只需使用"选择工具"单击文本对象，则文本中的所有文字都将被选中，如图 7-16 所示。按下"Shift"键的同时单击其他文本对象，这些文本对象都将被选中。若要取消其中一个文本对象的选择，则按下"Shift"键的同时再次单击该文本对象即可。

提示

执行"编辑→全选→文本"命令，可选择当前绘图窗口中所有的文本对象。使用"选择工具"在文本上双击，可以快速地从"选择工具"切换到"文本工具"。

图 7-16　选择全部文本

7.2.2　选择部分文本

在编辑文本对象时，如果只对一个文本对象中的部分文字进行编辑，则只能选择这部分文字后再进行编辑。要选择部分文本，可通过以下的操作方法来完成。

步骤 1　选择"文本工具" 。

步骤 2　在需要选取的部分文字中，按照排列的前后顺序，在位于第一个位置的字符前按下鼠标左键并向后拖动鼠标，直到选择最后一个字符为止，松开鼠标后即可选择这部分文字，如图 7-17 所示。

图 7-17　选择部分文本

7.3　设置美术字文本和段落文本格式

在实际创作中，通常情况下需要对输入的文本进行进一步的编辑，以达到突出主题的目的，这就需要了解文本的基本属性。文本的基本属性包括文本的字体、字体大小、颜色、间距及字符效果等。接下来将向读者详细介绍设置文本基本属性的具体操作方法。

7.3.1　设置字体、字号和颜色

设置字体、字体大小和颜色是在编辑文本时进行的最基本操作，其设置方法如下。

步骤 1　按下"Ctrl+I"键导入一张图片，如图 7-18 所示。

步骤 2　使用"文本工具"分别在图像上输入"SUMMER"和"美好夏天"文本，如图 7-19 所示。

图 7-18　导入的对象

图 7-19　输入的文本对象

步骤 3　更改字体。使用"选择工具"分别选中上一步输入的文本对象，然后在属性栏的"字体列表"下拉菜单中为对象设置适当的字体，如图 7-20 和图 7-21 所示。

图 7-20 设置为"Bauhaus Md BT"字体

图 7-21 设置为"经典行书简"字体

步骤 4 更改字体大小。保持对象的选中状态，在属性栏的"从上部的顶部到下部的底部的高度"下拉列表中为对象设置字体大小，如图 7-22 所示。

图 7-22 设置字体大小后的效果

步骤 5 更改文字颜色。选中文本"SUMMER"，按下"F11"键，打开"渐变填充"对话框，然后按照图 7-23 所示，为其应用辐射渐变填充，填充效果如图 7-24 所示。

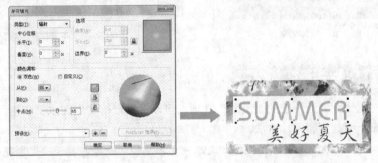

图 7-23 "渐变填充"对话框设置   图 7-24 填充效果

步骤 6 选中文本"美好夏天"，按下"F11"键，打开"渐变填充"对话框，然后按照图 7-25 所示，为其应用辐射渐变填充，填充效果如图 7-26 所示。

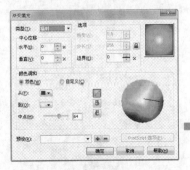

图 7-25 "渐变填充"对话框设置   图 7-26 填充效果

提示

与填充图形对象一样，除了可以为文本填充渐变色外，还可为文本填充均匀色和各种图样、底纹等，如图 7-27 所示。

步骤 7 完成文本对象的字体、字号和颜色设置后，对象的整体效果如图 7-28 所示。

位图图样填充　　　　　　　　底纹填充　　　　　　　　PostScript 底纹填充

图 7-27　文字的不同填充效果

提示

选择文本对象后，用户也可以单击属性栏中的"字符属性"按钮 ，可以在开启的"文本属性"泊坞窗的"字符"选项中，对文字的字体和字体大小等属性进行设置，如图 7-29 所示。

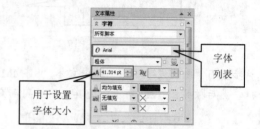

图 7-28　整体效果　　　　　　　　　　图 7-29　"文本属性"泊坞窗

7.3.2　设置文本的对齐方式

通过"文本属性"泊坞窗的"段落"选项，可以设置段落文本在水平和垂直方向上的对齐方式，下面介绍具体的操作方法。

步骤 1 选取一个段落文本，执行"文本→文本属性"命令，打开"文本属性"泊坞窗，在该泊坞窗中展开"段落"选项，如图 7-30 所示。

步骤 2 单击"段落"选项中第一排对应的对齐按钮，可选择文本在水平方向上与段落文本框对齐的方式，如图 7-31 所示。分别选择"居中"、"右对齐"、"两端调整"选项后，段落文本的对齐效果如图 7-32 所示。

图 7-30　"文本属性"泊坞窗　　　　　　　图 7-31　对齐选项

图 7-32 对齐选项为"居中"、"右对齐"和"全部调整"的效果

步骤 3 单击"图文框"选项中的"垂直对齐"下拉按钮，在展开的图 7-33 所示的下拉列表中，可选择文本在垂直方向上与段落文本框的对齐方式。分别选择"居中垂直对齐"、"上下垂直对齐"选项后，段落文本的对齐效果如图 7-34 所示。

图 7-33 "垂直对齐"选项

图 7-34 "居中垂直对齐"和"上下垂直对齐"效果

7.3.3 设置字符间距

在文字配合图形进行编辑的过程中，经常需要对文本间距进行调整，以达到构图上的平衡和视觉上的美观。在 CorelDRAW X6 中，调整文本间距的方法有使用"形状工具"调整和精确调整两种，下面分别进行介绍。

1. 使用"形状工具"调整文本间距

调整美术文本与段落文本间距的操作方法相似，下面以调整段落文本间距为例进行讲解，其操作方法如下。

步骤 1 使用"文本工具"字创建一个段落文本对象，并将其选取，如图 7-35 所示，然后将工具切换到"形状工具"，文本状态如图 7-36 所示。

图 7-35 段落文本　　　　　图 7-36 切换到形状工具后的文本效果

步骤 2 在文本框右边的鼬控制符号上按下鼠标左键，拖曳鼠标指针到适当的位置后释放鼠标，即可调整文本的字间距，如图 7-37 所示。

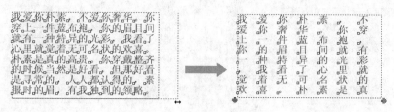

图 7-37　调整字间距

步骤3　按下鼠标左键，拖曳文本框下面的 ⇥ 控制符号到适当的位置，然后释放鼠标，即可调整文本的行距，如图 7-38 所示。

图 7-38　调整文本的行距

提示

调整段落文本间距的另一种方法是，使用"选择工具" 选择文本对象，在文本框的右下角会出现两个控制符号，拖曳 ‖ 控制符号，可调整文本的字间距；拖曳 ⇥ 控制符号，则可调整文本的行间距。

2. 精确调整文本间距

使用"形状工具"只能大致调整文本的间距，要对间距进行精确调整，可通过"文本属性"泊坞窗来完成，具体操作步骤如下。

步骤1　选取文本对象，执行"文本→文本属性"命令，弹出"文本属性"泊坞窗，展开"段落"选项，拖动滚动条，显示出字符和段落间距选项，如图 7-39 所示。

步骤2　在"行距"百分比数值框中，输入所需的行距值，按下"Enter"键，即可调整段落中文本的行间距。以输入"200"为例，调整后的行间距效果如图 7-40 所示。

图 7-39　"间距"设置

图 7-40　精确调整行间距

步骤 3　在"字符间距"百分比数值框中，输入所需的字间距值，按下"Enter"键，即可调整文本的字间距。以输入"100"为例，调整后的字间距效果如图 7-41 所示。

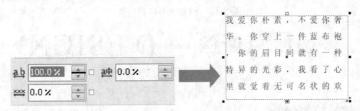

图 7-41　精确调整字间距

7.3.4　移动和旋转字符

使用"文本工具" [图] 将文字光标插入到文本中，并选择需要调整的文字内容，然后展开"文本属性"泊坞窗中"字符"选项的扩展选项，在其中即可对文字旋转的角度及文字在水平或垂直方向上位移的距离进行设置，如图 7-42 所示。

图 7-42　设置"字距效果"及效果

- ✦ 字符角度：用于设置字符旋转的角度。
- ✦ 字符水平位移：用于设置字符在水平方向上位移的距离。
- ✦ 字符垂直位移：用于设置字符在垂直方向上位移的距离。

要移动字符的位置，还可通过"形状工具"来完成，具体操作方法如下。

步骤 1　使用"形状工具" [图] 单击文本对象，使其处于选取状态。

步骤 2　单击需要调整的字符前的节点，此时该节点由空心变为实心状态，如图 7-43 所示。

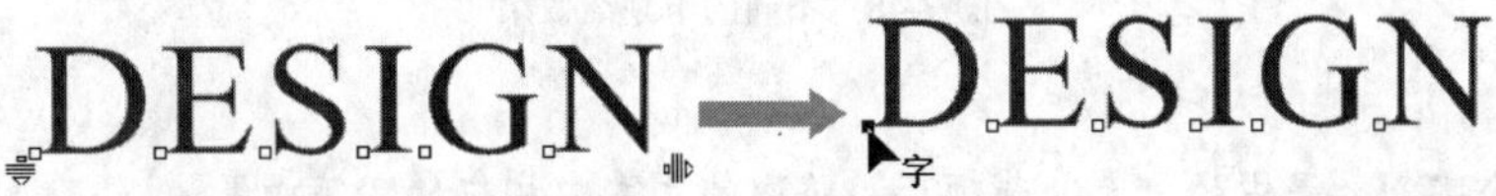

图 7-43　选取字符节点

步骤 3　按下鼠标左键拖动该节点，即可移动该字符的位置，如图 7-44 所示。

图 7-44　单独调整某个字符

提示

按下"Shift"键的同时，点选需要调整的部分字符节点，拖动鼠标可移动多个字符的位置，如图 7-45 所示。按下"Ctrl"键的同时拖动字符节点，可使字符在水平方向上移动，如图 7-46 所示。

DESIGN → DESIGN → DESIGN

图 7-45 调整部分字符位置

DESIGN → D ESIGN

图 7-46 水平调整单个字符的位置

7.3.5 设置字符效果

在编辑文本的过程中，有时可以根据文字内容，为文字添加相应的字符效果，以达到区分、突出文字内容的目的。设置字符效果可通过"文本属性"泊坞窗来完成。

执行"文本→文本属性"命令或单击属性栏中的"文本属性"按钮，开启"文本属性"泊坞窗，展开"字符"选项中的扩展选项，如图 7-47 所示。

✦ 下划线：用于为文本添加下划线的效果。单击该按钮，在弹出的下拉列表中，向用户提供了 6 种预设的下划线样式。点选不同的样式选项，可以为所选文本应用对应的下划线效果，如图 7-48 所示。

图 7-47 "文本属性"泊坞窗

图 7-48 不同的下划线效果

提示

选择各个字符效果中的"无"选项后，将取消文本中相应的字符效果。

✦ 删除线：用于为文本添加删除线的效果。该下拉列表选项与添加删除线后的效果如图 7-49 所示。

✦ 上划线：用于为文本添加上划线的效果。该下拉列表选项与添加删除线后的效果如图 7-50 所示。

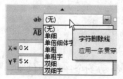

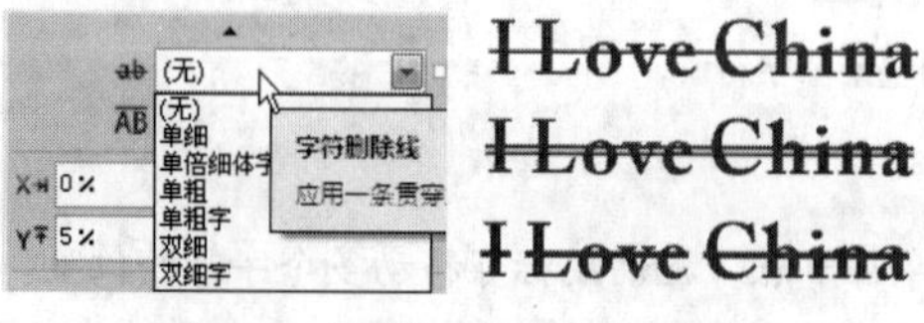

图 7-49 "删除线"选项及其效果

图 7-50 "上划线"选项及其效果

✦ 大写字母：该选项用于编辑英文内容时设置大小写调整。在单击 弹出的下拉列表中选择需要的选项，即可为所选的英文文本进行相应大小写设置。选择不同大写选项后的效果如图 7-51 所示。

✦ 位置：用于设置字符的下标和上标效果，这种效果通常应用在某些专业数据的表示中，如图 7-52 所示。

I Love China
I LOVE CHINA
I LOVE CHINA

图 7-51　"大写"选项及其效果

$H_2O\ 38°$

图 7-52　"位置"选项及其效果

7.4　设置段落文本的其他格式

段落文本通常用于对较多文字内容的输入和编辑，在 CorelDRAW 中编排段落文本时，可以对文本进行首字下沉、项目符号、段落缩进、对齐方式、文本栏及链接文本的设置。下面分别为读者介绍具体的设置方法。

7.4.1　设置缩进

文本的段落缩进，可以改变段落文本框与框内文本的距离。用户可以缩进整个段落，或从文本框的右侧或左侧缩进，还可以移除缩进格式，而不会删除文本或重新输入文本。设置文本段落缩进的操作方法如下。

步骤 1　选择段落文本后，执行"文本→文本属性"命令，打开"文本属性"泊坞窗，展开"段落"选项，显示出缩进选项设置，如图 7-53 所示。

✦ 首行缩进：缩进段落文本的首行。

✦ 左行缩进：创建悬挂式缩进，缩进除首行之外的所有行。

✦ 右行缩进：在段落文本的右侧缩进。

步骤 2　在"首行"数值框中以输入 16 为例，然后按下"Enter"键，段落文本的首行缩进效果如图 7-54 所示。

图 7-53　"缩进"选项

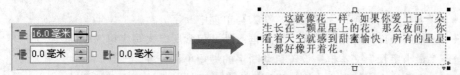

图 7-54　段落文本的首行缩进效果

步骤 3 分别在"左行缩进"和"右行缩进"数值框中输入适当的数值，然后按下"Enter"键，效果如图 7-55 所示。

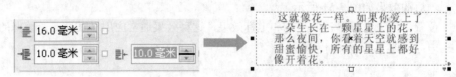

图 7-55 左右缩进后的段落文本效果

【技巧与提示】

在"首行缩进"、"左行缩进"和"右行缩进"数值框中输入数值为"0"，可以取消段落文本的缩进效果。在"首行缩进"和"左行缩进"文本框中输入相同的值，可以使整个段落向左缩进。

7.4.2 自动断字

断字功能用于当某个单词不能排入一行时，将该单词拆分。CorelDRAW 具有自动断字功能，当使用自动断字功能时，CorelDRAW 将预设断字定义与自定义的断字设置结合使用。

1. 自动断字

选择段落文本对象，然后执行"文本→使用断字"命令，即可在文本段落中自动断字，效果如图 7-56 所示。

2. 断字设置

除了使用自动断字功能外，用户还可以自定义断字设置。例如指定连字符前后的最小字母数及指定断字区，或者使用可选连字符指定当单词位于行尾时的断字位置，还可以为可选连字符创建定制定义，以指定在 CorelDRAW 中输入单词时在特定单词中插入连字符的位置。

选中段落文本，执行"文本→断字设置"命令，在开启的"断字"对话框中选中"自动连接段落文本"复选框，当激活该对话框中的所有选项后，即可进行设置，如图 7-57 所示。

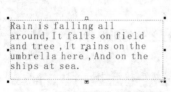

图 7-56 "使用断字"命令的效果

图 7-57 "断字"对话框

✦ "大写单词分隔符"复选框：在大写单词中断字。

✦ "使用全部大写分隔单词"复选框：断开包含所有大写字母的单词。

✦ "最小字长"文本框：设置自动断字的最短单词长度。

✦ "之前最少字符"文本框：设置要在前面开始断字的最小字符数。

✦ "之后最少字符"文本框：设置要在后面开始断字的最小字符数。
✦ "到右页边距的距离"文本框：用于选择断字区。如果某个单词超出了右页边距所指定的范围，那么系统会将该单词移动到下一行。

3. 插入可选连字符

选择文本对象，并使用"文本工具" 字 在单词中需要放置可选连字符的位置处单击，然后执行"文本→插入格式化代码→可选的连字符"命令，或者按下"Ctrl+-"快捷键，即可插入可选连字符。在插入可选连字符后，如果单词在此处断开，就会在字母断开处添加一个"-"连字符。

7.4.3 添加制表位

用户可以在段落文本中添加制表位，以设置段落文本的缩进量，同时可以调整制表位的对齐方式。在不需要使用制表位时，还可以将其移除。

选中段落文本对象，执行"文本→制表位"命令，开启图 7-58 所示的"制表位设置"对话框，在其中即可自定义制表位。

✦ 要添加制表位，可在"制表位位置"对话框中单击"添加"按钮，然后在"制表位"列表中新添加的单元格中输入值，再单击"确定"按钮即可，如图 7-59 所示。

图 7-58 "制表位设置"对话框

图 7-59 添加的制表位

✦ 要更改制表位的对齐方式，可单击"对齐"列表中的单元格，然后从列表框中选择对齐选项，如图 7-60 所示。
✦ 要设置带有后缀前导符的制表位，可单击"前导符"列中的单元格，然后从列表框中选择"开"选项即可，如图 7-61 所示。

图 7-60 "对齐"列表框   图 7-61 "前导符"列表框

◆ 要删除制表位，在单击选中需要删除的单元格后，单击"移除"按钮即可。

◆ 要更改默认前导符，可单击"前导符选项"按钮，开启图 7-62 所示的"前导符设置"对话框，在"字符"下拉列表框中选取所需的字符，然后单击"确定"按钮即可。在"前导符设置"对话框的"间距"数值框中输入一个值，可更改默认前导符的间距。

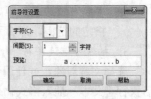

图 7-62 "前导符设置"对话框

7.4.4 设置项目符号

系统为用户提供了丰富的项目符号样式，通过对项目符号进行设置，就可以在段落文本的句首添加各种项目符号。设置项目符号的操作方法如下。

步骤 1 选择需要添加项目符号的段落文本。

步骤 2 执行"文本→项目符号"命令，开启"项目符号"对话框，选中"使用项目符号"复选框，如图 7-63 所示。

步骤 3 在"字体"下拉列表中选择项目符号的字体，然后在"符号"下拉列表中选择系统提供的符号样式。

步骤 4 在"大小"数值框中输入适当的符号大小值，并在"基线位移"数值框中输入数值，设置项目符号相对于基线的偏移量。

步骤 5 设置好需要的项目符号效果后，单击"确定"按钮，应用该设置，效果如图 7-64 所示。

图 7-63 "项目符号"对话框

图 7-64 项目符号参数设置及效果

【技巧与提示】

在"项目符号"对话框中，"文本图文框到项目符号"选项用于设置文本框与项目符号之间的距离，"到文本的项目符号"选项用于设置项目符号与后面的文本之间的距离。对这两项参数进行设置后，效果如图 7-65 所示。

图 7-65 间距参数设置及效果

7.4.5　设置首字下沉

在段落中应用首字下沉功能可以放大句首字符，以突出段落的句首。设置首字下沉的具体操作步骤如下。

步骤1　使用"选择工具" 选择已创建的段落文本。

步骤2　单击属性栏中的"显示/隐藏首字下层"按钮 即可，如图 7-66 所示。

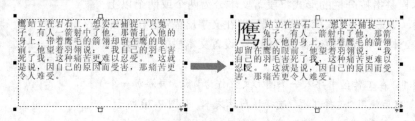

图 7-66　段落首字下沉效果

另外，还可以通过"首字下沉"对话框，对首字下沉的字数和间距等参数进行设置，其操作方法如下。

步骤1　选择段落文本后，执行"文本→首字下沉"命令，开启"首字下沉"对话框，选中"使用首字下沉"复选框，如图 7-67 所示。

步骤2　在"下沉行数"数值框中输入需要下沉的字数量，在"首字下沉后的空格"数值框中输入一个数值，设置首字距后面文字的距离。设置好后，选中"预览"复选框，预览首字下沉的效果，如图 7-68 所示。

图 7-67　"首字下沉"对话框

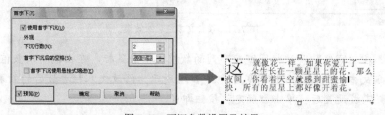

图 7-68　下沉参数设置及效果

步骤3　选中"首字下沉使用悬挂式缩进"复选框，然后单击"确定"按钮，效果如图 7-69 所示。

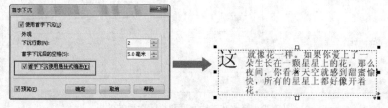

图 7-69　悬挂缩进式首字下沉

【技巧与提示】

要取消段落文本中的首字下沉效果，可在选择段落文本后，单击属性栏中的"首字下层"按钮，或取消选中"首字下沉"对话框中的"使用首字下沉"复选框即可。

7.4.6　设置分栏

文本栏是指按分栏的形式将段落文本分为两个或两个以上的文本栏，使文字在文本栏中进行排列。在文字篇幅较多的情况下，使用文本栏可以方便读者进行阅读。设置文本栏的操作方法如下。

步骤1　在工作区中导入一个图形文件作为背景，并添加一个段落文本，然后使用"选择工具"选择该段落文本，如图 7-70 所示。

步骤2　执行"文本→栏"命令，弹出"栏设置"对话框。在"栏数"中输入数值（这里以输入数值 2 为例），选中"栏宽相等"复选框，然后选择"预览"复选框，效果如图 7-71 所示。

图 7-70　选取段落文本

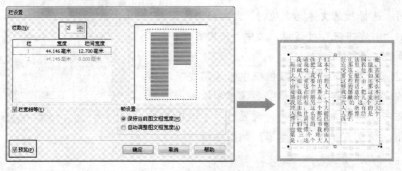

图 7-71　设置文本栏后的效果

步骤3　在"宽度"和"栏间宽度"列的数值上单击鼠标，在出现输入数值的光标后，可以修改当前文本栏的宽度和栏间宽度。图 7-72 所示为修改文本栏参数后的效果。

步骤4　完成设置后，单击"确定"按钮即可。

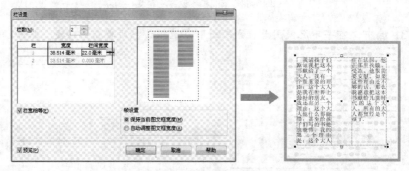

图 7-72　修改文本栏宽度和栏间距后的效果

此外，使用"文本工具"字拖动段落文本框，可以改变栏和装订线的大小，也可以通过选择手柄的方式来进行调整，如图 7-73 所示。

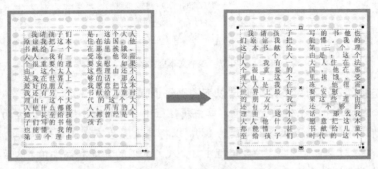

图 7-73 更改栏和装订线的大小

7.4.7 链接段落文本框

在 CorelDRAW X6 中，可以通过链接文本的方式，将一个段落文本分离成多个文本框链接。文本框链接可移动到同个页面的不同位置，也可以在不同页面中进行链接，它们之间始终是互相关联的。

1. 多个对象之间的链接

如果段落文本中的文字过多，超出了绘制的文本框所能容纳范围，文本框下方将出现▼标记，说明文字未被完全显示，此时可将隐藏的文字链接到其他的文本框中。此方法在进行文字量很大的排版工作中很有用，尤其是多页面排版的时候。

经过链接后的文本可以被联系在一起，当其中一个文本框中的内容增加的时候，多出文本框的内容将自动放置到下一个文本框中。如果其中一个文本框被删除，那么其中的文字内容将自动移动到与之链接的下一个文本框中。创建链接文本的具体操作方法如下。

步骤 1 使用"选择工具"选择文本对象，移动光标至文本框下方的▼控制点上，鼠标指针将变成形状，如图 7-74 所示。

步骤 2 单击鼠标左键，光标变成形状后，在页面上的其他位置按下鼠标左键拖曳出一个段落文本框，如图 7-75 所示，此时被隐藏的部分文本将自动转移到新创建的链接文本框中，如图 7-76 所示。

步骤 3 在新创建的链接文本框下方的▼控制点上单击，在下一个位置按下鼠标左键并拖动鼠标，可创建文本的下一个链接，如图 7-77 所示。

图 7-74 光标状态

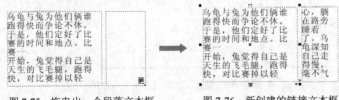

图 7-75 拖曳出一个段落文本框　　图 7-76 新创建的链接文本框

图 7-77　多个文本框的链接

要调整链接文本框的大小，可通过以下的操作步骤来完成。

步骤 1　选取其中一个链接文本框，单击属性栏中"对象大小"选项右边的"锁定比率"按钮 🔒，取消该按钮的激活状态（即变为 🔓），以将其设置为不成比例缩放。

步骤 2　在"对象大小" 数值框中，输入文本框的宽度和高度值，然后按下"Enter"键，即可调整文本框的大小，如图 7-78 所示。

图 7-78　变换链接大小

步骤 3　使用同样的方法调整其他链接文本框的大小，使它们具有相同的文本框大小，效果如图 7-79 所示。

图 7-79　相同的链接大小

用户还可以通过"对齐和分布"功能，将链接文本框按一定的方式对齐和分布，其操作方法与对齐和分布图形对象相似。图 7-80 所示为将文本垂直居中对齐和对齐页面中心的效果。另外，用户还可以对链接文本框进行群组和解组的操作。

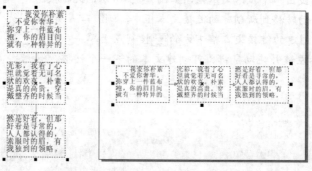

图 7-80　链接文本的对齐和分布效果

2. 文本与外形之间的链接

文本还可链接到绘制的图形对象中，具体操作方法如下。

步骤 1 使用"选择工具" 选择文本对象，移动光标至文本框下方的 控制点上，光标变成 形状。

步骤 2 单击鼠标左键，光标变成 形状，将光标移动到图形对象上时将成为 形状，然后单击该对象，即可将文本链接到图形对象中，如图 7-81 所示。

图 7-81 链接文本到图形对象

步骤 3 选择原段落文本，按下"Delete"键将其删除，如图 7-82 所示。

步骤 4 使用"文本工具"在链接后的图形对象上单击，在对象四周出现控制点后，在下方的 控制点上单击，然后移动光标到下一个图形对象上。当光标变为 形状后单击该对象，即可创建第二个文本链接，如图 7-83 所示。

图 7-82 删除源文本框后的效果

图 7-83 第二个链接文本效果

步骤 5 使用同样的方法，在第三个图形对象上创建链接文本，效果如图 7-84 所示。

【技巧与提示】

用于链接的图形对象必须是封闭图形，用户也可以绘制任意形状的图形来对文本进行链接。

3. 解除文本链接

要解除文本链接，可以在选取链接的文本对象后，按下"Delete"键删除即可。删除链接后，剩下的文本框仍然保持原来的状态，如图 7-85 所示。

图 7-84 文本与图形之间的链接效果

选取需要删除的链接对象　　　　　　删除链接对象

图 7-85　删除链接后

【技巧与提示】

删除文本链接后，链接文本框中的文字会自动转移到剩下的段落文本框中，调整文本框的大小后，即可使文字完全显示。

另外，在选取所有的链接对象后，可执行"文本→段落文本框→断开链接"命令，将链接段开。断开链接后，文本框之间是相互独立的，如图 7-86 所示。

图 7-86　断开链接后的文本效果

 # 7.5　书写工具

CorelDRAW X6 中的书写工具可以完成对文本的辅助处理，如帮助用户更正拼写和语法方面的错误、同义词和语言方面的识别，以及进行校正功能的设置等。此外书写工具还可以自动更正错误，并能帮助改进书写样式。

7.5.1　拼写检查

执行"文本→书写工具→拼写检查"命令，打开"书写工具"对话框，如图 7-87 所示。在"拼写检查器"标签中可以检查所选文本内容中拼错的单词、重复的单词及不规则的以大写字母开头的单词。

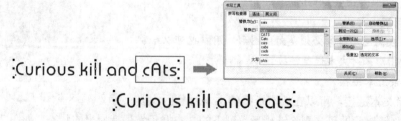

图 7-87　执行"拼写检查"命令

✦ 替换为：显示系统字典中最接近所选单词的拼写建议。

◆ 替换：显示系统字典中最接近所选单词的所有拼写建议。
◆ 检查：在该选项下拉列表中可以选择所要检查的目标，包括"文档"和"选定的文本"。
◆ 自动替换：单击该按钮，自动替换有拼写错误的单词。
◆ 跳过一次：单击该按钮，可忽略所选单词中的拼写错误。
◆ 全部跳过：单击该按钮，可以忽略所有单词中的拼写错误。
◆ 撤销：单击该按钮，撤销上一步操作。
◆ 关闭：完成拼写检查后，单击该按钮，关闭"书写工具"对话框。

7.5.2 语法检查

"语法检查"命令可以检查整个文档或文档的某一部分语法、拼写及样式错误。

步骤 1 选中文本对象，执行"文本→书写工具→语法检查"命令，开启"书写工具"对话框，其中默认为"语法"标签，如图 7-88 所示。

步骤 2 使用建议的新句子替换有语法错误的句子，然后单击"替换"按钮，在弹出的"语法"对话框中单击"是"按钮，即可完成替换，效果如图 7-89 所示。

图 7-88 开启"书写工具"对话框

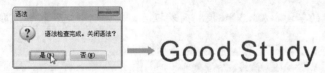

图 7-89 替换句子的效果

用户也可以单击"跳过一次"或者"全部跳过"按钮，以跳过错误一次或全部跳过，还可以禁用与该错误相关的规则，使"语法检查"不标出同类错误。

7.5.3 同义词

同义词允许用户查找的选项有多种，如同义词、反义词和相关单词等。执行"文本 ▸ 书写工具 ▸ 同义词"命令，即可开启图 7-90 所示的"同义词"标签。

执行"同义词"命令，会在文档中替换及插入单词，用"同义词"建议的单词替换文档中的单词时，"插入"按钮会变为"替换"按钮。

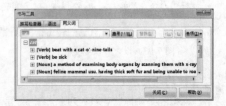

图 7-90 "同义词"标签

7.5.4 快速更正

"快速更正"命令可自动更正拼错的单词和大写错误,使用该命令的具体操作方法如下。

步骤 1 执行"文本→书写工具→快速更正"命令,开启"选项"对话框中的"快速更正"选项设置,如图 7-91 所示。

步骤 2 选取需要更正的选项,然后单击"确定"按钮,更正后的文本对象效果如图 7-92 所示。

将单词添加到"快速更正"选项组中,可以替换常常输错的单词和缩略语。当再次输入拼错的单词时,"快速更正"将自动更正此单词。用户还可以使用此功能创建常用单词和短语的快捷方式。执行该操作的方法如下。

步骤 1 在"快速更正"选项设置中,参照图 7-93 所示对"被替换文本"选项栏进行设置,然后单击"添加"按钮。

图 7-91 "选项"对话框的"快速更正"面板

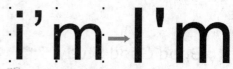

图 7-92 文本对象的更正效果

步骤 2 将新的单词添加入"替换"列表框后,单击"确定"按钮,即可完成设置,如图 7-94 所示。

图 7-93 设置"快速更正"面板

图 7-94 完成设置

【技巧与提示】

如果需要删除"替换"列表框中设置的新单词,只需在选中需要删除的单词选项后,单击"删除"按钮即可。

步骤 3　使用"文本工具"字在页面中输入"Jdi"，然后选择"选择工具"结束文本的输入状态，系统将自动对输入的文本进行替换，如图 7-95 所示。

图 7-95　替换文本

7.5.5　语言标记

当用户在应用拼写检查器、"语法检查"或同义词功能时，CorelDRAW 将根据指定给它们的语言来检查单词、短语和句子，这样可以防止外文单词被标记为拼错的单词。

执行"文本→书写工具→语言"命令，即可开启图 7-96 所示的"文本语言"对话框，用户可以为选定的文本进行标记。

7.5.6　拼写设置

执行"文本→书写工具→设置"命令，即可开启图 7-97 所示的"选项"对话框，用户可以在"拼写"选项中进行拼写校正方面的相关设置。

图 7-96　"文本语言"对话框

◆ "执行自动拼写检查"复选框：可以在输入文本的同步进行拼写检查。
◆ "错误的显示"选项组：可以设置显示错误的范围。
◆ "显示"文本框：可以设置显示 1~10个错误的建议拼写。
◆ "将更正添加到快速更正"复选框：可以将对错误的更正添加到快速更正中，方便对同样错误的替换。
◆ "显示被忽略的错误"复选框：可以显示在文本的输入过程中被忽略的拼写错误等。

图 7-97　"选项"对话框的"拼写"面板

7.6　查找和替换文本

通过"查找和替换"命令，可以查找当前文件中指定的文本内容，同时还可以将查找到的文本内容替换为另一指定的内容。

7.6.1　查找文本

当需要查找当前文件中的单个文本对象时，可以执行"查找文本"命令来查找指定的文本内容，其具体操作方法如下。

步骤1　使用"选择工具" 选中需要查找的文本范围，如图 7-98 所示，然后执行"编辑→查找并替换→查找文本"命令。

步骤2　弹出"查找下一个"对话框，在"查找"文本框中输入需要查找的文本内容，然后单击"查找下一个"按钮，如图 7-99 所示，即可在选定的文本对象中查找到相关的内容，如图 7-100 所示。

图 7-98　选择对象

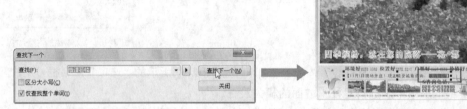

图 7-99　"查找下一个"对话框　　　　　　图 7-100　查找完成效果

7.6.2　替换文本

当用户在编辑文本时出现了错误，可以使用"替换文本"命令对错误的文本内容进行替换，而不用对其进行逐一更改。替换文本的具体操作方法如下。

步骤1　使用"选择工具" 选中整个文本对象，如图 7-101 所示，然后执行"编辑→查找并替换→替换文本"命令。

步骤2　在弹出的"替换文本"对话框中，分别设置查找和替换的文本内容，如图 7-102 所示。设置完成后单击"全部替换"按钮，即可将当前文件中查找到的文字全部替换为指定的内容，如图 7-103 所示。

图 7-101　选中文本对象

图 7-102　设置查找和替换的文本　　　　　图 7-103　替换效果

【技巧与提示】

"查找文本"和"替换文本"命令只能应用于未转换为曲线的文本对象。

7.7 编辑和转换文本

在处理文字的过程中，除了可以直接在绘图窗口中设置文字属性外，还可以通过编辑文本对话框来完成。在编辑文本时，可以根据版面需要，将美术文本转换为段落文本，以方便编排文字，或者为了在文字中应用各类填充或特殊效果，而将段落文本转换为美术文本。用户也可以将文本转换为曲线，以方便对字形进行编辑。

7.7.1 编辑文本

选择文本对象后，执行"文本→编辑文本"命令，即可在开启的"编辑文本"对话框中更改文本的内容，设置文字的字体、字号、字符效果、对齐方式，更改英文大小写及导入外部文本等。

图 7-104 所示是设置文本的对齐方式为"左对齐"的效果。

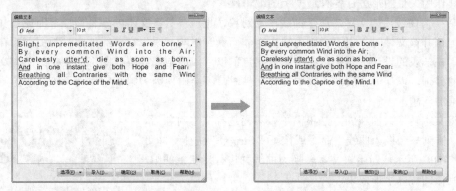

图 7-104 "编辑文本"对话框的设置效果

【技巧与提示】

按下"Ctrl+Shift+T"键或者单击属性栏中的"编辑文本"按钮，也可开启"编辑文本"对话框。

7.7.2 美术文本与段落文本的转换

输入的美术文本与段落文本之间可以相互转换。要将美术文本转换为段落文本，只需要使用"选择工具" 选取需要转换的美术文本后，在文本上单击鼠标右键，从弹出的命令菜单中选择"转换为段落文本"命令即可，如图 7-105 所示。

图 7-105　将美术文本转换为段落文本

要将段落文本转换为美术文本，在选择的段落文本上单击鼠标右键，从弹出的命令菜单中选择"转换为美术字"命令即可。

【技巧与提示】

在将段落文本转换为美术文本之前，必须将文本框中的文字完全显示出来，否则无法执行"转换为美术字"命令。在选择文本对象后，直接按下"Ctrl+F8"快捷键，即可进行美术文本与段落文本的转换。

7.7.3　文本转换为曲线

在实际创作中，仅仅依靠系统提供的字体进行设计创作会有局限性；即使安装大量的字体，也不一定就可以找到需要的字体效果。在这种情况下，设计师往往会在输入文字的字体基础上，对文字进行进一步的创意性编辑。在 CorelDRAW X6 中将文字转换为曲线后，就可以将其作为矢量图形进行各种造型上的编辑操作。

转换为曲线后的文字，属于曲线图形对象，也就不具备文本的各种属性，即使在其他计算机上打开该文件时，也不会因为缺少字体而受到影响，因为它已经被定义为图形而存在。所以，在一般的设计工作中，在绘图方案定稿以后，通常都需要对图形档案中的所有文字进行转曲处理，以保证在后续流程中打开文件时，不会出现因为缺少字体而不能显示出原本设计效果的问题。

将文本转换为曲线的方法很简单，只需选择文本对象后，执行"排列→转换为曲线"命令或按下"Ctrl+Q"快捷键即可。如图 7-106 所示，即是将文本转换为曲线并进行形状上的编辑后所制作的特殊字形效果。

图 7-106　编辑文字外形后的效果

提示

转换为曲线后的文字不能通过任何命令将其恢复成文本格式，所以在使用此命令前，一定要设置好所有文字的文本属性，或者最好在进行转曲前对编辑好的文件进行复制备份。

7.8　图文混排

通常在排版设计中，都少不了同时对图形图像和文字进行编排。怎样通过排版处理，在有限范围内能使图形图像与文字达到规整、有序的排版效果，是专业排版人员必须掌握的技能。下面为读者介绍在 CorelDRAW 中进行图文混排的几种常用方法。

7.8.1 沿路径排列文本

在进行设计创作的时候，比如在进行某些标志、商标设计时，为了使文字与图案造型更紧密地结合到一起，通常会应用将文本沿路径排列的设计方式。图 7-107 所示为将文字按一定弧度进行排列的典型设计效果。

使文字沿路径排列，可以通过以下的操作方法来完成。

步骤 1 使用"贝塞尔工具" 绘制一条曲线路径。

步骤 2 选择"文本工具" ，将光标移动到路径边缘，

图 7-107 沿路径输入文字的应用效果

当光标变为 形状时，单击绘制的曲线路径，出现输入文本的光标，然后在路径上输入文字，如图 7-108 所示。

图 7-108 沿路径输入文字

步骤 3 选取路径文字，执行"排列→拆分在一路径上的文本"命令，可以将文字与路径分离。分离后的文字仍然保持之前的状态，如图 7-109 所示。

提示

同时选择文本和路径，执行"文本→使文本适合路径"命令，也可完成文本沿路径排列的操作，如图 7-110 所示。

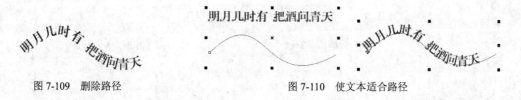

图 7-109 删除路径　　　　　　　　　　　　图 7-110 使文本适合路径

选择沿路径排列的文字与路径，可以在图 7-111 所示的属性栏中修改其属性，以改变文字沿路径排列的方式。

图 7-111 路径文本属性栏

◆ "文字方向"下拉列表：在 下拉列表中，可以选择文本在路径上排列的方向。图 7-112 所示是选择不同方向后的排列效果。

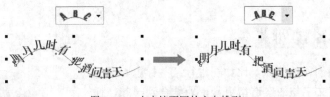

图 7-112　文本按不同的方向排列

◆ "与路径距离"文本框：在 ⊞ 0.0毫米 文本框中，可以设置文本沿路径排列后两者之间的距离，如图 7-113 所示。

◆ "偏移"文本框：在 ⊞ 14.183毫米 文本框中，可以设置文本起始点的偏移量，如图 7-114 所示。

图 7-113　文本与路径的距离　　　　　　　　　图 7-114　文本起始点的偏移

◆ "水平镜像"按钮：单击 按钮，可以使文本在曲线路径上水平镜像，如图 7-115 所示。

图 7-115　水平镜像文本

◆ "垂直镜像"按钮：单击 按钮，可以使文本在曲线路径上垂直镜像，如图 7-116 所示。

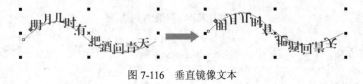

图 7-116　垂直镜像文本

【技巧与提示】

　　沿路径排列后的文本仍具有文本的基本属性，可以添加或删除文字，也可更改文字的字体和字体大小等属性。

7.8.2　插入特殊字符

　　执行"插入符号字符"命令，可以添加作为文本对象的特殊符号或作为图形对象的特殊字符，下面分别介绍它们的操作方法。

　　1. 添加作为文本对象的特殊字符

　　选择"文本工具" ，将光标插入到文本对象中需要添加符号的位置，然后执行"文本→

插入符号字符"命令，开启"插入字符"泊坞窗，如图 7-117 所示。

图 7-117 开启"插入字符"泊坞窗

在"插入字符"泊坞窗中，从"字体"列表框中为符号选择字体，并在符号列表框中选择所需的符号，然后单击"插入"按钮或者双击选中符号，即可在当前位置插入所选的字符。插入符号对象的效果如图 7-118 所示。

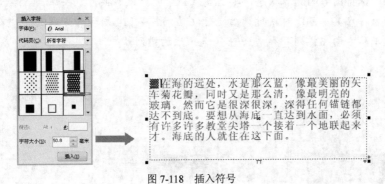

图 7-118 插入符号

2．添加作为图形对象的特殊字符

执行"文本→插入符号字符"命令，开启"插入字符"泊坞窗，从中选择所需的符号并设置字符大小，然后单击"插入"按钮或者双击选取的符号，即可插入作为图形对象的特殊字符，如图 7-119 所示。

【技巧与提示】

与添加作为文本对象的特殊字符所不同的是，添加作为图形对象的特殊字符时可以对字符的大小进行设置，而作为文本对象的字符大小由文本的字体大小决定。

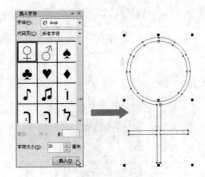

图 7-119 插入选定字符

7.8.3 段落文本环绕图形

文本沿图形排列，是指在图形外部沿着图形的外框形状进行文本的排列。要使文本绕图排列，可通过以下的操作步骤来完成。

步骤 1 在绘图窗口中输入用于排列的段落文本，如图 7-120 所示，然后按下 "Ctrl+I"

键，在绘图窗口中导入一幅图像，如图 7-121 所示。

图 7-120　输入段落文本

图 7-121　导入的图像

步骤 2　使用"选择工具" 将图像移动到文本框上并调整好合适的大小后，在图像上单击鼠标右键，从弹出的命令选单中选择"段落文本换行"命令，文字的排列效果如图 7-122 所示。

步骤 3　保持图像的选取状态，单击属性栏中的"文本换行"按钮，弹出图 7-123 所示的下拉列表，在其中可以对换行属性进行设置。图 7-124 所示为分别选择"文本从左向右排列"、"文本从右向左排列"和"上/下"选项后的排列效果。

图 7-122　文本绕图像排列的效果

图 7-123　"段落文本换行"下拉列表

图 7-124　"文本从左向右排列"、"文本从右向左排列"和"上/下"排列效果

【技巧与提示】

文本绕图功能不能应用于美术文本中，要执行此项功能，必须先将美术文本转换为段落文本。

7.9 本章练习

1．打开本书配套光盘中 Chapter 7\封面设计-start.cdr 文件，然后利用本章所学的添加文本和在图形内输入文本的方法，并结合文本工具属性栏和"文本属性"泊坞窗，为输入的文本设置字符和段落属性，制作图 7-125 所示的封面版式编排效果。

2．运用本章介绍的沿路径排列文本的方法，制作图 7-126 所示的招贴画面。

图 7-125　版式编排效果

图 7-126　制作的招贴画面

3．运用本章介绍的将文本转换为曲线并对字形进行编辑的方法，制作图 7-127 所示的 POP 广告中的变形文字效果。

图 7-127　制作的变形文字

第 8 章

特殊效果的编辑

- 8.1　调和效果
- 8.2　轮廓图效果
- 8.3　变形效果
- 8.4　透明效果
- 8.5　立体化效果
- 8.6　阴影效果
- 8.7　封套效果
- 8.8　透视效果
- 8.9　透镜效果
- 8.10　本章练习

CorelDRAW 拥有丰富的图形编辑功能,除了前面介绍的使用形状工具和造形功能对图形进行各种形状编辑外,交互式工具的应用更能使图形产生锦上添花的效果。交互式工具可以为对象直接应用调和效果、轮廓图效果、变形效果、阴影效果、封套效果、立体化效果和透明效果。关于各种效果的应用方法,将在本章的内容中详细讲解。

8.1　调和效果

　　调和效果也称为混合效果,应用交互式调和效果,可以在两个或多个对象之间产生形状和颜色上的过渡。在实际的设计创作中,交互式调和工具是一个应用非常广泛的工具。在两个不同对象之间应用调和效果时,对象上的填充方式、排列顺序和外形轮廓等都会直接影响调和效果。

8.1.1　创建调和效果

　　要在对象之间创建调和效果,可通过以下的操作步骤来完成。

　　步骤 1　在工作区中,使用 "矩形工具" 绘制一个黑色矩形,然后使用 "贝塞尔工具" 绘制出两条曲线,并设置其轮廓为白色、宽度为 1.0mm,如图 8-1 所示。

　　步骤 2　使用 "选择工具" 选中两条曲线,然后在工具箱中选择 "调和工具" ,并在属性栏的 "调和对象" 文本框中设置数值为 60。

图 8-1　绘制两个几何图形

　　步骤 3　在起始对象上按下鼠标左键不放,向另一个对象拖动鼠标,此时在两个对象之间会出现起始控制柄和结束控制柄,如图 8-2 所示。

　　步骤 4　松开鼠标后,即可在两个对象之间创建调和效果,如图 8-3 所示。

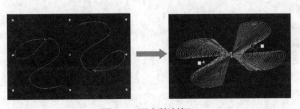

图 8-2　调和控制柄

图 8-3　调和效果

【技巧与提示】

　　要在对象之间创建调和效果,还可以在选择用于创建调和效果的两个或多个对象后,执行"效果→调和"命令,开启"调和"泊坞窗,在其中设置调和的步长值和旋转角度,然后单击"应用"按钮即可,如图 8-4 所示。

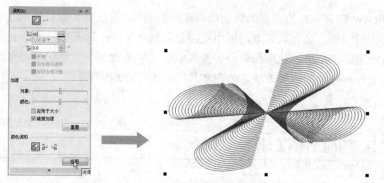

图 8-4 "调和"泊坞窗设置及其应用效果

8.1.2 控制调和对象

在对象之间创建调和效果后，其属性栏设置如图 8-5 所示，其中各选项功能如下。

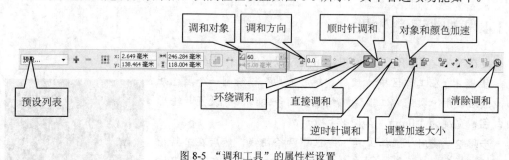

图 8-5 "调和工具"的属性栏设置

- ✦ "预设列表" 预设... ▾ ：系统提供的预设调和样式。在该选项下拉列表中选择其中一种预设样式后，对象的调和效果如图 8-6 所示。
- ✦ 调和对象 100 5.08 毫米：用于设置调和效果中的调和步数或形状之间的偏移距离。在该选项数值框中输入数值为"100"后，调和效果如图 8-7 所示。

图 8-6 选择预设样式及其调和效果　　　　图 8-7 设置步数后的调和效果

- ✦ 调和方向 0.0 ° ：用于设置调和效果的角度。将"调和方向"设置为 120° 后，对象的调和效果如图 8-8 所示。
- ✦ 环绕调和：按调和方向在对象之间产生环绕式的调和效果，该按钮只有在为调和对象设置了调和方向后才能使用。单击该按钮，对象的调和效果如图 8-9 所示。

图 8-8 设置调和方向

◆ 直接调和▣：直接在所选对象的填充颜色之间进行颜色过渡。单击该按钮后，对象的调和效果如图8-10所示。

◆ 顺时针调和▣：使对象上的填充颜色按色轮盘中顺时针方向进行颜色过渡。单击该按钮后，对象的调和效果如图8-11所示。

图8-9 环绕调和

图8-10 直接调和

图8-11 顺时针调和

◆ 逆时针调和▣：使对象上的填充颜色按色轮盘中逆时针方向进行颜色过渡。单击该按钮后，效果如图8-12所示。

◆ 对象和颜色加速▣：单击该按钮，弹出"加速"选项，拖动"对象"和"颜色"滑块，可调整形状和颜色上的加速效果，如图8-13所示。

图8-12 逆时针调和

图8-13 加速选项设置及其效果

【技巧与提示】

单击"加速"选项中的🔒按钮，使其处于🔒锁定状态时，表示"对象"和"颜色"同时加速。再次单击该按钮，将其解锁后，可以分别对"对象"和"颜色"进行设置。

◆ 调整加速大小▣：单击该按钮，对象之间的调和效果如图8-14所示。

图8-14 分别加速调和时的大小调整

◆ 起始和结束属性▣：用于重新设置应用调和效果的起始端和末端对象。在绘图窗口中重新绘制一个用于应用调和效果的图形，将其填充为所需的颜色并取消外部轮廓。选择调和对象后，单击"起点和结束对象属性"按钮▣，在弹出式选项中选择"新终点"命令，此时光标变为◀状态，在新绘制的图形对象上单击鼠标左键，即可重新设置调和的末端对象，操作过程如图8-15所示。

【技巧与提示】

如果要重新设置调和效果的起点，那么新的起端图形必须调整到原调和效果中的末端对象的下层，否则会弹出图8-16所示的提示对话框。改变调和效果起点的操作方法与改变终点相似，图8-17所示是将上步绘制的交叉星形设置为起点对象后的调和效果。

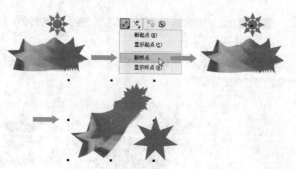

图 8-15　重新设置终点后的调和效果

【技巧与提示】

将工具切换到"选择工具" ，在页面空白位置单击，取消所有对象的选取状态，再拖动调和效果中的起端或末端对象，可以改变对象之间的调和效果，如图 8-18 所示。

图 8-16　提示对话框　　图 8-17　设置新起点后的调和效果　　图 8-18　改变调和效果过渡的形状

8.1.3　沿路径调和

在对象之间创建调和效果后，可以通过应用"路径属性"功能，使调和对象按照指定的路径进行调和。

使用"贝塞尔工具"绘制一条曲线路径，选择调和对象后，单击属性栏中的"路径属性"按钮 ，在弹出的下拉列表中选择"新建路径"选项，此时光标将变为 形状，使用光标单击目标路径后，即可使调和对象沿该路径进行调和。整个操作过程如图 8-19 所示。

【技巧与提示】

选择调和对象后，执行"排列→顺序→逆序"命令，可以反转对象的调和顺序，如图 8-20 所示。

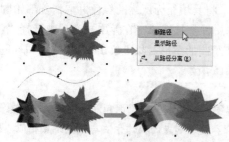

图 8-19　使调和对象沿路径排列　　　　　　　　图 8-20　反转调和顺序

8.1.4　复制调和属性

　　当绘图窗口中有两个或两个以上的调和对象时，使用"复制调和属性"功能，可以将其中一个调和对象中的属性复制到另一个调和对象中，得到具有相同属性的调和效果。

　　选择需要修改调和属性的目标对象，单击属性栏中的"复制调和属性"按钮，当光标变为 形状时单击用于复制调和属性的源对象，即可将源对象中的调和属性复制到目标对象中，如图 8-21 所示。

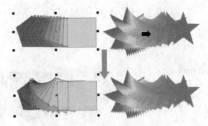

图 8-21　复制调和属性

8.1.5　拆分调和对象

　　应用调和效果后的对象，可以通过菜单命令将其分离为相互独立的个体。要分离调和对象，可以在选择调和对象后，执行"排列→拆分调和群组"命令或按下"Ctrl+K"键拆分群组对象。分离后的各个独立对象仍保持分离前的状态，如图 8-22 所示。

图 8-22　分离调和对象

【技巧与提示】

　　在调和对象上单击鼠标右键，从弹出的命令选单中选择"拆分调和群组"命令，也可完成分离调和对象的操作，如图 8-23 所示。

　　调和对象被分离后，之前调和效果中的起端对象和末端对象都可以被单独选取，而位于两者之间的其他图形将以群组的方式组合在一起，按下"Ctrl+K"快捷键即可以它们解散群组，从而方便用户进行下一步的操作，如图 8-24 所示。

图 8-23　使用命令选单拆分调和群组

图 8-24　移动分离后的其中一个对象

8.1.6　清除调和效果

　　为对象应用调和效果后，如果不需要再使用此种效果，可清除对象的调和效果，只保留起端对象和末端对象。清除调和效果可通过以下两种方法来完成。

方法 1：选择调和对象后，执行"效果→清除调和"命令。

方法 2：选择调和对象后，单击属性栏中的"清除调和"按钮 ⚙，清除效果后的对象如图 8-25 所示。

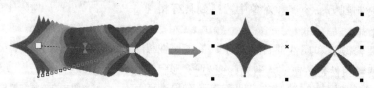

图 8-25　清除调和效果

 # 8.2　轮廓图效果

交互式轮廓图效果，是指由对象的轮廓向内或向外放射而形成的同心图形效果。在 CorelDRAW X6 中，用户可通过向中心、向内和向外三种方向创建轮廓图，不同的方向产生的轮廓图效果也会不同。交互式轮廓图效果可以应用于图形或文本对象。

8.2.1　创建轮廓图

和创建调和效果不同的是，轮廓图效果只需要在一个图形对象上就可以完成。创建交互式轮廓图效果的操作步骤如下。

步骤 1　使用"多边形工具"在绘图窗口中绘制一个五边星形。

步骤 2　选择"轮廓图工具" ⬚，在图形上按下鼠标左键并向对象中心拖动鼠标，当光标变为图 8-26 所示状态时释放鼠标，即可创建出由图形边缘向中心放射的轮廓图效果，如图 8-27 所示。

图 8-26　向内拖动鼠标

图 8-27　向中心放射的轮廓图效果

步骤 3　在对象上按下鼠标左键并向对象外拖动鼠标，当光标变为图 8-28 所示的状态时释放鼠标，可创建右图形边缘向外放射的轮廓图效果，如图 8-29 所示。

图 8-28　向外拖动鼠标　　　　　　　　　图 8-29　向外放射的轮廓图效果

为对象应用轮廓图效果后，轮廓图属性栏设置如图 8-30 所示。

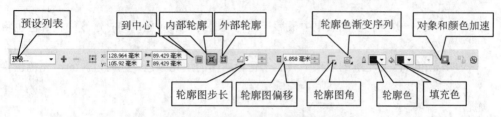

图 8-30　"轮廓图工具"的属性栏设置

◆ 预设列表：在下拉列表中可选择系统提供的预设轮廓图样式。

◆ 到中心 ：单击该按钮，调整为由图形边缘向中心放射的轮廓图效果。将轮廓图设置为该方向后，将不能设置轮廓图步数，轮廓图步数将根据所设置的轮廓图偏移量自动进行调整。图 8-31 所示为分别将轮廓图偏移量设置为"4.0 毫米"和"1.0 毫米"后的效果。

图 8-31　不同偏移设置后的轮廓图效果

◆ 内部轮廓 ：单击该按钮，调整为向对象内部放射的轮廓图效果。选择该轮廓图方向后，可在后面的"轮廓图步数"数值框中设置轮廓图的发射数量。

◆ 外部轮廓 ：单击该按钮，调整为向对象外部放射的轮廓图效果。用户同样也可对其设置轮廓图的步数。

◆ 轮廓图步长：在其文字框中输入数值可决定轮廓图的发射数量。

◆ 轮廓图偏移：可设置轮廓图效果中各步数之间的距离。

◆ 轮廓图角：可设置生成轮廓图中尖角的样式，包括斜接角、圆角、斜切角，如图 8-32 所示。

◆ 线性轮廓色 ：直线形轮廓图颜色填充，使用直线颜色渐变的方式填充轮廓图的颜色。

◆ 顺时针轮廓色 ：顺时针轮廓图颜色填充，使用色轮盘中顺时针方向填充轮廓图的颜色。

图 8-32　斜接角、圆角、斜切角的轮廓图效果

✦ 逆时针轮廓色 ：逆时针轮廓图颜色填充，使用色轮盘中逆时针方向填充轮廓图的颜色。

✦ 轮廓色：改变轮廓图效果中最后一轮轮廓图的轮廓颜色，同时过渡的轮廓色也将随之发生变化。

✦ 填充色：改变轮廓图效果中最后一轮轮廓图的填充颜色，同时过渡的填充色也将随之发生变化。

提示

"对象和颜色加速"按钮及"复制轮廓图属性"按钮与调和效果中对应的按钮在功能和使用方法上相似，这里就不再重复介绍了。

8.2.2　设置轮廓图的填充和颜色

在应用轮廓图效果时，可以设置不同的轮廓颜色和内部填充颜色，不同的颜色设置可产生不同的轮廓图效果。设置轮廓图颜色，可通过以下的操作步骤来完成。

步骤 1　使用"选择工具"选择轮廓图对象。

步骤 2　单击属性栏中的"轮廓色"下拉按钮，在弹出的颜色选取器中选择所需的颜色，如图 8-33 所示。为轮廓图的末端对象设置轮廓色后，效果如图 8-34 所示。

图 8-33　轮廓色列表框

图 8-34　轮廓图效果

步骤 3　保持轮廓图对象的选取状态，在调色板中所需的色样上单击鼠标右键，为轮廓图的起端对象设置轮廓颜色，此时轮廓之间的颜色过渡也随之发生改变，如图 8-35 所示。

步骤 4　按下"F12"键打开"轮廓笔"对话框，在"宽度"数值框中为轮廓设置适当的宽度，然后单击"确定"按钮，轮廓图效果如图 8-36 所示。

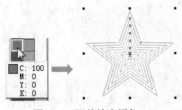

图 8-35　调整轮廓颜色

图 8-36　调整轮廓宽度

步骤 5　在调色板中所需的色样上单击鼠标左键,设置起端对象的内部填充色,如图 8-37 所示。

步骤 6　在属性栏中单击"填充颜色"下拉按钮,在弹出的颜色选取器中选择所需的颜色,为轮廓图的末端对象设置内部填充色,效果如图 8-38 所示。

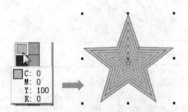

图 8-37　填充轮廓图的内部颜色

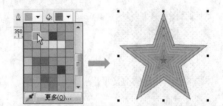

图 8-38　修改最后一轮轮廓图的填充色

提示

选择轮廓图对象后,使用鼠标右键单击调色板中的⊠按钮,可取消轮廓图中的轮廓色。使用鼠标左键单击⊠按钮,可取消轮廓图中的填充色。

8.2.3　分离与清除轮廓图

分离和清除轮廓图的操作方法,与分离和清除调和效果相同。

要分离轮廓图,在选择轮廓图对象后,执行"排列→拆分轮廓图群组在图层 1"命令即可,分离后的对象仍保持分离前的状态。

要清除轮廓图效果,在选择应用轮廓图效果的对象后,执行"效果→清除轮廓"命令或单击属性栏中的"清除轮廓"按钮◎即可。清除轮廓图效果后的对象如图 8-39 所示。

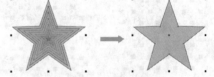

图 8-39　清除轮廓图效果

8.3　变形效果

使用"变形工具" ☺可以对所选对象进行各种不同效果的变形。在 CorelDRAW X6 中,用户可以为对象应用推拉变形、拉链变形和扭曲变形等 3 种不同类型的变形效果。变形效果同轮廓图一样,可应用于图形和文本对象。

8.3.1　应用变形效果

对图形应用变形效果，可通过以下的操作步骤来完成。

步骤 1　使用"多边形工具"在绘图窗口中绘制一个交叉星形，并为其填充颜色，如图 8-40 所示。

步骤 2　选择工具箱中的"变形工具" ，在属性栏中单击"推拉变形"按钮，属性栏设置如图 8-41 所示。

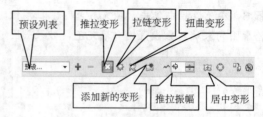

图 8-40　绘制的交叉星形　　　　　　　图 8-41　"变形工具"的属性栏设置

✦ 推拉变形：通过推拉对象的节点，产生不同的推拉变形效果。
✦ 拉链变形：在对象的内侧和外侧产生一系列的节点，从而使对象的轮廓变成锯齿状的效果。
✦ 扭曲变形：使对象围绕自身旋转，形成螺旋效果。

步骤 3　在属性栏中单击"推拉变形"按钮，在图形对象上按下鼠标左键并拖动鼠标，使图形产生推拉的变形效果，如图 8-42 所示。

步骤 4　在属性栏的"推拉振幅"数值框中，分别输入正值和负值的振幅度后，变形效果分别如图 8-43 所示。

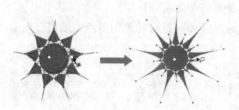

图 8-42　推拉变形效果　　　　　　　图 8-43　正值和负值的推拉振幅效果

提示

拖动变形控制线上的□控制点，可任意调整变形的失真振幅，如图 8-44 所示。拖动◇控制点，可调整对象的变形角度，如图 8-45 所示。

步骤 5　单击属性栏中的"添加新的变形"按钮，在对象上按下鼠标左键并拖动鼠标，在已变形的对象上创建新的变形效果，如图 8-46 所示。

步骤 6　使用"变形工具"单击新的对象，在属性栏中单击"拉链变形"按钮，在对象上按下鼠标左键并拖动鼠标，使对象产生拉链变形效果，如图 8-47 所示。此时属性栏设置如图 8-48 所示。

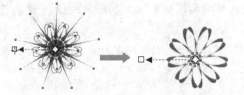
图 8-44　调整变形效果的失真振幅

图 8-45　调整变形的角度

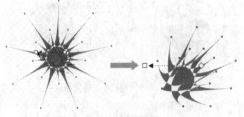
图 8-46　新的变形效果

图 8-47　变形前与变形后的效果对比

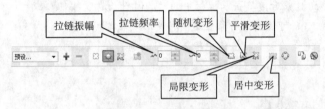
图 8-48　拉链变形属性栏设置

步骤 7　在属性栏的"拉链频率"数值框中输入 20 和 50 的频率值后,对象的变形效果如图 8-49 所示。

步骤 8　在属性栏中分别单击"随机变形"、"平滑变形"和"局限变形"按钮后,对象的变形效果如图 8-50 所示。

图 8-49　修改拉链频率　　　　　　　　　　图 8-50　对象的变换效果

步骤 9　使用"变形工具"单击新的图形对象,再单击属性栏中的"扭曲变形"按钮 ,属性栏设置如图 8-51 所示。

图 8-51　扭曲变形属性栏

步骤 10 在对象上按下鼠标左键后，按逆时针方向拖动鼠标，使图形在逆时针方向产生扭曲变形效果，如图 8-52 所示。

步骤 11 在对象中的 ◌ 控制点上按下鼠标左键，按顺时针方向拖动鼠标，使图形产生顺时针方向的扭曲变形效果，如图 8-53 所示。此时在属性栏中，将自动选择"顺时针旋转"按钮◌。

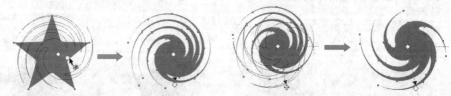

图 8-52 逆时针扭曲变形效果　　　　图 8-53 顺时针扭曲变形效果

提示

选取扭曲变形的对象后，单击属性栏中的"顺时针旋转"按钮◌ 或"逆时针旋转"按钮◌，可使图形对象在这两种变形效果之间转换。

步骤 12 在"完全旋转"数值框中输入适当的旋转值，以输入"5"为例，对象的变形效果如图 8-54 所示。

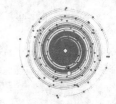

图 8-54 完全旋转效果

8.3.2 清除变形效果

清除对象上应用的变形效果，可使对象恢复为变形前的状态。使用"变形工具"单击需要清除变形效果的对象，执行"效果→清除变形"命令或单击属性栏中的"清除变形"按钮◙即可。清除效果后的对象如图 8-55 所示。

提示

与清除调和效果和轮廓图效果不同的是，应用调和效果和轮廓图效果的对象，都可使用"选择工具"选取后再单击属性栏中的"清除变形"按钮◙，将应用的效果清除。而应用变形效果后，如果使用"选择工具"选取变形对象，则在属性栏中将找不到"清除变形"按钮◙，这是因为此时的属性栏将不会显示对象中的变形属性。

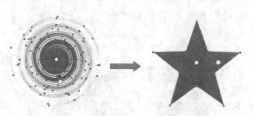

图 8-55 清除对象的变形效果

8.4 透明效果

交互式透明效果可为对象创建透明图层的效果。在对物体的造型处理上，应用交互式透明效果可很好地表现出对象的光滑质感，增强对象的真实效果。交互式透明效果可应用于矢量图形、文本和位图图像。

8.4.1 创建透明效果

为对象应用透明效果，可通过以下的操作步骤来完成。

步骤1 单击标准工具栏中的"导入"按钮 ，在弹出的"导入"对话框中选择一个位图文件和一个图形文件，单击"导入"按钮，分别将它们导入到当前的绘图窗口中，并使它们重叠排列，如图 8-56 所示。

图 8-56 导入的图形和位图文件

步骤2 使用"选择工具"选取图形对象，将工具切换到"透明度工具" ，在属性栏的"透明度类型"下拉列表中选择合适的透明度类型，以选择"标准"项为例，此时对象中的透明效果如图 8-57 所示。

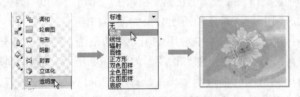

图 8-57 创建标准透明效果

8.4.2 编辑透明效果

应用透明效果后，可通过属性栏和手动调节两种方式调整对象的透明效果。使用透明度工具单击前面创建的透明对象，该工具的属性栏设置如图 8-58 所示。

+ 无：取消任何透明效果。
+ 标准：选择该透明类型后，可对图形的整个部分应用相同设置的透明效果。
+ 线性：指沿直线方向为对象应用渐变的透明效果。

图 8-58 "透明度工具"属性栏设置

+ 辐射：透明效果沿一系列同心圆进行渐变。
+ 圆锥：透明效果按圆锥渐变的形式进行分布。
+ 正方形：透明效果按正方形渐变的形式进行分布。
+ "双色图样"、"全色图样"和"位图图样"：为对象应用图样的透明效果。
+ 底纹：为对象应用自然外观的随机化底纹透明效果。

1. 标准

这里继续以前面创建的标准透明对象为例，介绍对标准透明效果进行属性设置的操作方法。"标准"类型属性栏设置如图 8-59 所示。

+ 透明度操作：用于设置透明对象与下层对象进行叠加的模式。在属性栏的"透明度操作"下拉列表中，选择"除"选项后，对象的透明效果如图 8-60 所示。

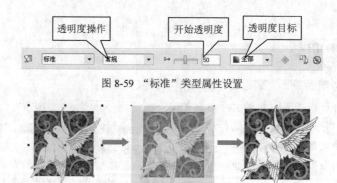

图 8-59 "标准" 类型属性设置

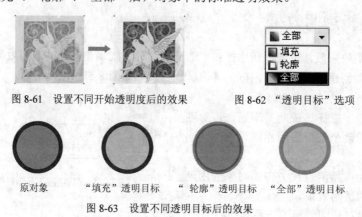

图 8-60 设置 "除" 的透明效果

◆ 开始透明度：用于设置对象的透明程度。数值越大，透明度越强，反之则透明度越弱。将"透明度操作"修改为"正常"后，在"开始透明度"数值框中分别设置"30"和"80"的透明度后，对象的透明效果如图 8-61 所示。

◆ 透明度目标：用于设置对象中应用透明效果的范围，包括"填充"、"轮廓"和"全部"选项，系统默认为"全部"选项，如图 8-62 所示。选择"填充"项后，只对对象中的内部填充范围应用透明效果；选择"轮廓"项后，只对对象的轮廓应用透明效果；选择"全部"项后，可以对整个对象应用透明效果。图 8-63 所示即是分别选择"填充"、"轮廓"、"全部"后，对象中的标准透明效果。

图 8-61 设置不同开始透明度后的效果　　图 8-62 "透明目标" 选项

原对象　　　"填充"透明目标　　"轮廓"透明目标　　"全部"透明目标

图 8-63 设置不同透明目标后的效果

2. 线性

使用"透明度工具" 单击在创建透明效果时导入的位图图像，在属性栏的"透明类型"下拉列表中选择"线性"选项，此时属性栏设置及透明效果如图 8-64 所示。

图 8-64 线性透明效果

提示

使用"透明度工具"在需要创建透明效果的对象上单击后,在该对象上按下鼠标左键并拖动,也可创建线性透明效果。

通过属性栏对线性透明效果进行编辑的操作方法如下。

步骤 1 绘制一个矩形,将其填充为青色,调整到位图的下一层,以方便对透明效果进行观察。使用"透明度工具"单击透明对象后,在属性栏的"透明中心点"数值框中分别输入 20 和 60 的数值后,透明效果如图 8-65 所示。

步骤 2 在"角度和边界"数值框中,分别将角度设置为 30°,边界设置为 20 后,透明效果如图 8-66 所示。

图 8-65　设置不同的透明中心点后的效果　　　　　图 8-66　"角度和边界"设置

步骤 3 单击属性栏中的"编辑透明度"按钮,弹出"渐变透明度"对话框,该对话框与"渐变填充方法"对话框的设置基本相似。按设置渐变属性的方法对渐变透明属性进行设置后,单击"确定"按钮,对象中的透明效果如图 8-67 所示。

提示

编辑透明度属性后,再次单击"编辑透明度"按钮,在打开的"渐变透明度"对话框中会发现,之前设置的渐变颜色会自动转换为灰度模式,如图 8-68 所示。另外,使用黑色填充时,该位置上的透明度为完全透明。使用白色填充时,该位置上的透明度为完全不透明。

除了可以通过属性栏设置透明效果外,还可通过手动调节的方式对透明效果进行调整。手动调整透明效果的方法如下。

✦ 将鼠标指针移动到透明控制线的起点或终点控制点上,按下鼠标左键,拖动控制点到合适的位置,松开鼠标,即可调整渐变透明的角度和边界。

✦ 拖动除起点和终点以外的控制点,可调整控制点在控制线上的位置;在除起点和终点的控制点上单击鼠标右键,可删除该控制点。

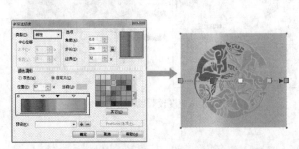
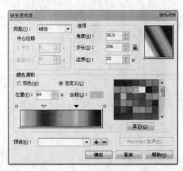

图 8-67　渐变透明参数设置以及所产生的效果　　　　图 8-68　"渐变透明度"对话框中的显示效果

✦ 将调色板中所需的颜色拖动到对应的控制点上，当光标变为 ▶■ 形状时释放鼠标，即可调整该控制点位置上的透明参数。直接将调色板中的颜色拖动到透明控制线上，当光标变为 ▶■ 形状时释放鼠标，可在该位置上添加一个透明控制点并将该颜色所对应的透明参数应用于该控制点上，如图 8-69 所示。

3. 辐射

在"透明度工具"属性栏的"透明度类型"中选择"辐射"后，对象的透明效果如图 8-70 所示。

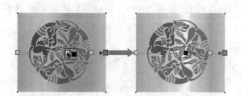

图 8-69 添加透明控制点

图 8-70 辐射透明效果

从显示的属性栏设置可以看出，辐射的属性栏设置与线性相同。单击属性栏中的"编辑透明度"按钮 ▣，弹出"渐变透明度"对话框，在其中对渐变参数进行自定义设置后，对象的透明效果如图 8-71 所示。

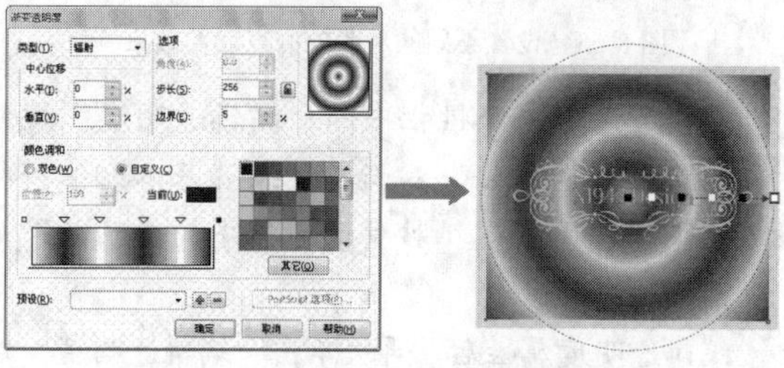

提示

辐射透明效果也可通过手动调节的方式来修改，其方法与线性相同。

图 8-71 辐射透明度设置及其效果

4. 圆锥

在属性栏的"透明类型"下拉列表中选择"圆锥"项后，对象的透明效果如图 8-72 所示。

"圆锥"类型的属性栏设置与"线性"和"辐射"类型相同。单击属性栏中的"编辑透明度"按钮 ▣，在"渐变透明度"对话框中对透明参数进行设置后，对象的透明效果如图 8-73 所示。

图 8-72 圆锥透明效果

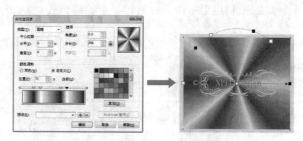

图 8-73 圆锥透明度设置以及透明效果

5. 正方形

在属性栏的"透明类型"下拉列表中选择"正方形"项，单击属性栏中的"编辑透明度"

按钮，在"渐变透明度"对话框中进行透明参数设置后，对象的透明效果如图 8-74 所示。

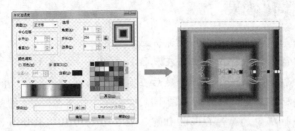

图 8-74　正方形透明度设置及其效果

6. 双色图样、全色图样、位图图样和底纹

分别选择"双色图样"、"全色图样"、"位图图样"和"底纹"类型后，对象的透明效果和属性栏设置分别如图 8-75 所示。

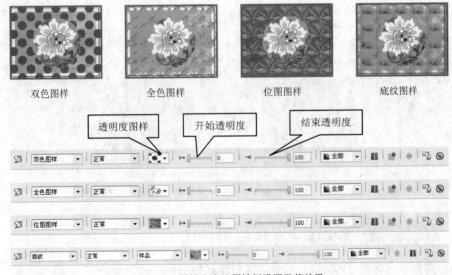

双色图样　　　　全色图样　　　　位图图样　　　　底纹图样

图 8-75　图样和底纹属性栏设置及其效果

提示

单击属性栏中的"编辑透明度"按钮，可弹出相应的"图样透明度"对话框和"底纹透明度"对话框，在其中可对图案属性进行设置，其设置方法与前面所学的使用效果填充时，对图案的设置方法相似，这里就不再重复介绍了。

8.5　立体化效果

应用交互式立体化功能，可以为对象添加三维效果，使对象具有很强的纵深感和空间感，立体效果可以应用于图形和文本对象。

8.5.1　创建立体化效果

创建立体效果可通过以下的操作步骤来完成。

步骤 1　选择"箭头形状"工具 🔖，在属性栏中单击"完美形状"按钮 🔽，在完美形状下拉列表中选择图 8-76 所示的箭头图形，然后在页面中绘制出该形状，并将其填充为深黄色。

步骤 2　使用"矩形工具" 🔲 在箭头图形上绘制一个图 8-77 所示的矩形。同时选择矩形和箭头对象，单击属性栏中的"结合"按钮 🔳，结合后的对象效果如图 8-78 所示。

图 8-76　绘制并填充心形　　　　图 8-77　绘制矩形　　　　图 8-78　结合后的效果

步骤 3　选择"立体化工具" 🔖，参照图 8-79 所示由左至右拖动鼠标，为图形创建交互式立体化效果，释放鼠标后，效果如图 8-80 所示。

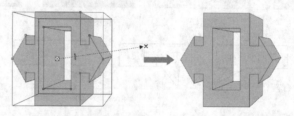

图 8-79　在对象上由下向上拖动鼠标　　　图 8-80　对象的立体化效果

8.5.2　在属性栏中设置立体化效果

选择应用立体化效果的对象，此时属性栏设置如图 8-81 所示。

图 8-81　立体化工具属性栏

◆　预设列表：系统提供的立体化预设样式。

◆　立体化类型：单击其下拉按钮，可弹出图 8-82 所示的立体化类型选项，在其中可选择系统提供的立体化类型。图 8-83 所示是选择 🔲 类型后的立体化效果。

◆　深度：在其数值框中输入数值，可调整立体化效果的纵深深度。数值越大，深度越深，如图 8-84 所示。

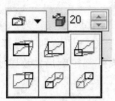

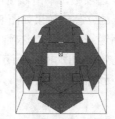

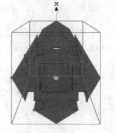

图 8-82　立体化类型选项　　　图 8-83　更改立体化类型后的效果　　　图 8-84　设置立体化深度

◆　灭点坐标：在应用立体化效果时，在对象上出现箭头指示的✖点，就是灭点。在属性栏的"x"和"y"数值框中输入数值，可调整灭点的坐标位置。

◆　灭点属性：单击"灭点属性"下拉按钮，弹出图 8-85 所示的下拉列表。选择"灭点锁定到对象"选项，是指将灭点锁定在对象上，当移动对象时，灭点和立体效果也随之移动。选择"灭点锁定到页面"选项，当移动对象时，灭点的位置将保持不变，而对象的立体化效果将随之改变。选择"复制灭点，自…"选项，鼠标

图 8-85　灭点属性设置

指针会改变状态，此时可以将立体化对象的灭点复制到另一个立体化对象上。选择"共享灭点"选项，然后单击其他立体化对象，可使多个对象共同使用一个灭点。

◆　"立体化旋转"按钮：用于改变立体化效果的角度。单击按钮，弹出图 8-86 所示的弹出式面板，在其中的圆形范围内按下鼠标左键并拖动鼠标，立体化对象的效果会随之发生改变，如图 8-87 所示。单击面板中的按钮，面板选项如图 8-88 所示，其中显示了对象所应用的旋转值，用户可以在各选项数值框中输入精确的旋转值来调整立体化效果。

◆　"立体化颜色"按钮：用于设置立体化效果的颜色。在单击该按钮弹出的颜色设置面板中，提供了 3 个功能按钮，单击各按钮后，显示的选项设置如图 8-89 所示。

◆　使用对象填充：采用覆盖式的方式填充立体化对象。

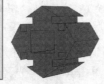

图 8-86　立体的方向下拉式面板　　　图 8-87　调整立体化角度　　　图 8-88　立体化对象应用的旋转值

"使用对象填充"选项　　　"使用纯色"选项　　　"使用递减的颜色"选项

图 8-89　颜色属性的不同设置

◆ 使用纯色：在"使用纯色"选项中，单击"使用"下拉按钮，在弹出的颜色列表框中选择所需的颜色后，对象的立体化效果如图 8-90 所示。

◆ 使用递减的颜色：在"使用递减的颜色"选项中，将立体化颜色设置为从黄色到红色的递减，设置后的立体化效果如图 8-91 所示。按下空格键切换到"选择工具"，使用右键单击调色盘中的"无填充色" ╳ 图标，取消对象外部轮廓后，效果如图 8-92 所示。

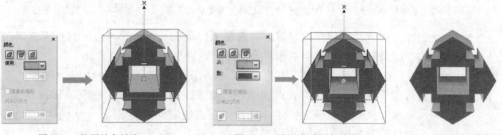

图 8-90　使用纯色填充　　　　图 8-91　设置递减颜色效果　　　　图 8-92　去掉轮廓线

◆ "立体化倾斜"按钮 ▣：单击属性栏中的"立体化倾斜"按钮 ▣，在弹出的下拉式面板中选中"使用斜角修饰边"复选框后，对象的立体化效果如图 8-93 所示。在"斜角修饰边深度" ▣ 数值框中输入 2 后，立体化效果如图 8-94 所示。保持斜角修饰边深度不变，在"斜角修饰边角度" ▣ 数值框中输入 60 后，立体化效果如图 8-95 所示。

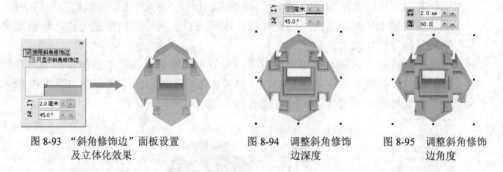

图 8-93　"斜角修饰边"面板设置　　　图 8-94　调整斜角修饰　　　图 8-95　调整斜角修饰
　　　　　及立体化效果　　　　　　　　　　　边深度　　　　　　　　　　边角度

◆ "照明"按钮 ▣：用于调整立体化的灯光效果。单击"照明"按钮 ▣，弹出图 8-96 所示的照明设置面板，单击其中的"光源 1"按钮 ▣ 后，对象的立体化效果如图 8-97 所示。

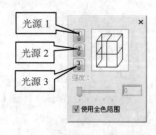

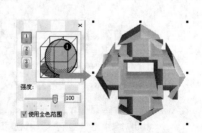

图 8-96　照明设置　　　　　　　　　　　图 8-97　选择光源 1 的立体化效果

【技巧与提示】

将光标移动到"光线强度预览"窗口中的序号 1 上，按下鼠标左键并拖动鼠标，释放鼠标后，圆球上的光源会随之发生相应的改变，此时对象中的照明效果也同样发生相应的变化，如图 8-98 所示。再次单击"光源 1"按钮，可以取消立体化效果中的光源设置，使对象恢复为设置前的状态，如图 8-99 所示。

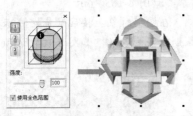
图 8-98 调整光源后的立体化效果

图 8-99 取消光源设置后的效果

【技巧与提示】

设置"光源 2"和"光源 3"的操作方法与设置"光源 1"相似，用户可以根据需要进行自定义设置。

✦ "清除立体化"按钮◎：选择上一步编辑的立体化对象，单击"清除立体化"按钮◎，对象效果如图 8-100 所示。

从下面的图示中可以看出，执行清除命令后，对象仍存在有立体化效果。要清除所有的立体效果，需要取消立体化效果中应用的斜角修饰边设置。

单击"立体化倾斜"按钮◎，在弹出的面板中取消对"使用斜角修饰边"复选框的选取即可，清除后的图形效果如图 8-101 所示。再次单击属性栏中的"清除立体化"◎按钮后，即可清除所有的立体化效果，如图 8-102 所示。

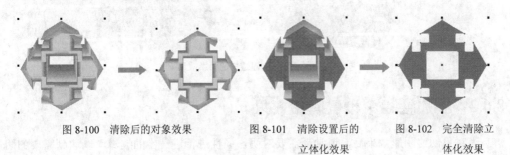

图 8-100 清除后的对象效果　　图 8-101 清除设置后的
立体化效果　　图 8-102 完全清除立
体化效果

 ## 8.6　阴影效果

交互式阴影效果可以为对象创建光线照射的阴影效果，使对象产生较强的立体感。下面介绍创建阴影、编辑阴影、分离和清除阴影效果的操作方法。

8.6.1 创建阴影效果

为对象创建交互式阴影效果，可通过以下的操作步骤来完成。

步骤 1 单击标准工具栏中的"打开"按钮 ，打开一个 CorelDRAW 文件，然后使用"选择工具" 选取需要创建阴影效果的对象，如图 8-103 所示。

步骤 2 将工具切换至"阴影工具" ，在图形对象上按住鼠标左键不放，拖曳鼠标指针到合适的位置，释放鼠标后，即可为对象创建阴影效果，如图 8-104 所示。

图 8-103　选取将创建阴影效果的对象　　　　　　图 8-104　创建阴影效果

【技巧与提示】

在对象的中心按下鼠标左键并拖动鼠标，可创建出与对象相同形状的阴影效果。在对象的边线上按下鼠标左键并拖动鼠标，可创建具有透视的阴影效果，如图 8-105 所示。

图 8-105　创建透视的阴影效果

8.6.2 在属性栏中设置阴影效果

为对象创建阴影效果后，通常都需要对阴影属性进行进一步的编辑，以达到需要的阴影效果。"阴影工具"的属性栏设置如图 8-106 所示。

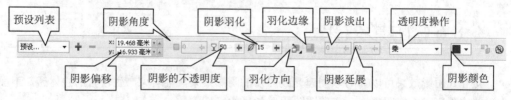

图 8-106　"阴影工具"的属性栏设置

◆ "阴影偏移"文本框：设置阴影与图形之间偏移的距离。正值代表向上或向右偏移，负值代表向左或向下偏移。在对象上创建与对象相同形状的阴影效果后，该选项才能使用。在"x"和"y"的数值框中输入5的偏移值后，阴影效果如图8-107所示。

◆ "阴影角度"文本框：用于设置对象与阴影之间的透视角度。在对象上创建了透视的阴影效果后，该选项才能使用。将阴影角度设置为60°后，对象中的阴影效果如图8-108所示。

◆ "阴影的不透明度"文本框：用于设置阴影的不透明程度。数值越大，透明度越弱，阴影颜色越深；反之则不透明度越强，阴影颜色越浅。图8-109所示是调整不透明度后的阴影效果。

图8-107　阴影偏移效果　图8-108　调整阴影的透视角度　　　图8-109　不同的阴影透明效果

◆ "阴影羽化"文本框：用于设置阴影的羽化程度，使阴影产生不同程度的边缘柔和效果。图8-110所示是设置不同阴影羽化值后的效果。

◆ "羽化方向"按钮：单击该按钮，弹出图8-111所示的"羽化方向"选项，在其中可以设置阴影的羽化方向。选择不同的羽化方向后，对象的阴影效果如图8-112所示。

图8-110　不同的阴影羽化效果

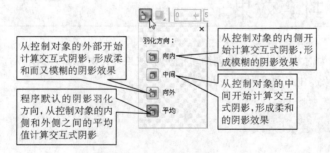

从控制对象的外部开始计算交互式阴影，形成柔和而又模糊的阴影效果

从控制对象的内侧开始计算交互式阴影，形成模糊的阴影效果

程序默认的阴影羽化方向，从控制对象的内侧和外侧之间的平均值计算交互式阴影

从控制对象的中间开始计算交互式阴影，形成柔和的阴影效果

图8-111　阴影羽化方向

"向内"羽化效果　　　"中间"羽化效果　　　"向外"羽化效果　　　"平均"羽化效果

图8-112　不同方向的羽化效果

✦ "阴影颜色"按钮：单击其下拉按钮，
   在弹出的颜色选取器中可设置阴影的颜
   色，如图 8-113 所示。

8.6.3　分离与清除阴影

用户可以将对象和阴影分离成两个相互独立
的对象，分离后的对象仍保持原有的颜色和状态
不变。

图 8-113　调整阴影的颜色

要将对象与阴影分离，在选择整个阴影对象后，按下"Ctrl+K"键即可。分离阴影后，使
用"选择工具"移动图形或阴影对象，可以看到对象与阴影分离后的效果，如图 8-114 所示。

清除阴影效果与清除其他效果的方法相似，只需要选择整个阴影对象，然后执行"效果→
清除阴影"命令或单击属性栏上的"清除阴影"按钮⊗即可，如图 8-115 所示。

图 8-114　分离后的阴影和图形效果

图 8-115　清除阴影效果

8.7　封套效果

"封套工具"为对象提供了一系列简单的变形效果，为对象添加封套后，通过调整封套上
的节点可以使对象产生各种形状的变形效果。

8.7.1　创建封套效果

为对象创建封套效果，可通过以下的操作步骤来完成。

步骤 1　打开一个用于创建封套的图形文件，并使用"选择工具"选取需要创建阴影效
果的对象，如图 8-116 所示。

步骤 2　在工具箱中选择"封套工具" ，在对象上随即会出现蓝色的封套编辑框，如
图 8-117 所示。

选择图形对象后，执行"窗口→泊坞窗→封套"命令，打开"封套"泊坞窗，单击其中
的"添加预设"按钮，在下面的样式列表框中选择一种预设的封套样式，单击"应用"按钮，

即可将该封套样式应用到图形对象中，如图 8-118 所示。

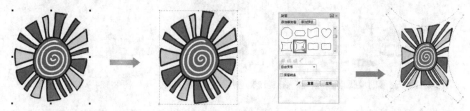

图 8-116 打开的图形文件　　图 8-117 对象中的蓝色编辑框　　　　图 8-118 创建封套效果

8.7.2 编辑封套效果

在对象四周出现封套编辑框后，可以结合该工具属性栏对封套形状进行编辑。封套工具的属性栏设置如图 8-119 所示。

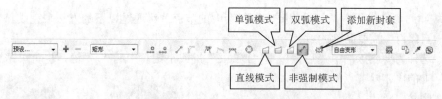

图 8-119 "封套工具"属性栏设置

- ✦ "直线模式"按钮▢：单击该按钮后，移动封套的控制点时，可保持封套边线为直线段，如图 8-120 所示。
- ✦ "单弧模式"按钮▢：单击该按钮后，移动封套的控制点时，封套边线将变为单弧线，如图 8-121 所示。

图 8-120 封套的直线模式

图 8-121 封套的单弧模式

- ✦ "双弧模式"按钮▢：单击该按钮后，移动封套的控制点时，封套边线将变为 S 形弧线，如图 8-122 所示。
- ✦ "非强制模式"按钮✎：单击该按钮后，可任意编辑封套形状，更改封套边线的类型和节点类型，还可增加或删除封套的控制点等。图 8-123 所示是在该模式下移动节点后的效果。
- ✦ "添加新封套"按钮▨：单击该按钮后，封套形状恢复为未进行任何编辑时的状态，而封套对象仍保持变形后的效果，如图 8-124 所示。

图 8-122　封套的双弧模式　　　图 8-123　封套的非强制模式　　　图 8-124　添加新封套

编辑封套形状的方法与使用形状工具编辑曲线形状的方法相似，单击属性栏中的"非强制模式"按钮后，用户可对封套形状进行任意的编辑。

在封套控制线上添加节点的方法有以下 3 种。

✦ 直接在封套控制线上需要添加节点的位置上双击鼠标左键。

✦ 在需要添加节点的位置上单击鼠标左键，按下小键盘上的"+"键。

✦ 在封套控制线上需要添加节点的位置上单击鼠标左键，然后单击属性栏中的"添加节点"按钮。

在编辑封套的过程中，如果需要删除封套中的节点，可通过以下的方法来完成。

✦ 直接双击需要删除的封套节点。

✦ 选择需要删除的节点后，按下"Delete"键或小键盘中的"-"键，也可单击属性栏上的"删除节点"按钮，即可将节点删除。

封套效果不仅能应用于单个的图形和文本，最重要的是还能应用于多个群组后的图形和文本对象，用户可以更方便地在实际的设计工作中进行变形对象的操作，如图 8-125 所示。

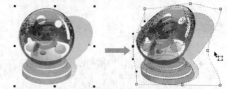

图 8-125　封套效果的应用

 # 8.8　透视效果

使用"添加透视"命令，可以对对象进行倾斜和拉伸等变换操作，使对象产生空间透视效果。应用"添加透视"功能的操作方法如下。

步骤 1　打开一个矢量图形文件，使用"选择工具"将图形对象全部选取，单击属性栏中的"群组"按钮，将对象群组，如图 8-126 所示。

【技巧与提示】

如果需要应用透视点功能的对象是由多个图形组成的，则必须将所有图形群组，否则不能应用该功能。

步骤 2　执行"效果→添加透视"命令，对象上出现网格似的红色虚线框，同时，在对象的四角处将出现黑色的控制点，如图 8-127 所示。

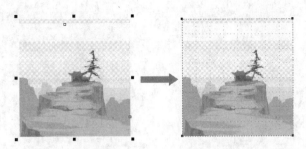

图 8-126　群组对象　　　图 8-127　执行"添加透视"命令后的效果

步骤 3　拖动其中任意一个控制点,可使对象产生透视的变换效果,如图 8-128 所示。此时,在绘图窗口中将会出现透视的消失点,拖动该消失点可调整对象的透视效果,如图 8-129 所示。

按下"Shift+Ctrl"键的同时,拖动对象上的透视控制点,可同时调整透视末端的两个控制点,如图 8-130 所示。若要取消对象中的透视效果,可执行"效果→清除透视点"命令来完成。

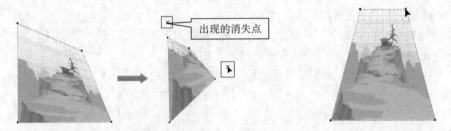

出现的消失点

图 8-128　对象的透视效果　图 8-129　拖动消失点以调整透视效果　图 8-130　同时调整两个控制点

【技巧与提示】

透视点功能可用于矢量图形和文本对象,但不能用于位图图像。同时,在为群组对象应用透视点功能时,如果对象中包括有交互式阴影效果、网格填充效果、位图或沿路径排列的文字时,都不能应用此项功能。要清除对象中的透视效果,可执行"效果→清除透视点"命令即可。

 # 8.9　透镜效果

透镜功能可以改变透镜下方的对象区域的外观,而不改变对象的实际特性和属性。CorelDRAW 可以对任何矢量对象(如矩形、椭圆形、闭合路径或多边形)应用透镜,也可以更改美术字和位图的外观。对矢量对象应用透镜时,透镜本身会变成矢量图形。同样,如果将透镜置于位图上,透镜也会变成位图。

执行"窗口→泊坞窗→透镜"命令或者按下"Alt+F3"键,开启图 8-131 所示的"透镜"泊坞窗,用户可以在透镜类型下拉列表中选择所需要的透镜类型,如图 8-132 所示。

图 8-131 "透镜"泊坞窗　　　　　　图 8-132 透镜类型下拉列表

虽然每一个类型的透镜所需要设置的参数选项都不同，但"冻结"、"视点"和"移除表面"复选框却是所有类型的透镜都必须设置的参数。

◆ 冻结：选择该复选框后，可以将应用透镜效果对象下面的其他对象所产生的效果添加成透镜效果的一部分，不会因为透镜或者对象的移动而改变该透镜效果。

◆ 视点：选择该复选框后，在不移动透镜的情况下，只弹出透镜下面的对象的一部分。

◆ 移除表面：选择该复选框后，透镜效果只显示该对象与其他对象重合的区域，而被透镜覆盖的其他区域则不可见。

在透镜类型下拉列表中，各透镜类型的功能说明如下。

◆ 无透镜效果：不应用透镜效果，如图 8-133 所示。

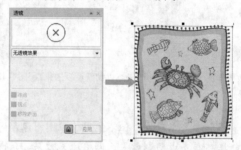

图 8-133 应用"无透镜效果"

◆ 变亮：允许使对象区域变亮和变暗，还可以设置亮度或暗度的比率，效果如图 8-134 所示。

图 8-134 应用"变亮"效果

◆ **颜色添加**：允许模拟加色光线模型。透镜下的对象颜色与透镜的颜色相加，就像混合了光线的颜色，效果如图 8-135 所示。

图 8-135 应用"颜色添加"效果

◆ **色彩限度**：仅允许用黑色和透过的透镜颜色查看对象区域。例如，在位图上放置了蓝色限制透镜，则在透镜区域中，将过滤掉除了蓝色和黑色以外的所有颜色，如图 8-136 所示。

图 8-136 应用"色彩限度"效果

◆ **自定义彩色图**：允许将透镜下方对象区域的所有颜色改为介于指定的两种颜色之间的一种颜色。用户可以选择这个颜色范围的起始色和结束色，以及这两种颜色的渐进。渐变在色谱中的路径可以是直线、向前或向后。应用"自定义彩色图"的透镜效果如图 8-137 所示。

图 8-137 应用"自定义彩色图"效果

◆ **鱼眼**：允许根据指定的百分比变形、放大或缩小透镜下方的对象，效果如图 8-138 所示。

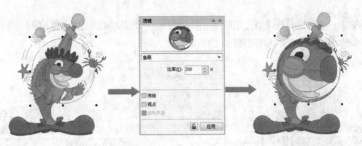

图 8-138　应用"鱼眼"效果

✦ 热图：允许通过在透镜下方的对象区域中模仿颜色的冷暖度等级，来创建红外图像的效果，效果如图 8-139 所示。

图 8-139　应用"热图"效果

✦ 反显：允许将透镜下方的颜色变为其 CMYK 的互补色，互补色是色轮上互为相对的颜色。该种透镜效果如图 8-140 所示。

图 8-140　应用"反显"效果

✦ 放大：允许按指定的量放大对象上的某个区域，放大透镜取代原始对象的填充，使对象看起来是透明的，效果如图 8-141 所示。

图 8-141　应用"放大"效果

✦ 灰度浓淡：允许将透镜下方对象区域的颜色变为其等值的灰度。灰度浓淡透镜对于创建深褐色的色调效果特别有效。图 8-142 所示为对象应用"灰度浓淡"透镜的效果。

图 8-142　应用"灰度浓淡"效果

✦ 透明度：使对象看起来像着色胶片或彩色玻璃，效果如图 8-143 所示。

图 8-143　应用"透明度"效果

✦ 线框：允许用所选的轮廓或填充色显示透镜下方的对象区域。例如，如果将轮廓设为红色，将填充设为蓝色，则透镜下方的所有区域看上去都具有红色轮廓和蓝色填充，效果如图 8-144 所示。

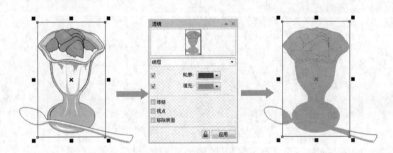

图 8-144　应用"线框"效果

【技巧与提示】

需要注意的是，不能将透镜效果直接应用于链接群组，如勾划轮廓线的对象、斜角修饰边对象、立体化对象、阴影、段落文本或用"艺术笔"工具创建的对象。

8.10　本章练习

1. 运用前面学习的填充渐变色的方法，并结合本章所学的透明度工具，绘制图 8-145 所示的香水海报。

2. 运用本章所学的阴影工具和透明度工具，并结合前面所学的曲线造型与填充知识，制作图 8-146 所示的音乐会海报。

图 8-145　香水瓶海报

图 8-146　音乐会海报

第9章

图层、样式和模板

🌀 9.1 使用图层控制对象
🌀 9.2 样式与样式集
🌀 9.3 颜色样式
🌀 9.4 模板
🌀 9.5 本章练习

所有在 CorelDRAW 中绘制的图形都是由多个对象堆叠组成的，通过调整这些对象叠放的顺序，可以改变绘图的最终组成效果。在 CorelDRAW 中，可以使用图层来管理对象，用户可以将这些对象组织在不同的图层中，以便更加灵活地编辑这些对象。

CorelDRAW 中的样式是一个可以控制对象外观属性的集合，它分为图形样式、文本样式和颜色样式。一个样式可以同时应用于多个对象中，使这些对象具有相同的外观属性，从而避免编辑单个对象时进行的重复操作。

CorelDRAW 中的模板是一组可以控制绘图布局、页面布局和外观样式的设置，用户可以从 CorelDRAW 提供的多种预设模板中选择一种可用的模板。如果预设模板不能满足绘图要求，则可以根据用户创建的样式或采用其他的模板样式创建模板。

9.1 使用图层控制对象

在 CorelDRAW 中控制和管理图层的操作都是通过“对象管理器”泊坞窗完成的。默认状态下，每个新创建的文件都由默认页面（页面 1）和主页面构成。默认页面包含辅助线图层和图层 1，辅助线图层用于存储页面上特定的（局部）辅助线。图层 1 是默认的局部图层，在没有选择其他的图层时，在工作区中绘制的对象都将添加到图层 1 上。

主页面包含应用于当前文档中所有的页面信息。默认状态下，主页面可包含辅助线图层、桌面图层和网格图层。

- ✦ 辅助线图层：包含用于文档中所有页面的辅助线。
- ✦ 桌面图层：包含绘图页面边框外部的对象，该图层创建以后可能要使用的绘图。
- ✦ 网格图层：包含用于文档中所有页面的网格，该图层始终位于图层底部。

执行“窗口泊坞窗对象管理器”命令，打开图 9-1 所示的“对象管理器”泊坞窗。单击“对象管理器”泊坞窗右上角的按钮，可弹出图 9-2 所示的弹出式菜单。

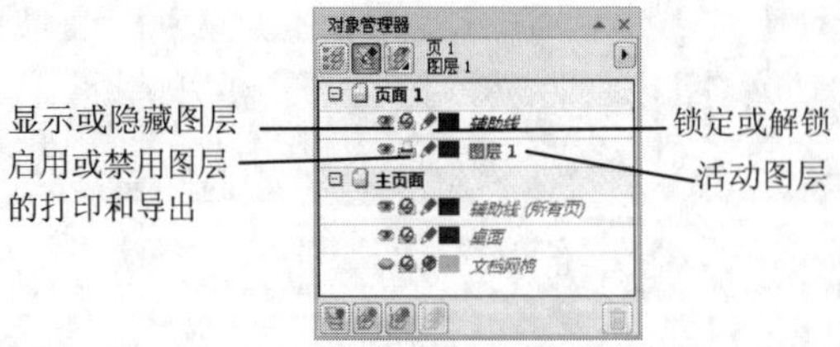

图 9-1 “对象管理器”泊坞窗

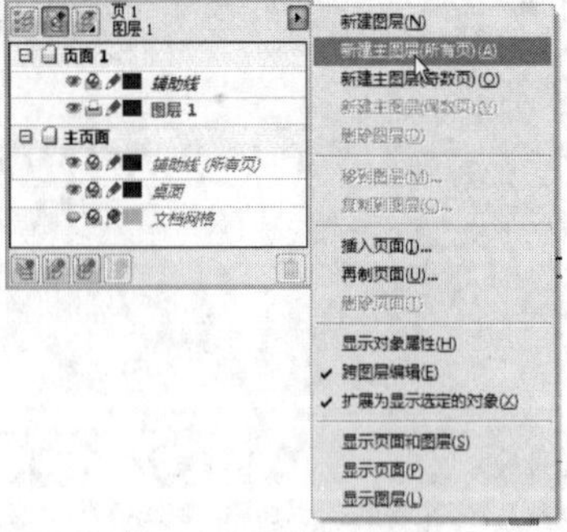

图 9-2 “对象管理器”泊坞窗弹出式菜单

- ✦ 显示或隐藏：单击图标，可以隐藏图层。隐藏图层后，图标将变为状态，单击图标，又可显示图层。

◆ 启用还是禁用打印和导出：单击![]图标，可以禁用图层的打印和导出，此时![]图标将变为![]状态。禁用打印和导出图层后，可防止该图层中的内容被打印或导出到绘图中，也防止在全屏预览中显示。单击![]图标，又可启用图层的打印和导出。

◆ 锁定或解锁：单击![]图标，可锁定图层，此时图标将变为![]状态。单击![]图标，可解除图层的锁定，使图层称为可编辑状态。

在"对象管理器"泊坞窗的弹出式菜单中，各命令的功能如下。

◆ 新建图层：选择该命令，可新建一个图层。

◆ 新建主图层（所有页）：选择该命令，可新建一个主图层。

◆ 新建主图层（奇数页/偶数页）：选择该命令，可新建一个只出现在奇数页或偶数页的主图层，方便在进行多页内容文档的编辑时，为奇数或偶数页添加不同的标头、页码等。

◆ 删除图层：选取需要删除的图层，然后选择该命令，可以将所选的图层删除。

◆ 移到图层：选取需要移动的对象，然后选择"移到图层"命令，再单击目标图层，即可将所选的对象移动到目标图层中。

◆ 复制到图层：选取需要复制的对象，然后选择"复制到图层"命令，再单击目标图层，即可将所选的对象复制到目标图层中。

◆ 插入页面：选择该命令，可以打开"插入页面"对话框，根据需要设置在文档中的当前页面之前或之后插入指定数量的页面。

◆ 再制页面：选择该命令，可以打开"再制页面"对话框，根据需要设置在文档中的当前页面之前或之后插入新的页面，对当前页面中的图层或图层内容进行复制。

◆ 删除页面：选择该命令，删除当前所选页面。

◆ 显示（隐藏）对象属性：选择该命令，显示（隐藏）对象的详细信息。

◆ 跨图层编辑：当该命令为勾选状态时，可允许编辑所有的图层。当取消该命令的勾选时，只允许编辑活动图层，也就是所选的图层。

◆ 扩展为显示选定的对象：选择该命令，显示选定对象。

◆ 显示页面和图层：选择该命令，"对象管理器"泊坞窗内同时显示页面和图层。

◆ 显示页面：选择该命令，"对象管理器"泊坞窗内只显示页面。

◆ 显示图层：选择该命令，"对象管理器"泊坞窗内只显示图层。

9.1.1　新建和删除图层

要新建图层，可在"对象管理器"泊坞窗中单击"新建图层"按钮![]，即可创建一个新的图层，同时在山现的文字编辑框中可以修改图层的名称，如图 9-3 所示。默认状态下，新建的图层以"图层 2"命名。

如果要在主页面中创建新的主图层，可单击"对象管理器"泊坞窗左下角的"新建主图层（所有页）"按钮![]即可，如图 9-4 所示。在进行多页内容的编辑时，也可以根据需要只在奇数页或偶数页创建主图层。

图 9-3　新建图层并修改图层名称

在绘图过程中，如果要删除不需要的图层，可在"对象管理器"泊坞窗中单击需要删除的图层名称，此时被选中的图层名称将以红色粗体显示，表示该图层为活动图层，然后单击该泊坞窗中的"删除"按钮，或者直接按下"Delete"键，即可将选择的图层删除。

提示

默认页面（页面 1）不能被删除或复制，同时辅

图 9-4　新建主图层

助线图层、桌面图层和网格图层也不能被删除。如果需要删除的图层被锁定，那么必须将该图层解锁后，才能将其删除。在删除图层时，将同时删除该图层上的所有对象，如果要保留该图层上的对象，可先将对象移动到另一个图层上，然后再删除当前图层。

9.1.2　在图层中添加对象

要在指定的图层中添加对象，首先需要保证该图层处于未锁定状态。如果图层被锁定，可在"对象管理器"泊坞窗中单击图层名称前的 图标，将其解锁，然后在图层名称上单击，使该图层成为选取状态，如图 9-5 所示。接下来在 CorelDRAW 中绘制、导入或粘贴到 CorelDRAW 中的对象，都会被放置在该图层中，如图 9-6 所示。

图 9-5　选取图层

图 9-6　在图层中添加对象

9.1.3　为新建的主图层添加对象

在新建主图层时，主图层始终都将添加到主页面中，并且添加到主图层上的内容在文档的所有页面上都可见。用户可以将一个或多个图层添加到主页面，以保留这些页面具有相同

的页眉、页脚或静态背景等内容。

　　要为新建的主图层添加对象的操作方法如下。

　　步骤 1　单击"对象管理器"泊坞窗左下角的"新建主图层"按钮，新建一个主图层为"图层 1"，如图 9-7 所示。

　　步骤 2　单击标准工具栏中的"导入"按钮，导入一张作为页面背景的图像，如图 9-8 所示。此时该图像将被添加到主图层"图层 1"中，如图 9-9 所示。

图 9-7　新建的主图层

图 9-8　导入的页面背景图像

图 9-9　图像添加到主图层中的效果

　　步骤 3　在页面标签栏中单击 按钮，为当前文件插入一个新的页面，得到"页面 2"，此时可以发现页面 2 具有与页面 1 相同的背景。

　　步骤 4　执行"视图→页面排序器视图"命令，可以同时查看两个页面的内容，如图 9-10 所示。

页 1　　　　页 2

图 9-10　创建的页面效果

9.1.4　在图层中移动和复制对象

　　在"对象管理器"泊坞窗中，可以移动图层的位置或者将对象移动到不同的图层中，也可以将选取的对象复制到新的图层中。在图层中移动和复制对象的操作方法如下。

图 9-11　移动图层的位置

- ✦ 要移动图层，可在图层名称上单击，将需要移动的图层选取，然后将该图层拖动到新的位置即可，如图 9-11 所示。
- ✦ 要移动对象到新的图层，可在选择对象所在的图层后，单击图层名称左边的 图标，展开该图层的所有子图层，然后选择所要移动的对象所在的子图层，将其拖动到新的图层，当光标显示为 状态时释放鼠标，即可将该对象移动到指定的图层中，如图 9-12 所示。
- ✦ 要在不同图层之间复制对象，可在"对象管理器"泊坞窗中，单击需要复制的对象所在的子图层，然后按下"Ctrl+C"快捷键进行复制，再选择目标图层，按下"Ctrl+V"快捷键进行粘贴，即可将选取的对象复制到新的图层中，如图 9-13 所示。

图 9-12　移动对象到其他的图层

图 9-13　将对象复制到新的图层

 # 9.2　样式与样式集

　　将创建好的图形或文本样式应用到其他的图形或文本对象中，可以快速为新创建或选择的对象引用设置好的样式效果；并且可以随时对"对象样式"泊坞窗中的样式项目进行需要的修改，即可对所有应用了该样式的对象进行效果更新，是在进行包含大量编辑内容的文档或设计工作时，节省工作时间，提高工作效率的有效手段。

　　图形样式包括填充设置和轮廓设置，可应用于矩形、椭圆或曲线等图形对象。例如，当一个群组对象中使用了同一种图形样式，就可以通过编辑该图形样式同时更改该群组对象中各个对象的填充或轮廓属性。

　　文本样式包括文本的字体、大小、填充属性和轮廓属性等设置，它分为美术字和段落文本两类。通过文本样式，可以更改默认美术字和段落文本的属性。应用同一种文本样式，可以使创建的美术字具有一致的格式。

9.2.1　创建样式与样式集

　　在 CorelDRAW 中，可以根据现有对象的属性创建图形或文本样式，也可以重新创建图形或文本样式，通过这两种方式创建的样式都可以被保存下来。

　　创建新的图形样式的操作步骤如下。

　　步骤 1　选择需要从中创建图形样式的图形对象，然后为其填充所需的颜色，并设置好轮廓属性等，如图 9-14 所示。

　　步骤 2　在对象上单击鼠标右键，从弹出的命令选单中选择"对象样式→从以下项新建样式"命令，然后从弹出的子菜单中，可以选择"轮廓"和"填充"命令，创建对应内容的样式。

　　步骤 3　在子菜单中选择"填充"命令，在弹出该对话框中输入新样式的名称，如图 9-15 所示。

　　步骤 4　单击"确定"按钮，打开"对象样式"泊坞窗，即可在样式列表中查看到新添加的填充样式。点选该样式后，还可以在泊坞窗下方显示其色彩填充的具体设置，如图 9-16 所示。

　　如果在选取对象后单击鼠标右键弹出的命令选单中选择了"对象样式→从以下项新建样式→轮廓"命令，则可以创建一个只包含对象轮廓线设置的轮廓样式，如图 9-17 所示。

图 9-14 设置填充和轮廓属性

图 9-15 新建样式对话框

图 9-16 设置填充和轮廓属性

图 9-17 创建轮廓样式

如果选取的对象是文本对象，那么在单击鼠标右键弹出的菜单中，"对象样式→从以下项新建样式"命令的子菜单将显示为图 9-18 所示的字符、段落和图文框命令；根据需要选择要创建的样式内容，在弹出的新建样式对话框中为样式命名并确认，即可在打开的"对象样式"泊坞窗中查看新建文本样式的具体设置，如图 9-19 所示。

图 9-18 命令菜单

图 9-19 字符样式设置

样式集是 CorelDRAW X6 中新增的功能，可以在一个样式设置中同时保存所选对象的填充、轮廓、字符、段落及图文框等属性，也同样可以将设置好的样式导出成外部样式文件，方便以后或发送给其他工作同事导入使用，以及将所选样式设置为默认的文档属性，为进行大型编辑内容的设计工作（如图书、杂志排版，出版物编排设计等）提供更好的帮助。

点选需要创建到样式集的对象后，在单击鼠标右键弹出的菜单中选择"对象样式→从以下项新建样式集"命令，即可创建出一个样式集项目；单击样式设置项目后面的"添加或删除样式"按钮，可以添加或删除要在该样式集中包含的项目内容，如图 9-20 所示。

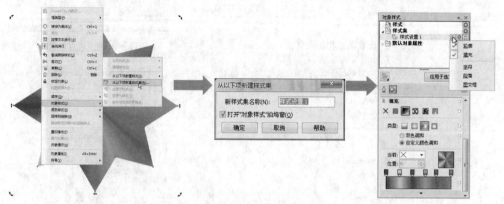

图 9-20　创建样式集

提示

在工作区中选取需要创建到样式集的对象后，按住鼠标并将其拖动到"对象样式"泊坞窗的"样式集"选项上，如图 9-21 所示，在鼠标指针改变形状后释放鼠标，即可将所选对象的设置创建为一个样式集，如图 9-22 所示。另外，样式集内还可以创建子样式集，方便编辑出更细致的对象设置效果，如图 9-23 所示。

图 9-21　拖入泊坞窗中

图 9-22　创建的样式集

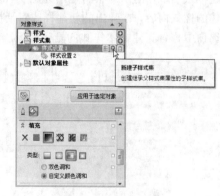

图 9-23　创建子样式集

9.2.2　应用图形或文本样式

在创建新的图形或文本样式后，新绘制的对象不会自动应用该样式。要应用新建的样式或样式集，可在需要应用样式的对象上单击鼠标右键，从弹出的命令选单中选择"对象样式 →应用样式"命令，并在展开的下一级子菜单中选择所需要的样式即可，如图 9-24 所示。

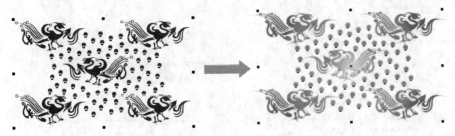

图 9-24 应用图形样式

提示

选择需要应用图形或文本样式的对象后，在"对象样式"泊坞窗中点选需要的样式并单击 应用于选定对象 按钮，或直接双击需要应用的图形或文本样式名称，可快速地将指定的样式应用到选取的对象上。

9.2.3 编辑样式或样式集

如果对设置的样式或样式集的效果属性不太满意，或需要对所有应用了该样式或样式集的对象进行效果属性的修改，可以通过对样式或样式集进行编辑修改来完成。

步骤 1 执行"窗口→泊坞窗→对象样式"命令，打开"对象样式"泊坞窗，在其中点选需要编辑的样式或样式集上单击，将其选取；图 9-25 所示为选取一个字符样式。

步骤 2 在泊坞窗下面展开所选字符样式的内容项目，查看所选样式的具体设置；为该字符样式重新选择一种字体和填充色，即可更新应用该样式的对象，如图 9-26 所示。

图 9-25 点选样式

图 9-26 修改样式

步骤 3 如果需要对所选样式或样式集的填充、轮廓效果进行具体的修改，可以在内容项目列表中单击该项目后面的设置按钮 ，如图 9-27 所示；即可打开填充或轮廓设置对话框，完成需要的修改后单击"确定"按钮，即可更新对所选样式的修改，如图 9-28 所示。

图 9-27　单击设置按钮

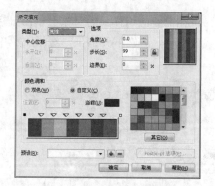

图 9-28　修改所选项目的设置

步骤 4　同样，点选其他的样式或样式集，然后在展开
的内容项目中修改需要的设置，即可更新所有应用了该样式
或样式集的对象效果。

提示

"对象样式"泊坞窗中的"默认对象属性"所包含的样式
项目，是对文档中各种类型对象默认的样式设置，如果需要对
新建文档中所创建对象的默认设置进行修改，可以在此点选需
要的样式项目并进行编辑即可。再需要恢复到基本的默认设置
时，可以在需要恢复的样式上单击鼠标右键并选择"还原为新
文档默认属性"命令，或直接单击该样式后面的 按钮即可，
如图 9-29 所示。

图 9-29　文档默认对象属性的设置

9.2.4　断开与样式的关联

默认情况下，在修改了"对象样式"泊坞窗中的样式后，文档中所有应用了该样式的对
象就会自动更新为新的样式设置。如果需要取消它们之间的联系，可以在点选对象后按下鼠
标右键，从弹出的命令选单中选择"断开与样式的关联"命令，即可使所选对象不再随该样
式的修改而更新，如图 9-30 所示。

图 9-30　断开与样式的关联

9.2.5 删除样式或样式集

要删除不需要的样式或样式集，可在"对象样式"泊坞窗中选择需要删除的样式，然后单击该样式后面的按钮，或直接按下"Delete"键，即可将其删除。

9.3 颜色样式

颜色样式是指应用于绘图中对象的颜色集，其功能与用法和对象样式基本相同。将应用在对象上的颜色保存为颜色样式，可以方便快捷地为其他对象应用所需要的颜色；对颜色样式进行修改后，可以对文档中所有应用该颜色设置的对象进行更新；也可以根据需要，断开对象与所应用颜色样式之间的关联。

在 CorelDRAW X6 中还新增了一个"颜色和谐"的功能，类似对象样式中的样式集，可以将多个颜色添加在一个颜色文件夹中，便于对一套或一系列编辑对象的颜色样式进行管理。

执行"窗口→泊坞窗→颜色样式"命令，打开"颜色样式"泊坞窗，如图 9-31 所示。

图 9-31 "颜色样式"泊坞窗

9.3.1 创建颜色样式

与创建对象样式相似，在需要创建颜色样式时，可以通过以下几种方法来完成。

拖入颜色样式列表来创建

这是最简便的方式。点选工作区中设置了有颜色效果的对象后，将其按住并拖入"颜色样式"泊坞窗的颜色样式列表中，即可将对象中包含的所有颜色（包括填充和轮廓）分别添加到颜色样式列表中，如图 9-32 所示。

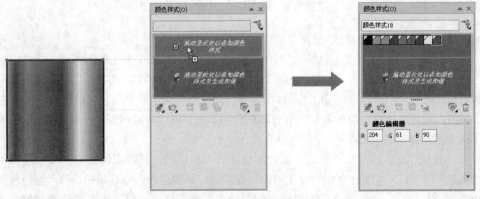

图 9-32 添加颜色样式

从程序窗口右边的调色板颜色列表中，将需要的颜色按住并拖入"颜色样式"泊坞窗的颜色样式列表中，同样可以将其添加为颜色样式，如图 9-33 所示。

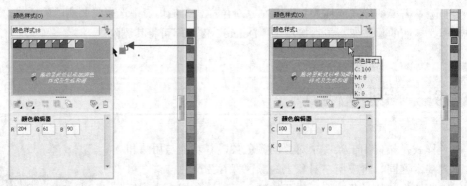

图 9-33　将调色板中的颜色添加为颜色样式

从"颜色样式"泊坞窗新建

在"颜色样式"泊坞窗中单击"新建颜色样式"按钮，从弹出的命令菜单中选择"新建颜色样式"命令，即可在颜色样式列表中新建一个默认为红色的颜色样式；在下面的"颜色编辑器"中输入需要的颜色值，即可改变新建颜色的色相，如图 9-34 所示。

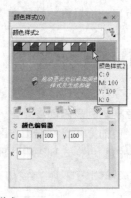

图 9-34　通过命令添加颜色样式

从选定对象新建颜色样式

在工作区中的对象上单击鼠标右键，从弹出的命令选单中选择"颜色样式→从选定项新建"命令，如图 9-35 所示；在弹出的"创建颜色样式"对话框中，选择是以对象填充、对象轮廓还是填充和轮廓颜色来创建，然后根据需要选择是否将所选颜色创建为颜色和谐，单击"确定"按钮，即可将所选对象中包含的所有颜色分别添加到颜色样式列表中，如图 9-36 所示。

从文档新建颜色样式

在"颜色样式"泊坞窗中单击"新建颜色样式"按钮，从弹出的命令菜单中选择"从文档新建"命令，或在工作区中对象上单击鼠标右键，从弹出的命令选单中选择"颜色样式→从文档新建"命令，然后在打开的"创建颜色样式"对话框中选择好需要的设置并单击"确定"按钮，即可将当前文档中颜色，添加到"颜色样式"泊坞窗中，如图 9-37 所示。

图 9-35　选择右键菜单命令

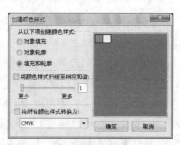

图 9-36　选择要创建颜色样式的项目

图 9-37　从文档创建颜色样式

　　创建颜色和谐的方法也基本一致，将选取的对象或颜色，拖入到"颜色样式"泊坞窗的颜色和谐列表框，或在选择从文档创建颜色样式时，在"创建颜色样式"对话框中勾选"将颜色样式归组至相应和谐"选项，并在下面的调整条或文本框中输入需要的分组数目，即可创建对应内容的颜色和谐，如图 9-38 所示；或将需要的颜色样式，从颜色样色列表框中向下拖入到颜色和谐列表框中，同样可以添加颜色和谐，如图 9-39 所示。

图 9-38　从文档创建颜色和谐

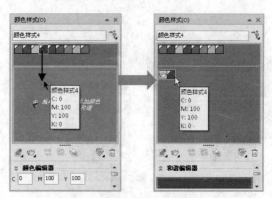

图 9-39　将颜色样式加入颜色和谐

9.3.2 编辑颜色样式

在 CorelDRAW X6 中,对颜色样式或颜色和谐的修改,可以直接在"颜色样式"对话框中完成;修改颜色样式后,应用了该样式的对象颜色也会发生对应的变化。

编辑颜色样式和颜色和谐的操作方法如下。

步骤 1 在"颜色样式"泊坞窗中选择需要编辑的颜色样式,然后在泊坞窗下面的颜色值中输入需要的数值,即可改变所选颜色样式的色相,如图 9-40 所示;单击"颜色编辑器"按钮,即可在展开的面板中,选择直接调整颜色滑块,或通过吸管吸取、调色板选取等方式,更改所选颜色样式的色相,如图 9-41 所示。

图 9-40 修改颜色值

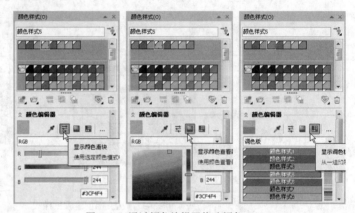

图 9-41 通过颜色编辑器修改颜色

步骤 2 在"颜色样式"泊坞窗中点选颜色和谐中的一种颜色,然后在下面的"和谐编辑器"或颜色编辑器中根据需要修改其颜色,即可以完成对应用了该样式的对象颜色的更新,如图 9-42 所示。

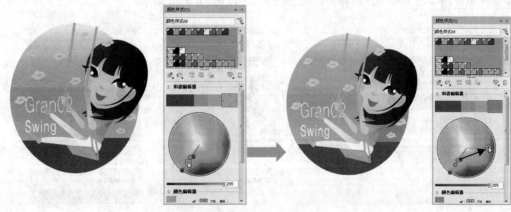

图 9-42 修改颜色和谐

步骤 3 在"颜色样式"泊坞窗中点选一个颜色和谐图标,选中该颜色和谐中的所有颜色，然后在"和谐编辑器"中按住并拖动色谱环上的颜色环，即可整体改变全部颜色样式的色相，如图 9-43 所示。

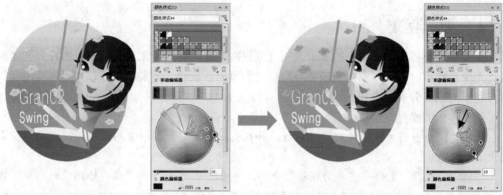

图 9-43　修改颜色和谐的整体色相

步骤 4　在"和谐编辑器"中选取一个颜色和谐后，按住并拖动色谱环下方的亮度滑块，可以整体改变颜色和谐中所有颜色的亮度，如图 9-44 所示。

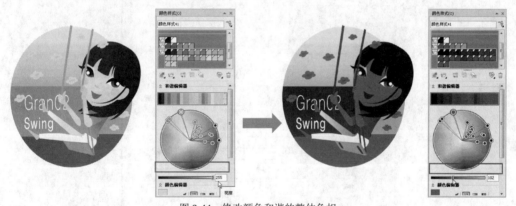

图 9-44　修改颜色和谐的整体色相

9.3.3　删除颜色样式

在"颜色样式"泊坞窗中点选不再需要的颜色样式或颜色和谐，单击泊坞窗中的按钮或直接按下"Delete"键，可以将其删除。当删除应用在对象上的颜色样式或颜色和谐后，对象的外观效果不会受到影响。

 # 9.4　模板

CorelDRAW 中的模板是一组可以控制绘图布局、页面布局和外观样式的设置，用户可以

221

从 CorelDRAW 提供的多种预设模板中选择一种可用的模板。在模板基础上进行绘图创作，可以减少设置页面布局和页面格式等样式的时间。

9.4.1 创建模板

如果预设模板不符合用户的要求，则可以根据创建的样式或采用其他模板的样式创建模板。在保存模板时，可以添加模板参考信息，如页码、折叠、类别、行业和其他重要注释，这样利于对模板分类或查找。

创建模板的操作方法如下。

步骤 1 为当前文件设置好页面属性，并在页面中绘制出模板中的基本图形或添加所需的文本对象。

步骤 2 执行"文件→另存为模板"命令，弹出图 9-45 所示的"保存绘图"对话框，在"保存在"下拉列表中选择模板文件的保存位置，在"文件名"文本框中输入模板文件的名称，保持"保存类型"选项中的模板文件格式不变，然后单击"保存"按钮。

图 9-45 "保存绘图"对话框

步骤 3 弹出图 9-46 所示的"模板属性"对话框，在其中添加相应的模板参考信息后，单击"确定"按钮，即可将当前文件保存为模板。

✦ 名称：在该选项文本框中指定一个模板的名称，该名称会随模板缩览图一同显示。

✦ 打印面：在该选项下拉列表中选择一个页码选项，包括"单一"和"双面"选项。

✦ 折叠：在该选项下拉列表中可选择一种折叠方式。选择"其他"选项后，可以在该选项右边的文本框中输入折叠类型。

✦ 类型：在该选项下拉列表中可选择一种模板类型。选择"其他"选项后，可以在该选项右边的文本框中输入模板类型。

图 9-46 "模板属性"对话框

✦ 行业：从该选项下拉列表中选择模板应用的行业。选择"其他"选项后，可以在该
选项右边的文本框中输入模板专用的行业。

✦ 设计员注释：输入有关模板设计用途的重要信息。

9.4.2 应用模板

CorelDRAW 预设了多种类型的模板，用户可以从这些模板中创建新的绘图页面，也可以
从中选择一种适合的模板载入到绘制的图形文件中。

在 CorelDRAW 中打开模板或通过模板创建新的绘图页面的操作方法如下。

步骤 1 执行"文件→从模板新建"命令，打开图 9-47 所示的"从模板新建"对话框。

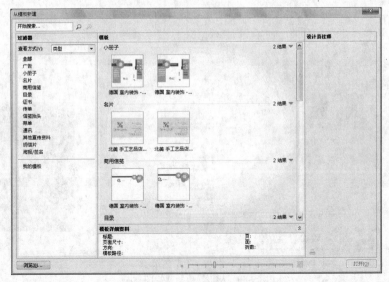

图 9-47 "从模板新建"对话框

步骤2　在"过滤器"列的"查看方式"下拉列表中，可以选择按"类型"或"行业"方式对预设模板进行分类。单击对应的分类组，可以在"模板"列中查看该组中的所有模板文件，如图 9-48 所示。

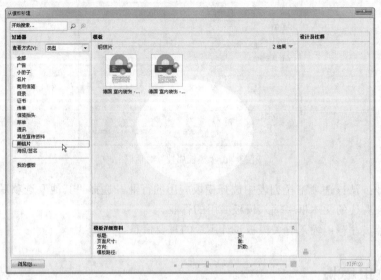

图 9-48　查看模板文件

步骤3　单击"从模板新建"对话框左下角的"浏览"按钮，可以打开其他目录中保存的更多的模板文件。

步骤4　在"模板"列中选择需要打开的模板文件，然后单击"打开"按钮，即可从该模板新建一个绘图页面，如图 9-49 所示。

步骤5　根据需要对基于模板创建的新文档进行编辑，然后保存，即可得到新的绘图文档。

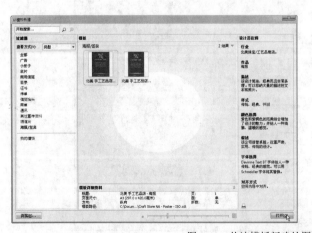

图 9-49　从该模板新建绘图页面

1. 新建一个图形文件，并为该文件插入两个页面，然后通过"对象管理器"泊坞窗，新建一个主图层，在新建的主图层中添加一个页面背景，使该背景自动应用到所有页面中，如图 9-50 所示。

图 9-50　在主图层中添加画面背景后的页面效果

2. 运用本章介绍的创建文本样式的方法，创建一个文本样式，然后将其应用到其他的对象上，如图 9-51 所示。

图 9-51　创建并应用文本样式

第 10 章

位图的编辑处理

10.1　导入与简单调整位图

10.2　调整位图的颜色和色调

10.3　调整位图的色彩效果

10.4　校正位图色斑效果

10.5　位图的颜色遮罩

10.6　更改位图的颜色模式

10.7　描摹位图

10.8　本章练习

CorelDRAW X6 的位图编辑功能，是其区别于其他图形绘制软件的最大特色。用户可以在当前文件中导入位图，进行位图与矢量图形的转换，变换位图并对位图应用颜色遮罩效果。另外，还可改变位图的色彩模式，调整位图的色彩，以及对位图进行校正等操作。

10.1 导入与简单调整位图

在 CorelDRAW X6 中，不仅可以绘制各种效果的矢量图形，还可以通过导入位图，并对位图进行编辑处理后，制作出更加完美的画面效果。

10.1.1 导入位图

在 CorelDRAW X6 中导入位图的操作步骤如下。

步骤 1 执行"文件→导入"命令或单击属性栏中的"导入"按钮🖼️，弹出图 10-1 所示的"导入"对话框。

图 10-1 "导入"对话框

* "外部链接位图"复选框：勾选该选项后，可以从外部链接位图，而不是将它嵌入文件中。
* "合并多层位图"复选框：勾选该选项后，可以自动合并位图中的图层。
* "检查水印"复选框：勾选该选项后，可以检查水印的图像及其包含的任何信息（如版权、拍摄设置）。
* "不显示过滤器对话框"复选框：勾选该选项后，可以不用打开对话框就可以使用过滤器的默认设置。
* "保持图层和页面"复选框：勾选该选项后，在导入文件时可以保留图层和页面。如果禁用此复选框，所有图层都会合并到单个图层中。
* "使用 OPI 将输出链接到高分辨率文件"复选框：勾选该选项后，可以将低分辨率版本的 TIFF 或 Scitex 连续色调（CT）文件插入到文档中。低分辨率版本的文件使用高分辨率的图像链接，此图像位于开放式预印界面（OPI）服务器。

步骤 2 在"查找范围"下拉列表中查找需要导入的文件路径，在文件列表框中单击需要导入文件的文件名。

提示

选取需要导入的文件后，在预览窗口中可预览该图片的效果。将光标移动到文件名上停顿片刻后，在光标下方会显示出该图片的尺寸、类型和大小等信息。

227

步骤 3 单击"导入"按钮，此时光标变成图 10-2 所示的状态，同时在光标后面则会显示该文件的大小和导入时的操作说明。

图 10-2　导入图片时的光标状态

步骤 4 在页面上按住鼠标左键拖出一个红色的虚线框，松开鼠标后，图片将以虚线框的大小被导入进来，如图 10-3 所示。

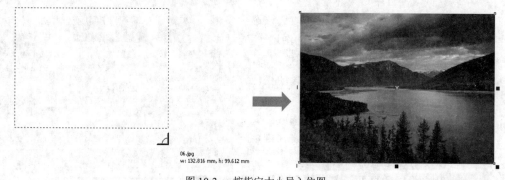

图 10-3　按指定大小导入位图

技巧

执行文件的"导入"命令还可使用"Ctrl+I"快捷键，也可在工作区中的空白位置上单击鼠标右键，从弹出的命令选单中选择"导入"命令。

10.1.2　链接和嵌入位图

CorelDRAW 可以将 CorelDRAW 文件作为链接或嵌入的对象插入到其他应用程序中，也可以在其中插入链接或嵌入的对象。链接的对象与其源文件之间始终都保持链接，而嵌入的对象与其源文件之间是没有链接关系的，它是集成到活动文档中的。

链接位图与导入位图在本质上有很大的区别，导入的位图可以在 CorelDRAW 中进行修改和编辑，如调整图像的色调和为其应用特殊效果等，而链接到 CorelDRAW 中的位图却不能对其进行修改。如果要修改链接的位图，就必须在创建原文件的原软件中进行。

1. 链接位图

要在 CorelDRAW 中插入链接的位图，可执行"文件→导入"命令，在弹出的"导入"对话框中选择需要链接到 CorelDRAW 中的位图，并选中"外部链接位图"复选框，然后单击"导入"按钮即可，如图 10-4 所示。

图 10-4　链接位图设置及链接的图像

2. 嵌入位图

在 CorelDRAW 中嵌入位图的操作步骤如下。

步骤 1　执行"编辑→插入新对象"命令，弹出图 10-5 所示的"插入新对象"对话框。

步骤 2　选中"由文件创建"单选项，此时对话框设置图 10-6 所示，在其中选中"链接"复选框，然后单击"浏览"按钮，在弹出的"浏览"对话框中选择需要嵌入 CorelDRAW 中的图像文件，如图 10-7 所示。

图 10-5　"插入新对象"对话框

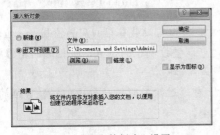

图 10-6　"由文件创建"设置　　　　图 10-7　选择需要嵌入的图像文件

步骤 3　单击"确定"按钮，即可将该图像嵌入到 CorelDRAW 中。

提示

如果要修改链接到 CorelDRAW 中的图像，必须在创建原文件的软件中进行，例如链接的图像为 JPGE 格式，那么必须在 Photoshop 中进行修改。修改原文件后，执行"位图→自链接更新"命令，即可更新链接的图像。如果要直接在 CorelDRAW 中编辑和修改链接的图像，可执行"位图→中断链接"命令，断开位图与原文件的链接，这样，CorelDRAW 就会将该图像作为一个独立的对象处理。同样在原软件中对原文件进行了修改，也不会影响 CorelDRAW 中对应的图像。

10.1.3　裁剪位图

在实际应用中，有时因为文件编排的需要，往往只需要导入位图中的一部分，而将不需要的部分裁剪掉。要裁剪位图，可以在导入位图时进行，也可以在将位图导入到当前文件后进行。

导入时位图裁剪的操作步骤如下。

步骤 1　在"导入"对话框中，选择"全图像"下拉列表中的"裁剪"选项，如图 10-8 所示。

步骤 2　单击"导入"按钮，弹出图 10-9 所示的"裁剪图像"对话框。

图 10-8　选择"裁剪"选项

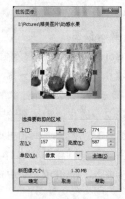

图 10-9　"裁剪图像"对话框

步骤 3　在"裁剪图像"对话框的预览窗口中，可以拖动裁剪框四周的控制点，控制图像的裁剪范围。在控制框内按下鼠标左键并拖动，可调整控制框的位置，被框选的图像将被导入到文件中，其余部分将被裁掉。

步骤 4　在"选择要裁剪的区域"选项栏中，可通过输入数值精确地调整裁剪框的大小，此时"新图像大小"选项将显示裁剪后的图像大小。

　✦　上：控制图像上部的裁剪宽度。

　✦　左：控制图像左边的裁剪宽度。

◆ 宽度：控制选取框的宽度。

◆ 高度：控制选取框的高度。

步骤 5 如果对裁剪区域不满意，可单击"全选"按钮，重新设置修剪选项参数。设置好后，单击"确定"按钮，光标将变成标尺形状，同时在光标右下角将显示图像的相关信息，此时单击鼠标即可导入图像，也可将图像按指定的大小进行导入，如图 10-10 所示。

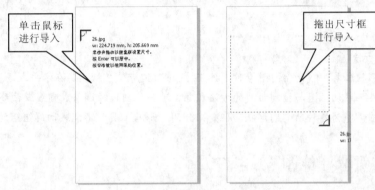

图 10-10 裁剪后导入图像

提示

如果要将图像链接到绘图中，则导入文件时，在"导入"对话框中选择"外部链接位图"复选框即可。

在将位图导入到当前文件中后，还可以使用"裁剪工具" 和"形状工具" 对位图进行裁剪。

◆ 使用"裁剪工具"可以将位图裁剪为矩形状。选择"裁剪工具" ，在位图上按下鼠标左键并拖动，创建一个裁剪控制框，拖动控制框上的控制点，调整裁剪控制框的大小和位置，使其框选需要保留的图像区域，然后在裁剪控制框内双击，即可将位于裁剪控制框外的图像裁剪掉，如图 10-11 所示。

◆ 使用"形状工具"可以将位图裁剪为不规则的各种形状。使用"形状工具" 单击位图图像，此时在图像边角上将出现 4 个控制节点，接下来按照调整曲线形状的方法进行操作，即可将位图裁剪为指定的形状，如图 10-12 所示。

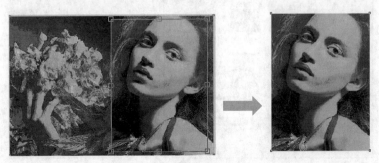

图 10-11 裁剪图像前后的效果对比

图 10-12　裁剪位图

【技巧与提示】

在使用"形状工具"裁切位图图像时，按下"Ctrl"键可使鼠标指针在水平或垂直方向移动。使用"形状工具"裁切位图与控制曲线的方法相同，可将位图边缘调整成直线或曲线，用户可根据需要，将位图调整为各种所需的形状。但是，使用"形状工具"不能裁切群组后的位图图像。

10.1.4　重新取样位图

通过重新取样，可以增加像素以保留原始图像的更多细节。为图像执行"重新取样"命令后，调整图像大小就可以使像素的数量无论在较大区域还是较小区域中均保持不变。

需要了解的是，用固定分辨率重新取样可以在改变图像大小时用增加或减少像素的方法保持图像的分辨率。用变量分辨率重新取样可让像素的数目在图像大小改变时保持不变，从而产生低于或高于原图像的分辨率。

导入图像时重新取样位图的操作方法如下。

步骤 1　按下"Ctrl+I"快捷键打开"导入"对话框，选择需要导入的图像后，在"全图像"下拉列表中选择"重新取样"选项，然后单击"导入"按钮，弹出图 10-13 所示的"重新取样图像"对话框。

步骤 2　在"重新取样图像"对话框中，可更改对象的尺寸大小、解析度及消除缩放对象后产生的锯齿现象等，从而达到控制文件大小和图像质量的目的。

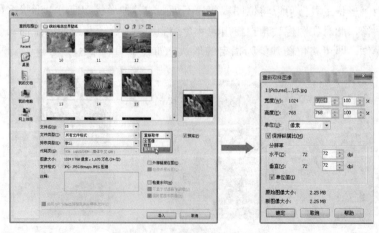

图 10-13　"重新取样图像"对话框

用户也可以将图像导入到当前文件后，再对位图进行重新取样，具体操作步骤如下。

　　步骤 1　导入一张位图，保持该图像的选取状态，然后执行"位图→重新取样"命令或者单击属性栏上的"重取样位图"按钮 ，弹出图 10-14 所示的"重新取样"对话框。

　　步骤 2　分别在"图像大小"选项栏的"宽度"和"高度"文字框中输入图像大小的参数值，并在"分辨率"选项组的"水平"和"垂直"文字框中设置图像的分辨率大小，然后选择需要的测量单位。

　　步骤 3　选中"光滑处理"复选框后，以最大限度地避免曲线外观参差不齐。选中"保持纵横比"复选框，并在宽度或高度文字框中输入适当的数值，从而保持位图的比例。也可以在"图像大小"的百分比文字框中输入数值，根据位图原始大小的百分比对位图重新取样。

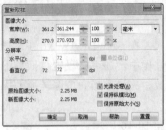

图 10-14　"重新取样"对话框

　　步骤 4　设置完毕后，单击"确定"按钮，即可完成操作。

10.1.5　变换位图

　　导入到 CorelDRAW 中的位图，可以按照变换对象的方法，使用"选择工具"或"自由变换工具"等对位图进行缩放、旋转、倾斜和扭曲等变换操作。具体操作方法请查看"3.3 变换对象"和"6.3.3　自由变换对象"中的详细内容介绍。

10.1.6　编辑位图

　　选中一张位图，执行"位图→编辑位图"命令，或者单击属性栏上的"编辑位图"按钮 ，即可将位图导入到 Corel PHOTO-PAINT 中进行编辑，如图 10-15 所示。编辑完成后单击标准工具栏中的 按钮，并将图像保存，然后关闭 Corel PHOTO-PAINT，已编辑的位图将会出现在 CorelDRAW 的绘图窗口中。

图 10-15　Corel PHOTO-PAINT 工作窗口

233

提示

要详细了解在 Corel PHOTO-PAINT 中编辑图像的方法，可单击 Corel PHOTO-PAINT 中的"帮助"菜单，然后通过"帮助主题"命令，查看需要帮助的内容，以找到解决问题的方法。

10.1.7　矢量图形转换为位图

在 CorelDRAW X6 中，执行"转换为位图"命令，可以将矢量图形转换为位图。在转换过程中，还可以设置转换后的位图属性，如颜色模式、分辨率、背景透明度和光滑处理等参数。矢量图形向位图转换的操作步骤如下。

步骤 1　打开需要转换的矢量图形文件，使用"选择工具" ![选择工具图标]，选择需要转换的图形，如图 10-16 所示。

步骤 2　执行"位图→转换为位图"命令，系统将弹出图 10-17 所示的"转换为位图"对话框。

图 10-16　选中转换的对象

图 10-17　"转换为位图"对话框

✦　"透明背景"复选框：选中该复选框，设置位图的背景为透明。

✦　"光滑处理"复选框：选中该复选框，将位图的边缘平滑处理。

步骤 3　在"分辨率"下拉列表中选择适当的分辨率大小，也可直接在数值框中输入适当的数值，如输入 150dpi。在"颜色模式"下拉列表中选择适当的颜色模式，以选择"CMYK 色"为例。

步骤 4　单击"确定"按钮，即可将矢量图转换为位图，如图 10-18 所示。使用"缩放工具"放大该图像的局部视图，可以看到构成位图的像素块，如图 10-19 所示。

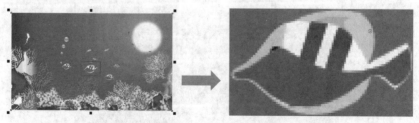

图 10-18　转换为位图　　　　　　　　图 10-19　放大显示效果

【技巧与提示】

为保证转换后的位图效果，必须将"颜色"选择在 24 位以上，"分辨率"选择在 200dpi 以上。颜色模式决定构成位图的颜色数量和种类，因此文件大小也会受到影响。如果在"转换为位图"对话框中将位图背景设置为透明状态，那么在转换后的图像中，可以看到被位图背景遮盖住的图像或背景。

10.2 调整位图的颜色和色调

在 CorelDRAW X6 中，可以对位图进行色彩亮度、光度和暗度等方面的调整。通过应用颜色和色调效果，可以恢复阴影或高光中丢失的细节，清除色块，校正曝光不足或曝光过度，全面提高图像的质量。

执行"效果→调整"命令，显示图 10-20 所示的"调整"子菜单命令。用户可根据图像的具体情况，选用不同的调整命令。

图 10-20 调整菜单

10.2.1 高反差

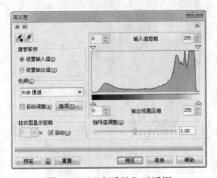

图 10-21 "高反差"对话框

"高反差"命令用于调整位图输出颜色的浓度，可以通过从最暗区域到最亮区域重新分布颜色的浓淡来调整阴影区域、中间区域和高光区域。它通过调整图像的亮度、对比度和强度，使高光区域和阴影区域的细节不被丢失，也可通过定义色调范围的起始点和结束点，在整个色调范围内重新分布像素值。

导入一张位图，然后执行"效果→调整→高反差"命令，弹出图 10-21 所示的"高反差"对话框。

✦ 单击"高反差"对话框左上方的"显示预览窗口"按钮，可将对话框调整为图 10-22 所示的显示方式，通过此种方式可直观地观察图像调整前后的效果变化。

✦ 单击"高反差"对话框左上方的"隐藏预览窗口"按钮，对话框显示如图 10-23 所示，视图窗口只显示图像调整后的最终效果。

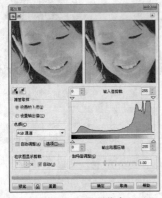

图 10-22 显示预览窗口

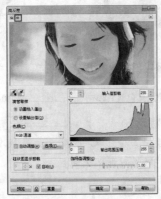

图 10-23 隐藏预览窗口

✦ 选中"设置输入值"单选按钮，设置最小值和最大值，颜色将在这个范围内重新分布。

✦ 选中"设置输出值"单选按钮，为"输出范围压缩"设置最小值和最大值。

✦ "自动调整"复选框：勾选该复选框，在色阶范围内自动分布像素值。

✦ "选项"按钮：单击该按钮，弹出图 10-24 所示的"自动调整范围"对话框，在该对话框中可以设置自动调整的色阶范围。

对图像进行高反差调整的具体操作步骤如下。

步骤 1 使用"选择工具" ![选择工具图标] 选中对象，如图 10-25 所示，然后执行"效果→调整→高反差"命令。

步骤 2 选择"高反差"对话框上方的黑色吸管工具 ![黑色吸管图标]，然后在图像中最深的颜色上使用吸管单击，如图 10-26 所示。

步骤 3 选择白色吸管工具 ![白色吸管图标]，然后在颜色最浅的地方使用吸管单击，如图 10-27 所示。

步骤 4 单击"预览"按钮，即可发现图像的色调得到了改变，如图 10-28 所示。

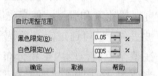

图 10-24 "自动调整范围"对话框　　　　　　图 10-25 选中对象

图 10-26 使用黑色吸管单击　　　图 10-27 使用白色吸管单击　　　图 10-28 使用吸管调整颜色色调

【技巧与提示】

在使用吸管工具吸取颜色时，如果找准了图像中的最深色和最浅色，则图像色调就可得到改变。反之，则效果可能不太明显。

10.2.2 局部平衡

执行"局部平衡"命令可以用来提高边缘附近的对比度，以显示明亮区域和暗色区域中的细节；也可以在此区域周围设置高度和宽度来强化对比度。按照下面的方法可以完成该操作。

步骤 1 使用"选择工具" [图] 选中图像，执行"效果→调整→局部平衡"命令，即可开启"局部平衡"对话框，如图 10-29 所示。

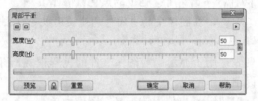

图 10-29 "局部平衡"对话框

步骤 2 用户同样可以通过单击"局部平衡"对话框左上方的"显示预览窗口" [图] 按钮或"隐藏预览窗口" [图] 按钮来改变对话框的显示方式，如图 10-30 所示。

"显示预览窗口"效果　　　　　　　　　　　"隐藏预览窗口"效果

图 10-30 对话框显示方式

✦ "宽度"滑块：设置像素局部区域的宽度值。

✦ "高度"滑块：设置像素局部区域的高度值。

步骤 3 单击"宽度"和"高度"选项右边的锁定按钮 [图]，可以将"宽度"和"高度"值锁定，这时可同时调整两个选项的数值。图 10-31 所示是对图像进行局部平衡调节前后的效果对比。

图 10-31 执行"局部平衡"命令的效果对比

10.2.3 取样/目标平衡

"取样/目标平衡"用于从图像中选取的色样来调整位图中的颜色值，可以从图像的暗色调、中间色调及浅色部分选取色样，并将目标颜色应用于每个色样中。

步骤 1 导入一张位图，并将其选取，然后执行"效果→调整→取样/目标平衡"命令，弹出图 10-32 所示的"样本/目标平衡"对话框。

步骤 2 选择"样本/目标平衡"对话框中的黑色吸管工具 ，然后单击图像中最深的颜色；选择中间色调吸管工具 ，在图像中的中间色调处使用吸管单击；选择白色吸管工具 ，在图像中的颜色最浅处单击，如图 10-33 所示。

◆ "通道"下拉列表：用于显示当前图像文件的色彩模式，并可从中选取单色通道对单一的色彩进行调整。

◆ "黑色吸管工具"按钮 ：使用该工具在图像中单击，可以将图像中最暗处的色调值设置为单击处的色调值，图像中所有比该色调值更暗的像素都将以黑色显示。

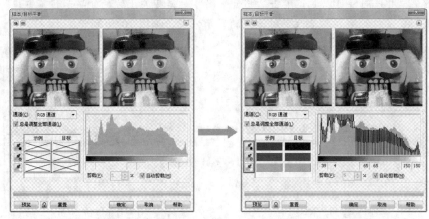

图 10-32 "样本/目标平衡"对话框   图 10-33 吸取颜色

◆ "中间色调吸管工具"按钮 ：使用该工具在图像中单击，可以使单击处的图像亮度成为图像中间色调的平均亮度。

◆ "白色吸管工具"按钮 ：使用该工具在图像中单击，可以将图像中最亮处的色调值设置为单击处的色调值，图像中所有比该色调值更亮的像素，都将以白色显示。

步骤 3 设置好后，单击"预览"按钮，即可发现图像的色调得到了改变，如图 10-34 所示。

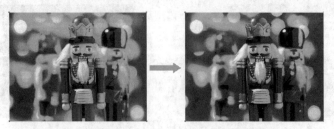

图 10-34 执行"样本/目标平衡"命令的前后效果对比

10.2.4　调合曲线

"调合曲线"命令用于改变图像中单个像素的值，包括改变阴影、中间色调和高光等方面，以精确地修改图像局部的颜色。

　　步骤 1　选择需要调整的位图，执行"效果→调整→调合曲线"命令，弹出图 10-35 所示的"调合曲线"对话框。

　　步骤 2　在曲线编辑窗口中的曲线上单击鼠标左键，可以添加一个控制点。移动该控制点，以调整曲线的形状，然后单击"预览"按钮，可以观察调节后的色调效果，如图 10-36 所示。

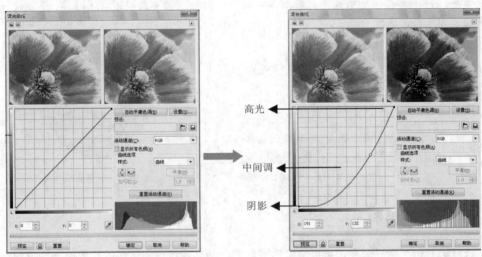

图 10-35　"调合曲线"对话框　　　　　　　图 10-36　"调合曲线"对话框设置

提示

　　默认情况下，曲线上的控制点向上移动可使图像变亮，反之变暗。"S"形的曲线可使图像中原来亮的部位越亮，而原来暗的部分越暗，以提高图像的对比度。

　　步骤 3　设置好调整色调的选项参数后，单击"确定"按钮即可。图 10-37 所示为执行"调合曲线"命令后的图像效果对比。

图 10-37　执行"调合曲线"命令后的图像效果对比

10.2.5　亮度/对比度/强度

在选中对象后，执行"亮度/对比度/强度"命令，可以调整所有颜色的亮度及明亮区域与暗色区域之间的差异。调整对象的"亮度/对比度/强度"的操作方法如下。

步骤 1　选择需要调整的位图，如图 10-38 所示，然后执行"效果→调整→亮度/对比度/强度"命令。

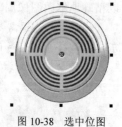

图 10-38　选中位图

步骤 2　在弹出的"亮度/对比度/强度"对话框中按图 10-39 所示设置亮度、对比度和强度参数，然后单击"确定"按钮，调整后的图像色调如图 10-40 所示。

图 10-39　设置"亮度/对比度/强度"对话框　　　　图 10-40　设置完成效果

10.2.6　颜色平衡

执行"颜色平衡"命令，可以将青色或红色、品红或绿色、黄色或蓝色添加到位图选定的色调中。

步骤 1　选择需要调整的位图，如图 10-41 所示，然后执行"效果→调整→颜色平衡"命令。

步骤 2　在弹出的"颜色平衡"对话框中，按图 10-42 所示进行选项和参数设置，然后单击"确定"按钮，调整后的图像色调如图 10-43 所示。

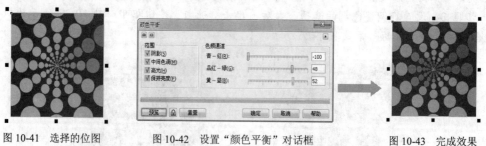

图 10-41　选择的位图　　　图 10-42　设置"颜色平衡"对话框　　　图 10-43　完成效果

10.2.7　伽玛值

"伽玛值"命令可在较低对比度区域中强化细节而不会影响阴影或高光。

步骤1 按下"Ctrl+I"键导入一张需要调整色调的图像,如图10-44所示,然后执行"效果→调整→伽玛值"命令。

步骤2 在弹出的"伽玛值"对话框中进行参数设置,然后单击"确定"按钮,调整后的色调效果如图10-45所示。

图10-44 选择的位图

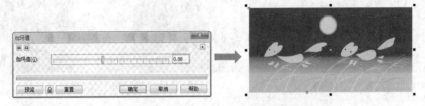

图10-45 设置"伽玛值"对话框后的效果

10.2.8 色度/饱和度/亮度

"色度/饱和度/亮度"命令可以调整位图中的色频通道,并更改色谱中颜色的位置,这种效果使用户可以更改所选对象的颜色和浓度,以及对象中白色所占的百分比。

步骤1 打开一个 CorelDRAW 绘制的图形文件,并使用"选择工具" <img> 选中需要调整的对象,如图10-46所示。

步骤2 执行"效果→调整→色度/饱和度/亮度"命令,或者按下"Ctrl+Shift+U"快捷键,在打开的"色度/饱和度/亮度"对话框中进行参数设置,然后单击"确定"按钮,调整后的颜色效果如图10-47所示。

图10-46 选中对象

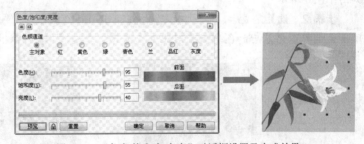

图10-47 "色度/饱和度/亮度"对话框设置及完成效果

10.2.9 所选颜色

"所选颜色"命令允许用户通过改变图像中的红、黄、绿、青、蓝和品红色谱的 CMYK 百分比来改变颜色。例如,降低红色色谱中的品红色百分比,会使整体颜色偏黄。

步骤1 导入一张位图,执行"效果→调整→所选颜色"命令,弹出"所选颜色"对话框,然后按图10-48所示对选项参数进行设置。

步骤 2 设置完成后，单击"确定"按钮即可。图 10-49 所示为调整图像色彩前后的效果对比。

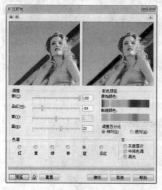

图 10-48 "所选颜色"对话框

图 10-49 调整图像色彩前后的效果对比

10.2.10 替换颜色

在 CorelDRAW X6 中允许用户使用一种位图颜色替换另一种位图颜色。执行"替换颜色"命令会创建一个颜色遮罩来定义要替换的颜色。根据设置的范围，可以替换一种颜色或将整个位图从一个颜色范围变换到另一颜色范围，还可以为新颜色设置色度、饱和度和亮度。

步骤 1 选中位图对象，执行"效果→调整→替换颜色"命令，在开启的"替换颜色"对话框中进行选项设置，如图 10-50 所示。

步骤 2 设置完成后，单击"确定"按钮即可。图 10-51 所示为调整图像前后的色彩效果对比。

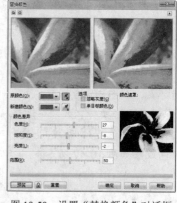

图 10-50 设置"替换颜色"对话框

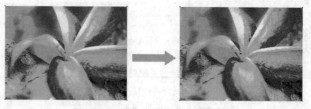

图 10-51 图像调整前后的效果对比

10.2.11 取消饱和

"取消饱和"命令用于将位图中每种颜色的饱和度降到零，移除色度组件，并将每种颜色转换为与其相对应的灰度。这将创建灰度黑白相片效果，而不会更改颜色模型。

导入一张位图，然后执行"效果→调整→取消饱和"命令，图像的前后效果对比如图 10-52 所示。

图 10-52 执行"取消饱和"命令的图像效果对比

10.2.12 通道混合器

"通道混合器"命令用于混合色频通道，以平衡位图的颜色。如果位图颜色太红，可以调整 RGB 位图中的红色通道以提高图像质量。

步骤 1 选中位图对象，然后执行"效果→调整→通道混合器"命令，在弹出的"通道混合器"对话框中进行选项设置，如图 10-53 所示。

步骤 2 设置完成后，单击"确定"按钮即可。图 10-54 所示为执行"通道混合器"命令前后的效果对比。

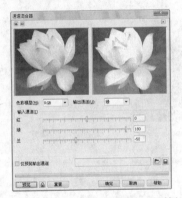

图 10-53 设置"通道混合器"对话框

图 10-54 执行"通道混合器"命令的图像效果对比

10.3 调整位图的色彩效果

CorelDRAW X6 允许用户将颜色和色调变换同时应用于位图图像。用户可以变换对象的颜色和色调，以产生各种特殊的效果，例如，可以创建类似于摄影负片效果的图像或合并图像外观。

10.3.1 去交错

"去交错"命令用于从扫描或隔行显示的图像中删除线条。执行"效果→变换→去交错"命令，弹出"去交错"对话框，在其中选择扫描行的方式和替换方法，然后单击"确定"按钮即可，如图 10-55 所示。

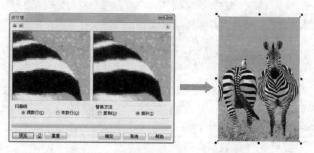

图 10-55 "去交错"对话框设置及效果

10.3.2 反显

"反显"命令用于反转对象的颜色，反显对象会形成摄影负片的外观。执行"反显"命令变换图像颜色前后的效果对比如图 10-56 所示。

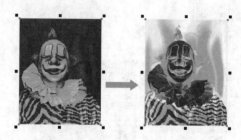

图 10-56 对象的"反显"效果

10.3.3 极色化

"极色化"命令可以将图像中的颜色范围转换成纯色色块，使图像简单化，常常用于减少图像中的色调值数量。

步骤 1 打开一张位图并将其选取，然后执行"效果→变换→极色化"命令，在开启的"极色化"对话框中进行参数设置，如图 10-57 所示。

步骤 2 完成设置后，单击"确定"按钮即可。图 10-58 所示为调整对象前后的效果对比。

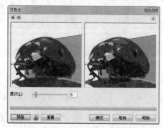

图 10-57 设置"极色化"对话框

图 10-58 设置前后的效果对比

10.4 校正位图色斑效果

"校正"命令可以通过更改图像中的相异像素来减少杂色。选取一个位图图像，执行"效果→校正→尘埃与刮痕"命令，弹出"尘埃与刮痕"对话框，按图 10-59 所示进行参数设置，然后单击"确定"按钮，得到图 10-60 所示的图像效果。

图 10-59 设置"尘埃与刮痕"对话框　　　图 10-60 调整后的图像效果

 10.5 位图的颜色遮罩

在 CorelDRAW X6 中，用户可以利用为位图图像提供的颜色遮罩功能对位图中显示的颜色进行隐藏，使该处图像变为透明状态。遮罩颜色还能帮助用户改变选定的颜色，而不改变图像中的其他颜色，也可以将位图颜色遮罩保存到文件中，以便在日后使用时打开此文件。

使用位图颜色遮罩功能的操作步骤如下。

步骤 1　导入一张位图图像，如图 10-61 所示。

步骤 2　执行"位图→位图颜色遮罩"命令，弹出图 10-62 所示的"位图颜色遮罩"泊坞窗。

步骤 3　选择"隐藏颜色"单选项，在色彩条列表框中选中一个色彩条，并选取该色彩条，如图 10-63 所示。

步骤 4　单击"颜色选择"按钮 ，使用光标在位图中需要隐藏的颜色上单击，在"位图颜色遮罩"泊坞窗中所选颜色条显示了刚才点选的颜色后，单击"应用"按钮，即可将位于所选颜色范围内的颜色全部隐藏，效果如图 10-64 所示。

步骤 5　在泊坞窗中选中"显示颜色"单选项，并保持选取的颜色不变，然后单击"应用"按钮，即可将所选颜色以外的其他颜色全部隐藏，如图 10-65 所示。

图 10-61　导入图像并选择位于
上层的图像

图 10-62　"位图颜色遮罩"
泊坞窗

图 10-63　对色彩条进行选择

图 10-64　位图颜色遮罩效果

图 10-65　隐藏所选颜色以外的其他颜色

提示

在"位图颜色遮罩"泊坞窗中拖动下方的"容限"滑块，可以调整对颜色遮罩的应用程度；"容限"级越高，所选颜色周围的颜色范围则越广。例如，选定紫蓝并增加容限，CorelDRAW X6 就会隐藏或显示淡蓝、铁青等颜色。

10.6　更改位图的颜色模式

颜色模式是指图像在显示与打印时定义颜色的方式。根据其构成色彩方式的不同，常见的色彩模式包括 CMYK、RGB、灰度、HSB 和 Lab 模式等。下面介绍在 CorelDRAW 中转换图像的颜色模式及这些颜色模式的特点。

10.6.1　黑白模式

位图的黑白模式与灰度模式不同，应用黑白模式后，图像只显示为黑白色。这种模式可以清楚地显示位图的线条和轮廓图，适用于艺术线条和一些简单的图形。

步骤1 执行"位图→模式→黑白"命令，弹出图 10-66 所示的"转换为 1 位"对话框。

✦ "转换方法"下拉列表：单击该下拉按钮，可展开图 10-67 所示的转换方法选项。选择不同的转换方法，位图的黑白效果各不相同。

✦ "屏幕类型"下拉列表：单击该下拉按钮，可以展开图 10-68 所示的屏幕类型选项。

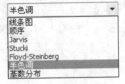

图 10-66 "转换为 1 位"对话框　　图 10-67 "转换方法"列表　　图 10-68 "屏幕类型"列表

【技巧与提示】

在"转换为 1 位"对话框中选择了不同的转换方法后，所出现的对话框选项也会发生相应的改变，如图 10-69 所示。用户可以根据实际需要对画面效果进行调整。

图 10-69 转换方法为"半色调"和"线条图"的选项设置

步骤2 在"转换为 1 位"对话框中设置"转换方法"为"Jarvis"，"强度"为"60"，然后单击"确定"按钮，转换后的图像效果如图 10-70 所示。

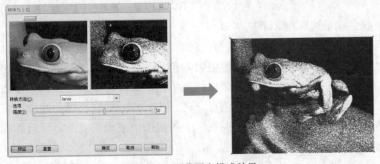

图 10-70 图像黑白模式效果

10.6.2 灰度模式

灰度色彩模式使用亮度（L）来定义颜色，颜色值的定义范围为 0～255。灰度模式是没有彩色信息的，可应用于作品的黑白印刷。应用灰度模式后，可以去掉图像中的色彩信息，只保留从 0 到 255 的不同级别的灰度颜色，因此图像中只有黑、白、灰的颜色显示。

使用"选择工具"选中对象，然后执行"位图→模式→灰度"命令，即可将该图像转换为灰度效果，如图 10-71 所示。

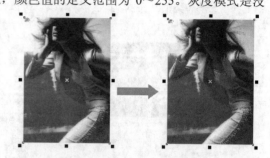

图 10-71　将对象转换为灰度模式效果

10.6.3 双色模式

双色模式包括单色调、双色调、三色调和四色调 4 种类型，可以使用 1 到 4 种色调构建图像色彩，使用双色模式可以为图像构建统一的色调效果。

执行"位图→模式→双色"命令，弹出图 10-72 所示的"双色调"对话框，在该对话框的"类型"下拉列表中可选择双色模式的类型，如图 10-73 所示。

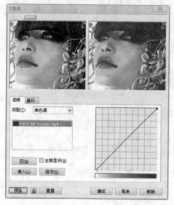

图 10-72　"双色调"对话框

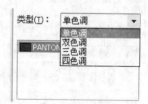

图 10-73　类型列表

"双色调"对话框包括"曲线"标签和"叠印"标签。在"曲线"标签下，可以设置灰度级的色调类型和色调曲线弧度，其中主要包括以下几个选项。

✦ "类型"下拉列表：选择色调的类型，有单色调、双色调、三色调和四色调共 4 个选项。

✦ 颜色列表：显示了目前色调类型中的颜色。单击选择一种颜色，在右侧窗口中可以看到该颜色的色调曲线。在色调曲线上单击鼠标，可添加一个调节节点，通过拖动该节点改变曲线上这一点的颜色百分比。将节点拖动到色调曲线编辑窗口之外，即可将该节点删除。双击"颜色列表"中的颜色块或颜色名称，可以在弹出的"选择颜色"对话框中选择其他的颜色。

✦ 单击"空"按钮，可以使色调曲线编辑窗口保持默认的未调节状态。

- ✦　"全部显示"复选框：勾选该复选框，显示目前色调类型中所有的色调曲线。
- ✦　单击"装入"按钮，在弹出的"加载双色调文件"对话框中，可选择软件为用户提供的双色调样本设置。
- ✦　单击"保存"按钮，可保存目前的双色调设置。
- ✦　单击"预览"按钮，显示图像的双色调效果。
- ✦　单击"重置"按钮，恢复对话框默认状态。
- ✦　在曲线框中，可通过设置曲线形状来调节图像的颜色。

在"双色调"对话框中，按图 10-74 所示设置好参数后，单击"确定"按钮，图像效果如图 10-75 所示。

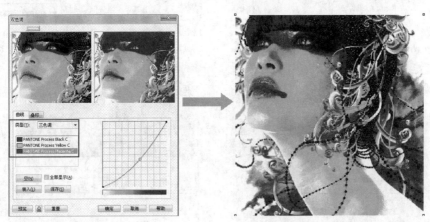

图 10-74　"双色调"对话框设置　　　　　　图 10-75　图像效果

10.6.4　调色板模式

调色板模式最多能够使用 256 种颜色来保存和显示图像。位图转换为调色板模式后，可以减小文件的大小。系统提供了不同的调色板类型，也可以根据位图中的颜色来创建自定义调色板。如果要精确地控制调色板所包含的颜色，还可以在转换时指定使用颜色的数量和灵敏度范围。

执行"位图→模式→调色板色"命令，弹出图 10-76 所示的"转换至调色板色"对话框，该对话框包括以下几个选项。

1. "选项"标签

"选项"标签中各选项的功能如下。

- ✦　"平滑"滑块：设置颜色过渡的平滑程度。
- ✦　"调色板"下拉列表：选择调色板的类型，其下拉选项列表如图 10-77 所示。
- ✦　"递色处理的"下拉列表：选择图像抖动的处理方式，其下拉选项列表如图 10-78 所示。
- ✦　"颜色"文本框：在"调色板"中选择"适应性"和"优化"两种调色板类型后，可以在"颜色"文本框中设置位图的颜色数量，如图 10-79 所示。

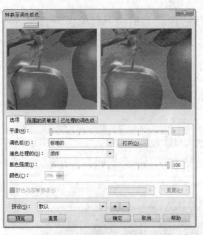

图 10-76 "转换至调色板色"对话框　　图 10-77 "调色板"类型　　图 10-78 "抖动"类型

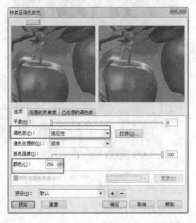
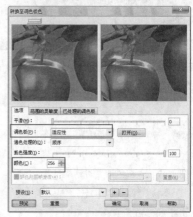

图 10-79 "适应性"和"优化"调色板类型

2. "范围的灵敏度"标签

在"范围的灵敏度"标签中，可以设置转换颜色过程中某种颜色的灵敏程度，如图 10-80 所示。

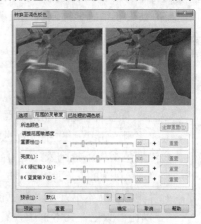

✦ "所选颜色"选项组：首先在"选项"标签的"调色板"下拉列表中选择"优化"类型，选中"颜色范围灵敏度"复选框，单击其右边的颜色下拉按钮，在弹出的颜色列表中选择一种颜色或单击 ✐ 按钮，吸取图片上的颜色，此时在"范围的灵敏度"标签内的"所选颜色"中即可将吸取的颜色显示出来，如图 10-81 所示。

✦ "重要性"滑块：用于设置所选颜色的灵敏度范围。

✦ "亮度"滑块：该选项用来设置颜色转换时亮度、绿红轴和蓝黄轴的灵敏度，如图 10-82 所示。

图 10-80 "范围的灵敏度"标签

3. "已处理的调色板"标签

展开"已处理的调色板"标签，可以看到当前调色板中所包含的颜色，如图10-83所示。

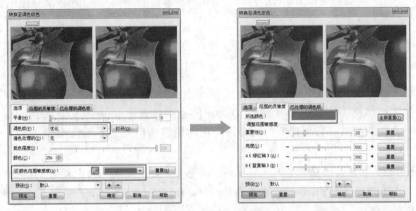

图10-81　设置图片的颜色

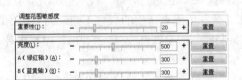

图10-82　"范围的灵敏度"标签的选项设置

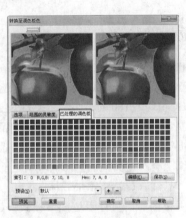

图10-83　"已处理的调色板"标签

10.6.5　RGB模式

RGB色彩模式中的R、G、B分别代表红色、绿色和蓝色的相应值，三种色彩叠加形成了其他的色彩，也就是真彩色，RGB颜色模式的数值设置范围为0～255。在RGB颜色模式中，当R、G、B值均为255时，显示为白色；当R、G、B值均为0时，显示为纯黑色，因此也称之为加色模式。RGB颜色模式的图像应用于电视、网络、幻灯和多媒体等领域。

执行"位图→模式→RGB颜色"命令，即可将图像转换为RGB颜色模式。图10-84所示为图像在RGB、Lab和CMYK颜色模式下的显示效果。

图10-84　图像在RGB、Lab和CMYK颜色模式下的显示效果

【技巧与提示】

如果导入的位图是 RGB 色彩模式的话，则此项命令不能执行。同理，其他的色彩模式也是如此。

10.6.6　Lab 模式

Lab 色彩模式是国际色彩标准模式，它能产生与各种设备匹配的颜色（如监视器、印刷机、扫描仪、打印机等的颜色），还可以作为中间色实现各种设备颜色之间的转换。

执行"位图→模式→Lab 颜色"命令，即可将图像转换为 Lab 颜色模式。

提示

Lab 色彩模式在理论上包括了人眼可见的所有色彩，它所能表现的色彩范围比任何色彩模式更加广泛。当 RGB 和 CMYK 两种模式互相转换时，最好先转换为 Lab 色彩模式，这样可减少转换过程中颜色的损耗。

10.6.7　CMYK

CMYK 色彩模式中的 C、M、Y、K，分别代表青色、品红、黄色和黑色的相应值，各色彩的设置范围可为 0%～100%，四色色彩混合能够产生各种颜色。在 CMYK 颜色模式中，当 C、M、Y、K 值均为 100 的时候，结果为黑色；当 C、M、Y、K 值均为 0 的时候，结果为纯白色。

CMYK 也叫做印刷色。印刷用青、品红、黄、黑四色进行，每一种颜色都有独立的色版，在色版上记录了这种颜色的网点。青、品红、黄三色混合产生的黑色不纯，而且印刷时在黑色的边缘上会产生其他的色彩。印刷之前，将制作好的 CMYK 文件送到出片中心出片，就会得到青、品红、黄、黑 4 张菲林。

选中位图后，执行"位图→模式→CMYK 颜色"命令，将会弹出图 10-85 所示的"将位图转换为 CMYK 格式"的提示对话框，单击"确定"按钮，即可将图像转换为 CMYK 模式，如图 10-86 所示。

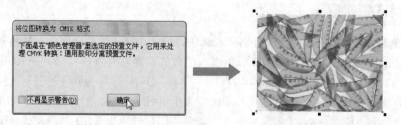

图 10-85　将位图转换为 CMYK 的提示对话框　　图 10-86　转换为 CMYK 的色彩模式

【技巧与提示】

任何颜色的转换都会将位图转移为另外的颜色空间，所以在转换颜色模式时，会导致一些信息丢失。将 RGB 模式转换为 CMYK 模式尤为明显，因为 RGB 模式的颜色空间比 CMYK 模式颜色空间大。转换后高光部分可能会变暗，这些改变无法恢复。

10.7　描摹位图

CorelDRAW 中除了具备矢量图转位图的功能外，同时还具备了位图转矢量图的功能。通过描摹位图命令，即可将位图按不同的方式转换为矢量图形。在实际工作中，应用描摹位图功能，可以帮助用户提高编辑图形的工作效率，如在处理扫描的线条图案、徽标、艺术形体字或剪贴画时，可以先将这些图像转换为矢量图，然后在转换后的矢量图基础上做相应的调整和处理，即可省去重新绘制的时间，以最快的速度将其应用到设计中。

10.7.1　快速描摹位图

使用"快速描摹"命令，可以一步完成位图转换为矢量的操作。选择需要描摹的位图，然后执行"位图→快速描摹"命令，或者单击属性栏中的 [描摹位图(T)] 按钮，从弹出的下拉列表中选择"快速描摹"命令，即可将选择的位图转换为矢量图，如图 10-87 所示。

图 10-87　位图的快速描摹效果

10.7.2　中心线描摹位图

"中心线描摹"又称为"笔触描摹"，它使用未填充的封闭和开放曲线（如笔触）来描摹图像。此种方式适用于描摹线条图纸、施工图、线条画和拼版等。

"中心线描摹"方式提供了两种预设样式，一种用于技术图解，另一种用于线条画。用户可根据所要描摹的图像内容选择适合的描摹样式。

✦ 选择"技术图解"样式，可使用很细很淡的线条描摹黑白图解。

✦ 选择"线条画"样式，可使用很粗且很突出的线条描摹黑白草图。

选择需要描摹的位图，然后执行"位图→中心线描摹"命令，在展开的下一级子菜单中选择所需的预设样式，这里以选择"技术图解"为例，弹出图 10-88 所示的"Power TRACE"控件窗口，在其中调整跟踪控件的细节、线条平滑度和拐角平滑度，得到满意的描摹效果后，单击"确定"按钮，即可将选择的位图按指定的样式转换为矢量图。

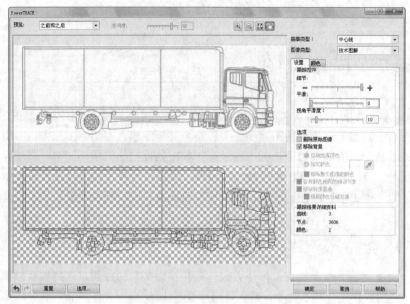

图 10-88 "Power TRACE"控件窗口

10.7.3 轮廓描摹位图

"轮廓描摹"又称为"填充描摹"，使用无轮廓的曲线对象来描摹图像，它适用于描摹剪贴画、徽标、相片图像、低质量和高质量图像。

"轮廓描摹"方式提供了 6 种预设样式，包括线条画、徽标、详细徽标、剪贴画、低质量图像和高质量图像。

◆ 线条画：描摹黑白草图和图解，如图 10-89 所示。

◆ 徽标：描摹细节和颜色都较少的简单徽标，如图 10-90 所示。

◆ 详细徽标：描摹包含精细细节和许多颜色的徽标，如图 10-91 所示。

◆ 剪贴画：描摹根据细节量和颜色数而不同的现成的图形，如图 10-92 所示。

◆ 低质量图像：描摹细节不足（或包括要忽略的精细细节）的相片，如图 10-93 所示。

◆ 高质量图像：描摹高质量、超精细的相片，如图 10-94 所示。

图 10-89 线条画

图 10-90 徽标

Artvolens

图 10-91 详细徽标

图 10-92 剪贴画

图 10-93 低质量图像

图 10-94 高质量图像

　　选择需要描摹的位图，然后执行"位图→轮廓描摹"命令，在展开的下一级子菜单中选择所需的预设样式，然后在弹出的"PowerTRACE"控件窗口中调整描摹结果，如图 10-95 所示。调整好后，单击"确定"按钮即可。

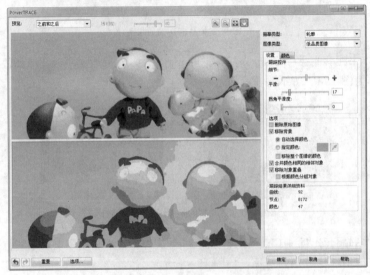

图 10-95 "PowerTRACE"控件窗口

◆ 细节：控制描摹结果中保留的颜色等原始细节量。

◆ 平滑：调整描摹结果中的节点数，以控制产生的曲线与原图像中线条的接近程度。

◆ 拐角平滑度：控制描摹结果中拐角处的节点数，以控制拐角处的线条与原图像中的线条的接近程度。

◆ 删除原始图像：选中该复选框，在生成描摹结果后删除原始位图图像。

◆ 移除背景：在描摹图像时清除图像的背景。选择"指定颜色"单选项，可指定要清除的背景颜色。

◆ 跟踪结果详细资料：显示描摹结果中的曲线、节点和颜色信息。

◆ 在"颜色"标签中可以设置描摹结果中的颜色模式和颜色数量。

10.8　本章练习

1．导入本书配套光盘中 Chapter 10\位图 1.jpg 文件，然后运用本章所学的描摹位图功能，将该图像转换为矢量图，如图 10-96 所示。

图 10-96　描摹前后的效果对比

2．导入本书配套光盘中 Chapter 10\位图 2.jpg 文件，然后运用更改图像颜色模式的方法，将该图像制作为图 10-97 所示的双色调效果。

图 10-97　更改颜色模式前后的效果对比

3．导入本书配套光盘中 Chapter 10\位图 3.jpg 文件，然后运用本书所学的位图调整功能，将图像中的玫瑰由红色替换为蓝色，如图 10-98 所示。

图 10-98　替换玫瑰颜色前后的效果对比

第11章

滤镜的应用

⊚ 11.1 添加和删除滤镜效果

⊚ 11.2 滤镜效果

⊚ 11.3 本章练习

滤镜在 CorelDRAW 中提供了应用于位图的各种特殊效果功能。使用这些滤镜，可以直接在平面绘图软件中完成各种特殊效果的应用，这也是 CorelDRAW 强大功能的最好体现。

11.1　添加和删除滤镜效果

在 CorelDRAW X6 的"位图"菜单中，不同的滤镜效果按分类的形式被整合在一起，不同的滤镜可以产生不同的效果，恰当地使用这些效果，可以丰富画面，使图像产生意想不到的效果。

11.1.1　添加滤镜效果

添加滤镜效果的方法很简单。只需要在选择位图图像后，单击"位图"菜单，在其中选择所要应用的滤镜组，然后在展开的滤镜组下一级子菜单中选择所需要的效果即可，如图 11-1 所示。

CorelDRAW 中的滤镜效果基本都提供有参数设置的对话框。在选择所需要的滤镜效果后，会弹出相应的参数设置对话框，在其中设置好相关选项，并通过预览得到满意的效果后，单击对话框中的"确定"按钮，即可将该效果应用到所选的图像上。

图 11-1　CorelDRAW 中的滤镜组

11.1.2　删除滤镜效果

在为图像应用滤镜效果后，如果对产生的图像效果不太满意，可以通过 CorelDRAW 中的还原操作，将图像还原到应用滤镜效果前的状态。还原图像后，如果还需要应用该滤镜效果，可通过使用重做功能，将其恢复。

✦ 要撤销上一步的应用滤镜操作，可执行"编辑→撤销"命令，或者按下"Ctrl+Z"快捷键，即可将图像还原到应用滤镜前的状态。

✦ 还原图像后，如果未对图像进行其他的编辑和修改，可执行"编辑→重做"命令，或者按下"Shift+Ctrl+Z"快捷键，可将图像恢复到应用滤镜效果后的状态。

11.2　滤镜效果

CorelDRAW X6 提供了多种类型的滤镜效果，包括三维效果、艺术笔触效果、模糊效果、相机效果、颜色变换效果、轮廓图效果、创造性效果、扭曲效果、杂点效果和鲜明化效果等。下面介绍这些滤镜组中各种效果的功能和使用方法。

11.2.1　三维效果

三维效果滤镜，可以为位图添加各种模拟的 **3D** 立体效果。此滤镜组中包含了三维旋转、柱面、浮雕、卷页、透视、挤远/挤近及球面 7 种滤镜类型。

1. 三维旋转

"三维旋转"命令可以使图像产生一种立体的画面旋转透视效果。导入一张位图并将其选取后，执行"位图→三维效果→三维旋转"命令，弹出"三维旋转"对话框，如图 11-2 所示。在"垂直"或"水平"数值框中，输入垂直方向或水平方向的旋转角度，然后单击"确定"按钮即可。

- ✦ "垂直"文本框：可以设置对象在垂直方向上的旋转效果。
- ✦ "水平"文本框：可以设置对象在水平方向上的旋转效果。
- ✦ "最适合"复选框：选中该复选框，可以使经过变形后的位图适应于图框。

【技巧与提示】

在所有的滤镜效果对话框中，左上角的▣和▢按钮用于在双窗口、单窗口和取消预览窗口之间进行切换。将光标移动到预览窗口中，当光标变为手形状态时，按下鼠标左键拖动，可平移视图。单击鼠标左键，可放大视图。单击鼠标右键，可缩小视图。单击"预览"按钮，可预览应用后的效果。单击"重置"按钮，可取消对话框中各选项参数的修改，回到默认的状态。

2. 柱面

"柱面"命令可以使图像产生缠绕在柱面内侧或柱面外侧的变形效果。选择需要应用该效果的位图后，执行"位图→三维效果→柱面"命令，弹出图 11-3 所示的"柱面"对话框，在其中设置好各项参数后，单击"确定"按钮即可。

图 11-2　设置"三维旋转"对话框

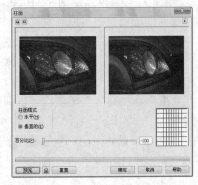

图 11-3　设置"柱面"对话框

- ✦ "水平"选项：表示沿水平柱面产生缠绕效果。
- ✦ "垂直的"选项：表示沿垂直柱面产生缠绕效果。
- ✦ "百分比"滑块：可以设置柱面凹凸的强度。

3. 浮雕

"浮雕"命令可以使选取的图像模拟具有深度感的浮雕效果。选择位图后，执行"位图→

三维效果→浮雕"命令，弹出图 11-4 所示的"浮雕"对话框，在其中设置好各项参数后，单击"确定"按钮即可。

✦ "深度"滑块：用于设置浮雕效果中凸起区域的深度。

✦ "层次"滑块：用于设置浮雕效果的背景颜色总量。

✦ "方向"选项：用于设置浮雕效果采光的角度。

✦ "浮雕色"选项组：可以将创建浮雕所使用的颜色设置为原始颜色、灰色、黑色或其他颜色。

4．卷页

"卷页"命令可以为位图添加一种类似于卷起页面一角的卷曲效果。选择位图后，执行"位图→三维效果→卷页"命令，弹出图 11-5 所示的"卷页"对话框，在其中设置好各项参数后，单击"确定"按钮即可。

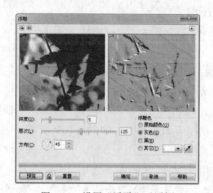

图 11-4　设置"浮雕"对话框

图 11-5　设置"卷页"对话框

✦ 按钮：对话框左面的 4 个按钮，用于选择页面卷曲的图像边角。

✦ "定向"选项组：可以将页面卷曲的方向设为"垂直"或"水平"方向。

✦ "纸张"选项组：可以将纸张上卷曲的区域透明性设为不透明或透明。

✦ "颜色"选项组：可以在选择页面卷曲时，同时选择纸张背面抛光效果的卷曲部分和背景颜色。

✦ "宽度"和"高度"滑块：可以调整页面卷曲区域的大小范围。

5．透视

"透视"命令可以使图像产生三维透视的效果。选择位图后，执行"位图→三维效果→透视"命令，弹出图 11-6 所示的"透视"对话框，在其中设置好各项参数后，单击"确定"按钮即可。

✦ 通过调节框中的 4 个白色方块节点，可以设置图像的透视方向。

✦ "类型"选项：用于设置不同的三维透视或变形效果。"透视"可以使图像产生透视效果，"切变"可以使图像产生倾斜效果。

✦ "最适合"复选框：选中该复选框，可以使经过变形后的位图适应于图框。

6．挤远/挤近

"挤远/挤近"命令可使图像相对于某个点弯曲，产生拉近或拉远的效果。选择位图后，执行"位图→三维效果→挤远/挤近"命令，弹出图 11-7 所示的"挤远/挤近"对话框，在其中设置好各项参数后，单击"确定"按钮即可。

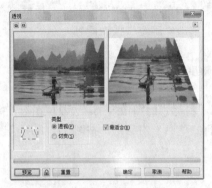

图 11-6　设置"透视"对话框

图 11-7　设置"挤远/挤近"对话框

✦ 单击按钮后，在预览窗口中单击，可设置变形的中心点位置。

✦ "挤远/挤近"滑块：拖动其滑块，可以设置图像挤远或挤近变形的强度。

7. 球面

"球面"命令可以使图像产生凹凸的球面效果。选择位图后，执行"位图→三维效果→球面"命令，弹出图 11-8 所示的"球面"对话框，在该对话框中设置好各项参数后，单击"确定"按钮即可。

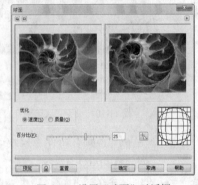

✦ "优化"选项：可以根据需要选择"速度"或"质量"作为优化标准。

✦ "百分比"滑块：可以设置柱面凹凸的强度。

图 11-9 所示为选中对象并执行"球面"命令前后的效果对比。

图 11-8　设置"球面"对话框

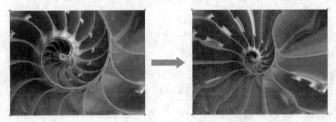

图 11-9　执行"球面"命令前后的效果对比

11.2.2　艺术笔触效果

应用"艺术笔触"功能，可以使用艺术笔触滤镜为位图添加一些特殊的美术技法效果。此组滤镜中包含了炭笔画、单色蜡笔画、蜡笔画、立体派、印象派、调色刀、彩色蜡笔画、钢笔画、点彩派、木版画、素描、水彩画、水印画及波纹纸画共 14 种滤镜效果。

1. 炭笔画

使用"炭笔画"命令，可以使位图图像具有类似于炭笔绘制的画面效果。选取位图后，执行"位图→艺术笔触→炭笔画"命令，弹出图 11-10 所示的"炭笔画"对话框，在其中通过拖动滑块来设置"大小"及"边缘"大小后，单击"确定"按钮即可。

◆ "大小"滑块：可以设置画笔尺寸的大小。

◆ "边缘"滑块：可以设置轮廓边缘的清晰度。

2. 单色蜡笔画

"单色蜡笔画"命令可以将图像制作成类似于粉笔画的图像效果。选取位图后，执行"位图→艺术笔触→单色蜡笔画"命令，弹出"单色蜡笔画"对话框，按图 11-11 所示设置好各项参数后，单击"确定"按钮即可。

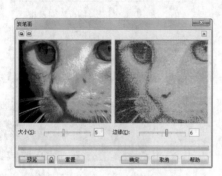

图 11-10　设置"炭笔画"对话框　　　　图 11-11　设置"单色蜡笔画"对话框

◆ "单色"选项：可在该选项中选择制作成单色蜡笔画的整体色调，可同时选择多个颜色的复选框，组成混合色。

◆ "纸张颜色"选项：设置背景纸张的颜色。

◆ "压力"和"底纹"滑块：可设置笔触强度。

3. 蜡笔画

"蜡笔画"命令可以使图像产生蜡笔画的效果。选取位图后，执行"位图→艺术笔触→蜡笔画"命令，弹出"蜡笔画"对话框，按图 11-12 所示设置好各项参数后，单击"确定"按钮即可。

◆ "大小"滑块：设置应用于蜡笔画的背景颜色总量。

◆ "轮廓"滑块：设置轮廓的大小强度。

4. 立体派

"立体派"命令可以将图像中相同颜色的像素组合成颜色块，形成类似于立体派的绘画风格。选取位图后，执行"位图→艺术笔触→立体派"命令，弹出"立体派"对话框，按图 11-13 所示设置好各项参数后，单击"确定"按钮即可。

◆ "大小"滑块：设置颜色块的色块大小。

◆ "亮度"滑块：调节画面的亮度。

◆ "纸张色"选项：设置背景纸张的颜色。

5. 印象派

"印象派"命令可以将图像制作成类似印象派的绘画风格。选取位图后，执行"位图→艺术笔触→印象派"命令，弹出图 11-14 所示的"印象派"对话框，设置好各项参数后，单击"确定"按钮即可。

图 11-12　设置"蜡笔画"对话框

图 11-13　设置"立体派"对话框

- ◆ "样式"选项组：可以设置"笔触"或者"色块"样式作为构成画面的元素。
- ◆ "技术"选项组：可以通过对"笔触"、"着色"和"亮度"三个滑块的调整，以获得最佳的画面效果。

6. 调色刀

"调色刀"命令可以将图像制作成类似调色刀绘制的绘画效果。选取位图后，执行"位图→艺术笔触→调色刀"命令，弹出图 11-15 所示的"调色刀"对话框，设置好各项参数后，单击"确定"按钮即可。

图 11-14　设置"印象派"对话框

图 11-15　"调色刀"对话框

7. 彩色蜡笔画

"彩色蜡笔画"命令可以使图像产生使用彩色蜡笔绘画的效果。选取位图后，执行"位图→艺术笔触→彩色蜡笔画"命令，弹出图 11-16 所示的"彩色蜡笔画"对话框，在该对话框中设置好各项参数后，单击"确定"按钮即可。

- ◆ "彩色蜡笔类型"选项组：可以选择彩色蜡笔的类型。
- ◆ "笔触大小"和"色度变化"滑块：可以通过对滑块的调整，获得最佳的画面效果。

8. 钢笔画

"钢笔画"命令可以使图像产生使用钢笔和墨水绘画的效果。选取位图后，执行"位图→艺术笔触→钢笔画"命令，弹出图 11-17 所示的"钢笔画"对话框，在该对话框中设置好各项参数后，单击"确定"按钮即可。

图 11-16　"彩色蜡笔画"对话框　　　　图 11-17　"钢笔画"对话框

✦ "样式"选项组：可以选择"交叉阴影"和"点画"两种绘画样式。
✦ "密度"滑块：可以通过拖动滑块设置笔触的密度。
✦ "墨水"滑块：可以通过拖动滑块设置画面颜色的深浅。
应用不同的"样式"类型后，图像效果如图 11-18 所示。

原图　　　　　　　"交叉阴影"样式　　　　　　　"点画"样式

图 11-18　执行不同"钢笔画"命令的效果

9. 点彩派

"点彩派"命令可以将图像制作成由大量颜色点组成的图像效果。选取位图后，执行"位图→艺术笔触→点彩派"命令，弹出"点彩派"对话框，按图 11-19 所示设置好各项参数后，单击"确定"按钮即可。

10. 木版画

"木版画"命令可以在图像的彩色和黑白之间产生鲜明的对照点。选取位图后，执行"位图→艺术笔触→木版画"命令，弹出图 11-20 所示的"木版画"对话框，在该对话框中设置好各项参数后，单击"确定"按钮即可。

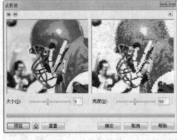

图 11-19　"点彩派"对话框　　　　图 11-20　"木版画"对话框

◆ "颜色"选项：选择该选项，图像可制作成彩色木版画效果。

◆ "白色"选项：选择该选项，图像可制作成黑白木版画效果。

11. 素描

"素描"命令可以将图像制作成素描的绘画效果。选取位图后，执行"位图→艺术笔触→素描"命令，弹出图11-21所示的"素描"对话框，在该对话框中设置好各项参数后，单击"确定"按钮即可。

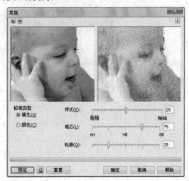

◆ "碳色"选项：选择该选项后，图像可制作成黑白素描效果。

◆ "颜色"选项：选择该选项后，图像可制作成彩色素描效果。

图 11-21 "素描"对话框

◆ "样式"滑块：可以设置从粗糙到精细的画面效果。

◆ "笔芯"滑块：设置铅笔颜色的深浅。

◆ "轮廓"滑块：设置轮廓的清晰度。

应用不同的"铅笔类型"后，图像效果如图11-22所示。

原图   铅笔类型为"碳色"   铅笔类型为"颜色"

图 11-22 不同铅笔类型的效果

12. 水彩画

"水彩画"命令可以使位图图像具有类似于水彩画一样的画面效果。选取位图后，执行"位图→艺术笔触→水彩画"命令，弹出"水彩画"对话框，按图11-23所示设置好各项参数后，单击"确定"按钮即可。

◆ "画刷大小"滑块：用于设置笔刷的大小。

◆ "粒状"滑块：用于设置纸张底纹的粗糙程度。

◆ "水量"滑块：用于设置笔刷中的水分值。

◆ "出血"滑块：用于设置笔刷的速度值。

◆ "亮度"滑块：用于设置画面的亮度。

13. 水印画

"水印画"命令可以使图像呈现使用水印绘制的画面效果。选取位图后，执行"位图→艺术笔触→水印画"命令，弹出"水印画"对话框，按图11-24所示设置好各项参数后，单击"确定"按钮即可。

在"水印画"对话框中，可选择"变化"选项栏中的"默认"、"顺序"或"随机"选项，选择不同的"变化"选项，其水印画效果各不相同。图11-25所示为执行"水印画"命令前后的图像效果对比。

图 11-23 设置"水彩画"对话框　　　　图 11-24 设置"水印画"对话框

14．波纹纸画

"波纹纸画"命令可以将图像制作成在带有纹理的纸张上绘制出的画面效果。选取位图后，执行"位图→艺术笔触→波纹纸画"命令，弹出"波纹纸画"对话框，按图 11-26 所示设置好各项参数后，单击"确定"按钮即可。

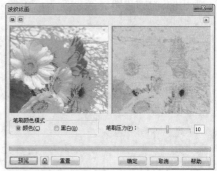

图 11-25 执行"水印画"命令后的对比效果　　　图 11-26 设置"波纹纸画"对话框

◆ "颜色"选项：选择该选项后，图像可制作成彩色波纹纸画效果。

◆ "黑白"选项：选择该选项后，图像可制作成黑白波纹纸画效果。

11.2.3　模糊效果

"模糊"滤镜可以使位图产生像素柔化、边缘平滑、颜色渐变，并具有运动感的画面效果。该滤镜组包含了定向平滑、高斯式模糊、锯齿状模糊、低通滤波器、动态模糊、放射式模糊、平滑、柔和及缩放共 9 种滤镜效果。

1．定向平滑

"定向平滑"命令可以为图像添加细微的模糊效果，使图像中的颜色过渡平滑。选取位图后，执行"位图→模糊→定向平滑"命令，弹出"定向平滑"对话框，在其中设置好百分比值后，单击"确定"按钮，图像效果如图 11-27 所示。

图 11-27 "定向平滑"对话框设置及其效果

设置定向平滑的强度

2. 高斯式模糊

"高斯式模糊"命令可以使图像按照高斯分布变化来产生模糊效果。选取位图后,执行"位图→模糊→高斯式模糊"命令,弹出"高斯式模糊"对话框,在其中设置高斯模糊的半径值后,单击"确定"按钮,图像效果如图 11-28 所示。

图 11-28 "高斯式模糊"对话框设置及其效果

3. 锯齿状模糊

"锯齿状模糊"命令可以在相邻颜色的一定高度和宽度范围内产生锯齿状波动的模糊效果。选取位图后,执行"位图→模糊→锯齿状模糊"命令,弹出"锯齿状模糊"对话框,在其中对"宽度"和"高度"值进行设置后,单击"确定"按钮,图像效果如图 11-29 所示。

图 11-29 "锯齿状模糊"对话框设置及其效果

4. 低通滤波器

"低通滤波器"命令可以使图像降低相邻像素间的对比度。选取位图后,执行"位图→模糊→低通滤波器"命令，弹出"低通滤波器"对话框，在其中对"百分比"和"半径"值进行设置后，单击"确定"按钮，图像效果如图 11-30 所示。

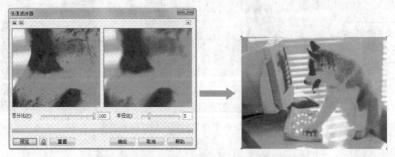

图 11-30 "低通滤波器"对话框设置及其效果

5. 动态模糊

"动态模糊"命令可以将图像沿一定方向创建镜头运动所产生的动态模糊效果。选取位图后，执行"位图→模糊→动态模糊"命令，弹出"动态模糊"对话框，在其中设置好各项参数后，单击"确定"按钮，图像效果如图 11-31 所示。

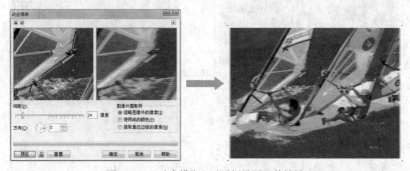

图 11-31 "动态模糊"对话框设置及其效果

6. 放射状模糊

"放射状模糊"命令可以使位图图像从指定的圆心处产生同心旋转的模糊效果。选取位图后，执行"位图→模糊→放射状模糊"命令，弹出"放射状模糊"对话框，在其中设置好"数量"值后，单击"确定"按钮，图像效果如图 11-32 所示。

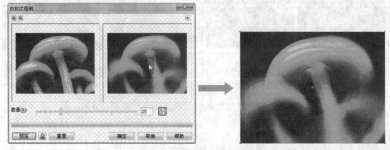

图 11-32 "放射状模糊"对话框设置及其效果

✦ 单击 按钮，在原始图像预览框中选择放射状模糊的圆心位置，单击该点后将在预览框中留下十字标记。

✦ "数量"滑块：设置模糊效果的强度。

7. 平滑

"平滑"命令可以减小图像中相邻像素之间的色调差别。选取位图后，执行"位图→模糊→平滑"命令，弹出"平滑"对话框，在其中设置好"百分比"值后，单击"确定"按钮，图像效果如图 11-33 所示。

图 11-33 "平滑"对话框设置及其效果

8. 柔和

"柔和"命令可以使图像产生轻微的模糊效果，从而达到柔和画面的目的。选取位图后，执行"位图→模糊→柔和"命令，弹出"柔和"对话框，在其中设置好"百分比"值后，单击"确定"按钮，图像效果如图 11-34 所示。

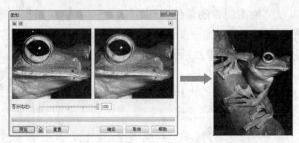

图 11-34 "柔和"对话框设置及其效果

9. 缩放

"缩放"命令可以从图像的某个点往外扩散，产生爆炸的视觉冲击效果。选取位图后，执行"位图→模糊→缩放"命令，弹出"缩放"对话框，在其中设置好"数量"值后，单击"确定"按钮，图像效果如图 11-35 所示。

图 11-35 "缩放"对话框设置及其效果

11.2.4　相机效果

"相机"命令是通过模仿照相机原理，使图像产生散光等效果，该滤镜组只包含"扩散"命令。

选取位图后，执行"位图→相机→扩散"命令，弹出"扩散"对话框，拖动"层次"滑块调整图像扩散的程度后，单击"确定"按钮，图像效果如图 11-36 所示。

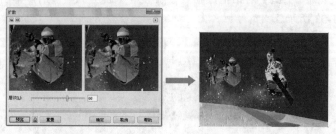

图 11-36　"扩散"对话框设置及其效果

11.2.5　颜色变换效果

应用"颜色变换"滤镜效果，可以改变位图中原有的颜色。此滤镜组中包含"位平面"、"半色调"、"梦幻色调"及"曝光"效果。

1．位平面

"位平面"命令可以将位图图像的颜色以红、绿、蓝 3 种色块平面显示出来，产生特殊的视觉效果。选取位图后，执行"位图→颜色变换→位平面"命令，弹出图 11-37 所示的"位平面"对话框，在其中设置好各项参数后，单击"确定"按钮即可。

- ✦ 分别拖动"红"、"绿"、"蓝"滑块，可设置红、绿、蓝 3 种颜色在色块平面中的比例。
- ✦ "应用于所有位面"复选框：选中该复选框，3 种颜色等量显示；不选择该复选框时，3 种颜色可以按不同的数量设置显示。

图 11-37　"位平面"对话框

2．半色调

"半色调"命令可以使图像产生彩色网板的效果。选取位图后，执行"位图→颜色变换→半色调"命令，弹出图 11-38 所示的"半色调"对话框，在其中设置好各项参数后，单击"确定"按钮即可。

- ✦ 分别拖动"青"、"品红"、"黄"滑块，可设置青、品红、黄 3 种颜色在色块平面中的比例。
- ✦ "最大点半径"滑块：设置构成半色调图像中最大点的半径，数值越大，半径越大。

3．梦幻色调

"梦幻色调"命令可以将位图图像中的颜色变换为明快、鲜艳的颜色，从而产生一种高对比度的幻觉效果。

选取位图后，执行"位图→颜色变换→梦幻色调"命令，弹出图 11-39 所示的"梦幻色调"对话框，拖动"层次"滑块，调整梦幻色调的强度，数值越大，位图中的颜色参与转换的数量越多，效果变化也就越强烈。图 11-40 所示为执行该命令前后的图像效果对比。

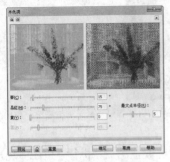

图 11-38 "半色调"对话框

图 11-39 "梦幻色调"对话框

4. 曝光

"曝光"命令可以将图像制作成类似照片底片的效果。选取位图后，执行"位图→颜色变换→曝光"命令，弹出图 11-41 所示的"曝光"对话框，拖动"层次"滑块以调整图像的曝光程度后，单击"确定"按钮即可。

图 11-40 执行"梦幻效果"命令前后的效果对比

图 11-41 "曝光"对话框

11.2.6 轮廓图效果

应用"轮廓图"效果，可以根据图像的对比度，使对象的轮廓变成特殊的线条效果。该滤镜组包含了"边缘检测"、"查找边缘"及"描摹轮廓"共 3 种滤镜效果。

1. 边缘检测

"边缘检测"命令可以查找位图图像中对象的边缘并勾画出对象轮廓，此滤镜适用于高对比度的位图图像的轮廓查找。选取位图后，执行"位图→轮廓图→边缘检测"命令，弹出图 11-42 所示的"边缘检测"对话框。

◆ 在"背景色"选项组中，可将背景颜色设为"白色"、"黑"或"其他"颜色。选中"其他"单选项时，可在颜色列表框中选择一种颜色，也可使用"吸管工具"在预览窗口中选取图像中的颜色作为背景色。

◆ 拖动"灵敏度"滑块，可调整探测的灵敏性。

执行"边缘检测"命令后，图像的前后对比效果如图 11-43 所示。

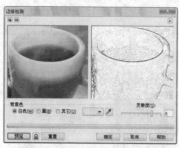

图 11-42 "边缘检测"对话框

图 11-43 执行"边缘检测"命令前后的效果对比

2. 查找边缘

"查找边缘"命令可以彻底显示图像中的对象边缘。选取位图后，执行"位图→轮廓图→查找边缘"命令，弹出图 11-44 所示的"查找边缘"对话框，设置好各选项后，单击"确定"按钮即可。

✦ "边缘类型"选项组：可以选择"软"或"纯色"的边缘类型。

✦ "层次"滑块：可以拖动滑块以调整边缘的强度。

应用不同的"边缘类型"后的图像效果如图 11-45 所示。

图 11-44 "查找边缘"对话框

原图　　　　　边缘类型为"软"　　边缘类型为"纯色"

图 11-45 不同边缘类型的效果

3. 描摹轮廓

"描摹轮廓"命令可以勾画出图像的边缘，边缘以外的大部分区域将以白色填充。选取位图对象，执行"位图→轮廓图→描摹轮廓"命令，弹出图 11-46 所示的"描摹轮廓"对话框。

在"描摹轮廓"对话框中，"层次"选项用于设置跟踪边缘的强度。执行"跟踪轮廓"命令后，图像的前后对比效果如图 11-47 所示。

图 11-46 "描摹轮廓"对话框

图 11-47 执行"跟踪轮廓"命令前后的效果对比

11.2.7　创造性效果

应用"创造性"滤镜，可以为图像添加许多具有创意的各种画面效果。该滤镜组包含工艺、晶体化、织物、框架、玻璃砖、儿童游戏、马赛克、粒子、散开、茶色玻璃、彩色玻璃、虚光、旋涡及天气共 14 种滤镜效果。

1. 工艺

"工艺"命令可以使位图图像具有类似于用工艺元素拼接起来的画面效果。选取位图后，执行"位图→创造性→工艺"命令，弹出图 11-48 所示的"工艺"对话框，其中各选项功能如下。

图 11-48　"工艺"对话框

✦ 在"工艺"对话框的"样式"下拉列表框中，可以将用于拼接的工艺元素设为"拼图板"、"齿轮"、"弹珠"、"糖果"、"瓷砖"或"筹码"样式，如图 11-49 所示。
✦ 拖动"大小"滑块，可以设置用于拼接的工艺元素尺寸大小。
✦ 拖动"完成"滑块，可以设置图像被工艺元素覆盖的百分比值。
✦ 拖动"亮度"滑块，可以设置图像中的光照亮度。
✦ 拨动"旋转"拨盘，可以设置图像中的光照角度。

执行"拼图板"样式的"工艺"命令后，图像的前后对比效果如图 11-50 所示。

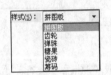

图 11-49　"样式"下拉列表

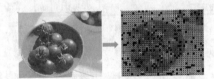

图 11-50　执行"工艺"命令前后的效果对比

2. 晶体化

"晶体化"命令可以使位图图像产生类似于晶体块状组合的画面效果。选取位图后，执行"位图→创造性→晶体化"命令，弹出图 11-51 所示的"晶体化"对话框，拖动"大小"滑块设置好晶体化的大小参数后，单击"确定"按钮，图像效果如图 11-52 所示。

图 11-51　"工艺"对话框

图 11-52　执行"晶体化"命令前后的效果对比

3. 织物

"织物"命令可以使图像产生类似于各种编织物的画面效果。选取位图后，执行"位图→创造性→织物"命令，弹出"织物"对话框，如图 11-53 所示，"织物"命令与"工艺"命令的对话框设置方法相同。

✦ 在"织物"对话框的"样式"下拉列表框中，可以将用于拼接的工艺元素设为"刺绣"、"地毯勾织"、"拼布"、"珠帘"、"丝带"或"拼纸"样式，如图 11-54 所示。

✦ 拖动"大小"滑块，可以设置用于拼接的样式元素尺寸大小。

✦ 拖动"完成"滑块，可以设置图像被样式元素覆盖的百分比值。

✦ 拖动"亮度"滑块，可以设置图像中的光照亮度。

✦ 拨动"旋转"拨盘，可以设置图像中的光照角度。

选择不同的样式后，图像效果对比如图 11-55 所示。

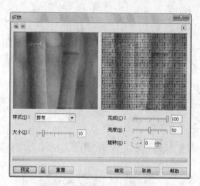

图 11-53 "织物"对话框

图 11-54 "样式"下拉列表

4. 框架

"框架"命令可以使图像边缘产生艺术的抹刷效果。选取位图后，执行"位图→创造性→框架"命令，弹出图 11-56 所示的"框架"对话框。

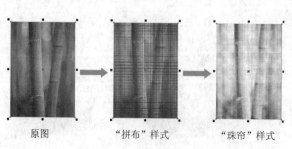

原图　　　"拼布"样式　　　"珠帘"样式

图 11-55　不同样式的效果

图 11-56　"框架"对话框

- ✦ "选择"标签：可以选择不同的框架样式，如图 11-57 所示。
- ✦ "修改"标签：可以对选择的框架样式进行修改，如图 11-58 所示。

图 11-57 "选择"标签

图 11-58 "修改"标签

执行"框架"命令后，图像的对比效果如图 11-59 所示。

5．玻璃砖

"玻璃砖"命令可以使图像产生映照在块状玻璃上的图像效果。选取位图后，执行"位图→创造性→玻璃砖"命令，弹出图 11-60 所示的"玻璃砖"对话框。

图 11-59 执行"框架"命令前后的效果对比

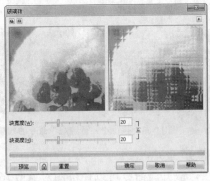

图 11-60 "玻璃砖"对话框

- ✦ "块宽度"滑块：设置效果中玻璃块的宽度。
- ✦ "块高度"滑块：设置效果中玻璃块的高度。
- ✦ 单击"锁定"按钮，可同时设置玻璃块的高度和宽度。

执行"玻璃砖"命令后的图像对比效果如图 11-61 所示。

6．儿童游戏

应用"儿童游戏"命令，可以使位图图像具有类似于儿童涂鸦游戏时所绘制出的画面效果。

选取位图后，执行"位图→创造性→儿童游戏"命令，弹出图 11-62 所示的"儿童游戏"对话框，该对话框中的选项设置与工艺效果滤镜相似。图 11-63 所示是在"游戏"下拉列表中选择"圆点图案"类型后产生的图像效果。

7．马赛克

"马赛克"命令可以使位图图像产生类似于马赛克拼接成的画面效果。选取位图后，执行"位图→创造性→马赛克"命令，弹出图 11-64 所示的"马赛克"对话框，在其中设置好"大小"参数、背景色，并选中"虚光"复选框后，单击"确定"按钮即可。

8．粒子

"粒子"命令可以在图像上添加星点或气泡的效果。选取位图后，执行"位图→创造性→粒子"命令，弹出"粒子"对话框，按图 11-65 所示设置好各项参数后，单击"确定"按钮即可。

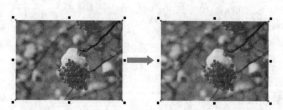

图 11-61　执行"玻璃砖"命令的效果

图 11-62　"儿童游戏"对话框

图 11-63　执行"儿童游戏"命令的效果

图 11-64　"马赛克"对话框

9. 散开

"散开"命令可以使位图对象散开成颜色点的效果。选取位图后，执行"位图→创造性→散开"命令，弹出图 11-66 所示的"散开"对话框，设置好"水平"和"垂直"参数后，单击"确定"按钮即可。

图 11-65　"粒子"对话框

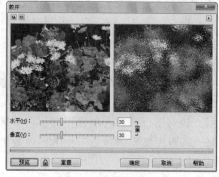

图 11-66　"散开"对话框

10. 茶色玻璃

"茶色玻璃"命令可以使图像产生类似于透过茶色玻璃或其他单色玻璃看到的画面效果。选取位图后，执行"位图→创造性→茶色玻璃"命令，弹出"茶色玻璃"对话框，按图 11-67 所示设置好参数后，单击"确定"按钮即可。

◆ "淡色"滑块：用于设置应用于图像的玻璃颜色深度。

◆ "模糊"滑块：用于设置画面的模糊程度。

◆ "颜色"选项：用于选择应用于图像的玻璃颜色。

11.　彩色玻璃

"彩色玻璃"命令可以将图像制作成类似于彩色玻璃的画面效果。选取位图后，执行"位图→创造性→彩色玻璃"命令，弹出"彩色玻璃"对话框，按图 11-68 所示设置好参数后，单击"确定"按钮即可。

◆ "大小"滑块：用于调整效果中彩色玻璃块的大小。

◆ "光源强度"滑块：用于调节画面的明暗程度。

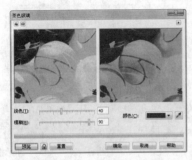

图 11-67　"茶色玻璃"对话框

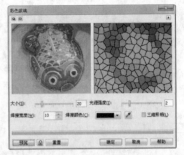

图 11-68　"彩色玻璃"对话框

◆ "焊接宽度"文本框：用于设置彩色玻璃块焊接时的轮廓宽度。

◆ "焊接颜色"下拉列表：用于选择玻璃块焊接时的轮廓颜色。

12.　虚光

"虚光"命令可以在图像周围产生虚光的画面效果，"虚光"对话框设置如图 11-69 所示。

◆ "颜色"选项组：用于设置应用于图像中的虚光颜色，包括"黑"、"白"和"其他"选项。

◆ "形状"选项组：用于设置应用于图像中的虚光形状，包括"椭圆"、"圆形"、"矩形"和"正方形"选项。

◆ "调整"选项组：用于设置虚光的偏移距离和虚光的强度。

执行"虚光"命令后，图像的前后对比效果如图 11-70 所示。

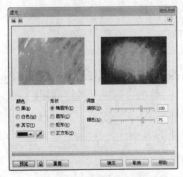

图 11-69　"虚光"对话框

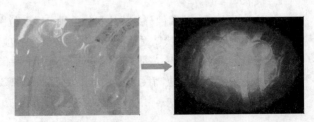

图 11-70　执行"虚光"命令的效果

13. 旋涡

"旋涡"命令可以使图像产生旋涡旋转的变形效果,"旋涡"对话框设置及产生的图像效果如图 11-71 所示。

✦ "样式"下拉列表:用于选择应用于图像的旋涡样式。

✦ "粗细"滑块:用于调整旋涡的大小强度。

✦ "内部方向"和"外部方向"选项:用于设置旋涡内部或外部的旋转方向。

14. 天气

"天气"命令可以在位图图像中模拟雨、雪、雾的天气效果,"天气"对话框如图 11-72 所示。

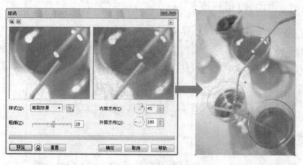

图 11-71 "旋涡"对话框设置及效果

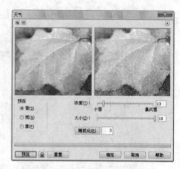

图 11-72 "天气"对话框

✦ "预报"选项组:可以将添加的天气类型设为雪、雨或雾。

✦ "浓度"滑块:用于设置天气效果中雪、雨、雾的浓度。

✦ "大小"滑块:用于设置雨点或雪花的大小。

✦ "随机化"按钮:单击该按钮,在旁边的文本框中会出现一个相应的随机数,图像中的效果元素将根据这个数值进行随机分布,用户也可以手动对该文本框进行设置。

执行"天气"命令后,图像的前后效果对比如图 11-73 所示。

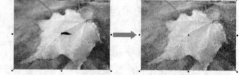

图 11-73 执行"天气"命令前后的效果对比

11.2.8 扭曲效果

应用"扭曲"效果滤镜,可以为图像添加各种扭曲变形的效果。此滤镜组包含了块状、置换、偏移、像素、龟纹、旋涡、平铺、湿笔画、涡流及风吹效果共 10 种滤镜效果。

1. 块状

"块状"命令可以使图像分裂成块状的效果。选取位图后,执行"位图→扭曲→块状"命令,弹出图 11-74 所示的"块状"对话框,在其中设置好各项参数后,单击"确定"按钮即可。

✦ "未定义区域"下拉列表:用于选择应用于图像的块状样式。

✦ "块宽度"和"块高度"滑块:用于设置图像效果中块的大小。

✦ "最大偏移"滑块:用于设置块的偏移距离。

2. 置换

"置换"命令可以将图像被预置的波浪、星形或方格等图形置换出来，产生特殊的效果。选取位图后，执行"位图→扭曲→置换"命令，弹出图 11-75 所示的"置换"对话框。

- ✦ "缩放模式"选项组：可选择"平铺"或"伸展适合"的缩放模式。
- ✦ "未定义区域"下拉列表：可选择"重复边缘"或"环绕"选项。
- ✦ "缩放"选项组：拖动"水平"或"垂直"滑块可调整置换的大小密度。
- ✦ "置换样式"列表框：可选择程序提供的置换样式。

执行"置换"命令后，图像的前后对比效果如图 11-76 所示。

图 11-74　"块状"对话框

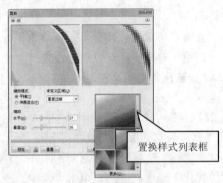

图 11-75　"置换"对话框

3. 偏移

"偏移"命令可以使图像产生画面对象的位置偏移效果。选取位图后，执行"位图→扭曲→偏移"命令，弹出"偏移"对话框，在其中设置好各项参数后，单击"确定"按钮，图像效果如图 11-77 所示。

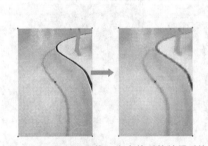

图 11-76　执行"置换"命令前后的效果对比

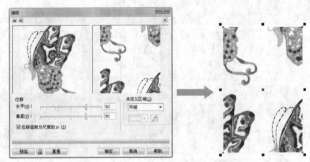

图 11-77　"偏移"对话框设置及其效果

4. 像素

"像素"命令可以使图像产生由正方形、矩形和射线组成的像素效果。选取位图后，执行"位图→扭曲→像素"命令，弹出"像素"对话框，设置好各项参数后，单击"确定"按钮，效果如图 11-78 所示。

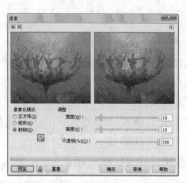

图 11-78 "像素"对话框设置及其效果

◆ "像素化模式"选项组：可选择"正方形"、"矩形"或"射线"的像素化模式。

◆ "调整"选项组：可以通过设置"宽度"、"高度"和"不透明"三个选项，来完成对象像素化效果的调整。

5. 龟纹

"龟纹"命令可以使图像按照设置，对位图中的像素进行颜色混合，使图像产生畸变的波浪效果。"龟纹"对话框如图 11-79 所示。

◆ "主波纹"选项组：拖动"周期"和"振幅"滑块，可以调整纵向波动的周期及振幅。

◆ "优化"选项组：可以单击"速度"或"质量"单选框。

◆ "垂直波纹"复选框：选中该复选框，可以为位图添加正交的波纹，拖动"振幅"滑块，可以调整正交波纹的振动幅度。

◆ "扭曲龟纹"复选框：选中该复选框，可以使位图中的波纹发生变形，形成干扰波。

◆ 拨动"角度"拨盘，可以设置波纹的角度。

执行"龟纹"命令后，图像的前后对比效果如图 11-80 所示。

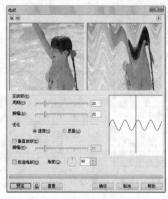

图 11-79 "龟纹"对话框　　　　图 11-80 执行"龟纹"命令前后的效果对比

6. 旋涡

"旋涡"命令可以使图像产生顺时针或逆时针的旋涡变形效果。选取位图后，执行"位图→扭曲→旋涡"命令，开启图 11-81 所示的"旋涡"对话框，在该对话框中设置好各项参数后，单击"确定"按钮即可。

◆ "定向"选项组：可以选择"顺时针"选项或"逆时针"选项作为旋涡效果的旋转方向。

◆ "优化"选项组：可以选择"速度"选项或"质量"选项。

◆ "角"选项组：可以通过拖动"整体旋转"滑块和"附加度"滑块来设置旋涡效果。

7. 平铺

"平铺"命令可以使图像产生由多个原图像平铺成的画面效果。选取位图后，执行"位图→扭曲→平铺"命令，开启图 11-82 所示的"平铺"对话框，在该对话框中设置好各项参数后，单击"确定"按钮即可。

◆ "水平平铺"滑块：拖动其滑块来设置水平的对象平铺量。

◆ "垂直平铺"滑块：拖动其滑块可以设置垂直的对象平铺量。单击"锁定"按钮后，可同时设置水平和垂直平铺量。

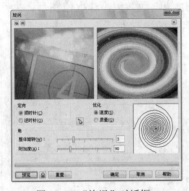 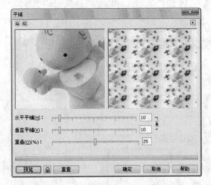

图 11-81　"旋涡"对话框　　　　　　　　图 11-82　"平铺"对话框

◆ "重叠"滑块：拖动其滑块可设施对象平铺时的画面重叠量。

8. 湿笔画

"湿笔画"命令可以使图像产生类似于油漆未干时，油漆往下流的画面浸染效果。选取位图后，执行"位图→扭曲→湿画笔"命令，开启图 11-83 所示的"湿画笔"对话框，在该对话框中设置好各项参数后，单击"确定"按钮即可。

◆ "润湿"滑块：拖动其滑块，可以设置图像中各个对象的油滴数目。数值为正时，油滴从上往下流；数值为负时，油滴则从下往上流。

◆ "百分比"滑块：拖动其滑块，可以设置油滴的大小。

9. 涡流

"涡流"命令可以使图像产生无规则的条纹流动效果。选取位图后，执行"位图→扭曲→涡流"命令，弹出图 11-84 所示的"涡流"对话框，在该对话框中设置好各项参数后，单击"确定"按钮即可。

◆ "间距"滑块：滑动滑块以设置各个涡流之间的间距。

◆ "擦拭长度"滑块：可以设置涡流擦拭的长度。

◆ "扭曲"滑块：可以设置涡流扭曲的程度。

◆ "条纹细节"滑块：可以设置条纹细节的丰富程度。

◆ "样式"下拉列表：展开该下拉列表，如图 11-85 所示，可以设置涡流的样式。

图 11-83 "湿画笔"对话框

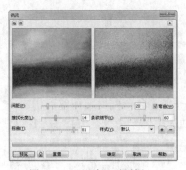

图 11-84 "涡流"对话框

10. 风吹效果

"风吹效果"命令可以使图像产生类似于被风吹过的画面效果。选取位图后，执行"位图→扭曲→风吹效果"命令，弹出图 11-86 所示的"风吹效果"对话框，在该对话框中设置好各项参数后，单击"确定"按钮即可。

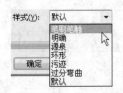

图 11-85 "样式"下拉列表

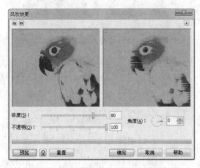

图 11-86 "风吹效果"对话框

◆ "浓度"滑块：拖动其滑块，可设置画面效果中风的强度。

◆ "不透明"滑块：拖动其滑块，可设置画面效果中风的透明度大小。

◆ "角度"文本框：设置角度以调整风吹的方向。

11.2.9　杂点效果

使用"杂点"效果，可以在位图中模拟或消除由于扫描或者颜色过渡所造成的颗粒效果。此滤镜组包含了添加杂点、最大值、中值、最小、去除龟纹及去除杂点共 6 种滤镜效果。

1. 添加杂点

"添加杂点"命令可以在位图图像中增加颗粒，使图像画面具有粗糙的效果。选择位图后，执行"位图→杂点→添加杂点"命令，弹出图 11-87 所示的"添加杂点"对话框，在该对话框中设置好各项参数后，单击"确定"按

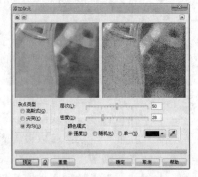

图 11-87 "添加杂点"对话框

钮即可。

◆ "杂点类型"选项组：可以将添加的杂点设置为"高斯式"、"尖突"或"均匀"的类型。

◆ "层次"滑块：拖动其滑块，可以调整图像中受杂点效果影响的颜色及亮度的变化范围。

◆ "密度"滑块：拖动其滑块，可以调整图像中杂点的密度。

◆ "颜色模式"选项组：可以将杂点的颜色模式设为"强度"、"随机"或"单一"模式。

2. 最大值

"最大值"命令可以使位图图像具有非常明显的杂点画面效果。选择位图后，执行"位图→杂点→最大值"命令，弹出图 11-88 所示的"最大值"对话框，在该对话框中设置好各项参数后，单击"确定"按钮即可。

◆ "百分比"滑块：拖动其滑块，可调整最大值效果的变化程度。

◆ "半径"滑块：拖动其滑块，可调整应用最大值效果时发生变化的像素数量。

3. 中值

"中值"命令可以使位图图像具有比较明显的杂点效果。选取位图后，执行"位图→杂点→中值"命令，弹出"中值"对话框，如图 11-89 所示，为其设置"半径"参数后，单击"确定"按钮即可。

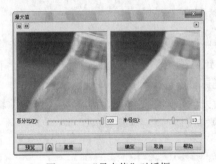

图 11-88 "最大值"对话框

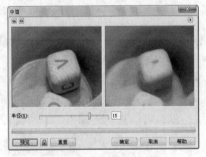

图 11-89 "中值"对话框

◆ "半径"滑块：拖动其滑块，可调整应用中值效果时发生变化的像素数量。

4. 最小

"最小"命令可以使图像具有块状的杂点效果。选取位图后，执行"位图→杂点→最小"命令，弹出图 11-90 所示的"最小"对话框，在该对话框中设置好各项参数后，单击"确定"按钮即可。

◆ "百分比"滑块：拖动其滑块，可调整最小效果的变化程度。

◆ "半径"滑块：拖动其滑块，可调整应用最小效果时发生变化的块状大小。

5. 去除龟纹

"去除龟纹"命令可以去除位图图像中的龟纹杂点，减少粗糙程度，但同时去除龟纹后的画面会相应模糊。

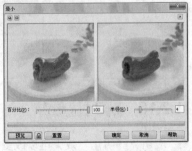

图 11-90 "最小"对话框

选取位图后,执行"位图→杂点→去除龟纹"命令,弹出"去除龟纹"对话框,设置各项参数后,单击"确定"按钮,图像效果如图 11-91 所示。

【技巧与提示】

在"去除龟纹"对话框中,"数量"设置得越高,去除龟纹数量越多,但同时画面模糊程度越大。

6. 去除杂点

"去除杂点"命令可以去除图像(比如扫描图像)中的灰尘和杂点,使图像有更加干净的画面效果,但同时,去除杂点后的画面会相应模糊。

图 11-91 "去除龟纹"对话框设置及效果

选取位图图像后,执行"位图→杂点→去除杂点"命令,弹出图 11-92 所示的"去除杂点"对话框,在该对话框中设置好各项参数后,单击"确定"按钮即可。

✦ "阈值"滑块:用于设置去除杂点的数量范围。

✦ "自动"复选框:选中该复选框可自动设置去除杂点的数量。取消选取"自动"复选框,可以拖动"阈值"滑块对去除杂点的数量进行自定义设置。

图 11-92 "去除杂点"对话框

11.2.10 鲜明化效果

应用"鲜明化"效果可以改变位图图像中相邻像素的色度、亮度及对比度,从而增强图像的颜色锐度,使图像颜色更加鲜明突出。此滤镜组包含了适应非鲜明化、定向柔化、高通滤波器、鲜明化及非鲜明化遮罩共 5 种滤镜效果。

1. 适应非鲜明化

"适应非鲜明化"命令可以增强图像中对象边缘的颜色锐度，使对象边缘鲜明化。选取位图后，执行"位图→鲜明化→适应非鲜明化"命令，弹出图 11-93 所示的"适应非鲜明化"对话框，在该对话框中设置好各项参数后，单击"确定"按钮即可。

◆ "百分比"滑块：拖动该滑块以设置图像边缘颜色的锐化程度。

2. 定向柔化

"定向柔化"命令可以增强图像中相邻颜色的对比度，使图像更加鲜明化。选取位图后，执行"位图→鲜明化→定向柔化"命令，弹出图 11-94 所示的"定向柔化"对话框，在该对话框中设置好各项参数后，单击"确定"按钮即可。

3. 高通滤波器

"高通滤波器"命令可以极为清晰地突出位图中绘图元素的边缘。选取位图后，执行"位图→鲜明化→高通滤波器"命令，弹出图 11-95 所示的"高通滤波器"对话框，在该对话框中设置好各项参数后，单击"确定"按钮即可。

图 11-93 "适应非鲜明化"对话框

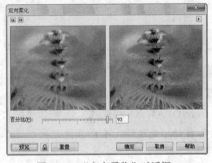

图 11-94 "定向柔化"对话框

◆ "百分比"滑块：拖动其滑块，可以调整高频通行效果的程度。

◆ "半径"滑块：拖动其滑块，可以调整位图中参与转换的颜色范围。

4. 鲜明化

"鲜明化"命令是调整图像颜色锐度的另一个效果命令，它更能增强图像中相邻像素的色度、亮度及对比度，达到图像更加鲜明的效果。选取位图后，执行"位图→鲜明化→鲜明化"命令，弹出图 11-96 所示的"鲜明化"对话框，在该对话框中设置好各项参数后，单击"确定"按钮即可。

◆ "边缘层次"滑块：拖动滑块设置边缘层次的丰富程度。

◆ "阈值"滑块：拖动其选项滑块，可以设置鲜明化效果的临界值，取值范围为 0～255。临界值越小，效果越明显，反之则不明显。

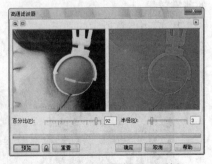

图 11-95 "高通滤波器"对话框

5. 非鲜明化遮罩

"非鲜明化遮罩"命令可以增强位图的边缘细节，对某些模糊的区域进行调焦，使图像产生特殊的锐化效果。选取位图后，执行"位图→鲜明化→非鲜明化遮罩"命令，弹出图 11-97 所示的"非鲜明化遮罩"对话框，在该对话框中设置好各项参数后，单击"确定"按钮即可。

✦ "百分比"滑块：拖动其选项滑块，可以调整非鲜明化遮罩效果的程度，取值范围是 1～500。

✦ "半径"滑块：拖动其选项滑块，可以调整位图中参与转换的颜色范围。

✦ "阈值"滑块：拖动其选项滑块，可以设置非鲜明化遮罩效果的临界值，取值范围为 0～255。临界值越小，效果越明显；反之则不明显。

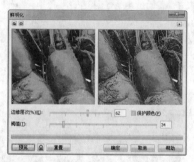 

图 11-96 "鲜明化"对话框及其效果　　　　图 11-97 "非鲜明化遮罩"对话框

【技巧与提示】

CorelDRAW X6 滤镜效果能够自动扩大位图的边框，以便使特殊效果覆盖整个图像。用户可以禁用自动扩充边框，手动指定想要扩充位图边框的程度。

11.3　本章练习

1. 应用本章所学的"创造性效果"滤镜组中的"天气"效果，为图像添加图 11-98 所示的薄雾效果。

2. 应用本章所学的"三维效果"滤镜组中的"三维旋转"效果，并运用交互式封套工具变形文本的功能，制作图 11-99 所示的三维立方体画面效果。

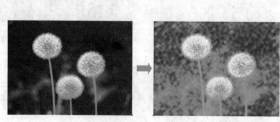 

图 11-98 在图像中添加薄雾的效果　　　　图 11-99 制作的三维立方体

3．应用本章所学的"艺术效果"滤镜组中的"水彩画"效果，并综合应用本书所学的绘图和创建文本功能，制作图 11-100 所示的报纸广告效果。

图 11-100　报纸广告效果

第 12 章

管理文件与打印

◎ 12.1 在 CorelDRAW X6 中管理文件
◎ 12.2 打印与印刷

完成了对 CorelDRAW X6 所有图形编辑功能的学习后，相信读者已经可以创作属于自己的作品了。那么怎样将作品完整、顺畅地输出并打印呢？下面就为读者介绍在 CorelDRAW X6 中进行打印和输出的方法，以及印刷方面的基本知识。

 # 12.1　在 CorelDRAW X6 中管理文件

CorelDRAW 可以将多种格式的文件应用到当前文件中，同时也可以将当前文件导出为多种指定格式的文件。用户还可以将创建的 CorelDRAW 文档输出为网络格式，以便将图形文件发布到互联网。

12.1.1　导入与导出文件

在实际的设计工作中，常常需要配合多个图像处理软件来完成一个复杂项目的编辑，这时就需要在 CorelDRAW 中导入其他格式的图像文件，或者将绘制好的 CorelDRAW 图形导出为其他指定格式的文件，得到可以被其他软件导入或打开的文件。

执行"文件"→"导入"命令或者按下"Ctrl+I"快捷键，也可以单击标准工具栏中的"导入"按钮，弹出图 12-1 所示的"导入"对话框，在"文件类型"下拉列表中选择需要导入文件的格式，并选择好需要导入的文件，然后单击"导入"按钮，即可将该文件导入到当前 CorelDRAW 文件中。用户也可以将自身的 CorelDRAW 文件导入到当前文件中，以便于进一步的编辑。

提示

关于导入文件的具体操作方法，请参考本书"10.1.1 导入位图"一节中的详细介绍。

图 12-1　"导入"对话框

要将当前 CorelDRAW 中绘制的图形导出为其他格式的文件，可执行"文件→导出"命令或者按下"Ctrl+E"快捷键，也可以单击标准工具栏中的"导出"按钮，弹出"导出"对话框。在该对话框中设置好导出文件的"保存路径"和"文件名"，并在"保存类型"下拉列表中选择需要导出的文件格式（以"PSD"格式为例），如图 12-2 所示，然后单击"导出"按钮，将开启图 12-3 所示的"转换为位图"对话框，在其中设置好图像大小、颜色模式等参数后，单击"确定"按钮，即可将文件以此种格式导出在指定的目录。

"转换为位图"对话框中的各选项说明如下。

+ "宽度"和"高度"文本框：可以在其中设置图像的尺寸，或者在"百分比"文本框中按照原大小的百分比调整对象大小。

图 12-2 "导出"对话框   图 12-3 "转换为位图"对话框

✦ "分辨率"文本框：可以根据实际需要设置对象的分辨率。

✦ "嵌入颜色预置文件"复选框：应用国际颜色委员会 ICC 预置文件，使设备与色彩空间的颜色标准化。

✦ "递色处理的"复选框：模拟数目比可用颜色更多的颜色。此选项可用于使用 256 色或更少颜色的图像。

✦ "总是叠印黑色"复选框：通过叠印黑色进行打印时（只要它是顶部颜色）避免黑色对象与下面的对象之间的间距。

✦ "选项"选项组：可以设置对象转换为位图的"光滑处理"、"保持图层"和"透明背景"选项。

提示

在导出文件时，根据所需要插入的文件格式来选择导出文件的保存类型，这点非常重要，否则在此种格式的文件中，可能无法打开导出的文件。

CorelDRAW X6 中支持导出的文件格式有多种，和支持导入使用的文件格式大致相同。将绘制的 CorelDRAW 图形应用到其他编辑软件中，可以为其提供富有特色的图形素材，成为进行复杂的图形设计工作中的有力辅助。在"导出"对话框的"保存类型"下拉列表中，可查看到支持导出的所有文件格式。

12.1.2   CorelDRAW 与其他图形文件格式

CorelDRAW X6 支持导入导出的文件格式有多种，极大地丰富了素材来源，为创作出更加丰富的图形文件提供了有力支持。在绘图编辑中常用的导入和导出文件格式如表 12-1 所示。

下面介绍几种常用文件格式的使用特性和使用范围。

PSD（*.PSD）文件格式

PSD 格式是 Photoshop 的文件格式，可以保存图像的层、通道等许多信息，它是我们在未完成图像处理任务前，一种常用且可以较好地保存图像信息的格式。由于 PSD 格式所包含图像数据信息较多，因此相比其他格式的图像文件而言比较大，但使用这种格式存储的图像修改起来比较方便，这就是它最大的优点。

表 12-1 支持导入的文件格式

扩展名	软件类型/文件格式	扩展名	软件类型/文件格式
CDR	CorelDRAW	WPG	Corel WordPerfect Graphic
CLK	Corel R.A.V.E	WMF	Windows Metafile
DES	Corel DESIGNER	EMF	Enhanced Windows Metafile
CSL	Corel Symbol Library	PDF	Adobe Portable Document Forma
CMX	Corel presentation Exchange	HTM	Hyper Text Markup Language
EPS	Encapsulated PostScript	PCI	Macintosh PICT
AI	Adobe Illustrator	FH	Macromedia Freehand
PS,PRN,EPS	PostScript Interpret	CMX	Corel Presentation Exchange 5
WPG	Corel WordPerfect Graphic	CPX	Corel CMX Compressed
DSF,DRW	Corel/Micrograph Design	CDX	CorelDraw Compressed
DXF	AutoCAD	GIF	GIF Animation
DWG	AutoCAD	TIF	TIFF Bitmap
JPG	JPEG Bitmaps	PSD	Adobe Photoshop
JP2	JPEG2000 Bitmaps	PNG	Portable Network Graphics
BMP	Windows Bitmap	RIFF	Painter
GIF	GIF Animation	WQ,WB	Corel Quattro Pro
SHW	Corel Presentations	TXT	ANSI Text
CPT	Corel PHOTO-PAINT Image	RTF	Rich Text Forma
TGA	Taiga Bitmap	XLS	Microsoft Excel
IMG	GEM Paint File	PPT	Microsoft PowerPoint
PCX	PC Paintbrush	PICT	Macintosh Picture

BMP（*.BMP）文件格式

BMP 格式是微软件公司软件的专用格式，也就是常见的位图格式。它支持 RGB、索引颜色、灰度和位图颜色模式，但不支持 Alpha 通道。位图格式产生的文件较大，但它是最通用的图像文件格式之一。

TIFF（*.TIF）文件格式

TIFF 格式是一种无损压缩格式，便于在应用程序之间和计算机平台之间进行图像数据交换。因此，TIFF 格式是应用非常广泛的一种图像格式，可以在许多图像软件之间转换。TIFF 格式支持带 Alpha 通道的 CMYK、RGB 和灰度文件，支持不带 Alpha 通道的 Lab、索引颜色和位图文件。另外，它还支持 LZW 压缩。

JPEG（*.JPG）文件格式

JPEG 是一种有损压缩格式。它支持真彩色，生成的文件较小，也是常用的图像格式。JPEG 格式支持 CMYK、RGB 和灰度的颜色模式，但不支持 Alpha 通道。

在生成 JPEG 格式的文件时，可以通过设置压缩的类型，产生不同大小和质量的文件。

压缩越大，图像文件就越小，相对的图像质量就越差。

GIF（*.GIF）文件格式

GIF 格式的文件是 8 位图像文件，最多为 256 色，不支持 Alpha 通道。GIF 格式产生的文件较小，常用于网络传输，在网页上见到的图片大多是 GIF 和 JPG 格式的。GIF 格式与 JPG 格式相比，优势在于 GIF 格式的文件可以保存动画效果。

PNG（*.PNG）文件格式

PNG 格式主要用于替代 GIF 格式的文件。GIF 格式的文件虽然较小，但在图像的颜色和质量上较差。PNG 格式可以使用无扣压缩方式压缩文件，它支持 24 位图像，产生的透明背景没有锯齿边缘，所以可以产生质量较好的图像效果。

EPS（*.EPS）文件格式

EPS 可以包含矢量和位图图形，几乎被所有的图像、示意图和页面排版程序所支持。最大优点在于可以在排版软件中以低分辨率预览，而在打印时以高分辨率输出。它不支持 Alpha 通道，可以支持裁切路径。

EPS 格式支持 Photoshop 所有的颜色模式，可以用来存储矢量图和位图，在存储位图时，还可以将图像的白色像素设置为透明的效果，它在位图模式下也支持透明。

PCX（*.PCX）文件格式

PCX 格式与 BMP 格式一样支持 1～24Bits 的图像，并可以用 RLE 的压缩方式保存文件。PCX 格式还可以支持 RGB、索引颜色、灰度和位图的颜色模式，但不支持 Alpha 通道。

PDF（*.PDF）文件格式

PDF 格式是 Adobe 公司开发的用于 Windows、MAC OS、UNX 和 DOS 系统的一种电子出版软件的文档格式，适用于不同平台。该格式文件可以存储多页信息，其中包含图形和文件的查找和导航功能。因此，使用该软件不需要排版或图像软件即可获得图文混排的版面。由于该格式支持超文本链接，因此是网络下载经常使用的文件格式。

PICT（*.PCT）文件格式

PICT 格式广泛用于 Macintosh 图形和页面排版程序中，是作为应用程序间传递文件的中间文件格式。PICT 格式支持带一个 Alpha 通道的 RGB 文件和不带 Alpha 通道的索引文件、灰度、位图文件。PICT 格式对于压缩具有大面积单色的图像非常有效。对于具有大面积黑色和白色的 Alpha 通道，这种压缩的效果非常明显。

AI（*. AI）文件格式

AI 格式是由 Adobe 公司出品的 Adobe Illustrator 软件生成的一种矢量文件格式，它与 Adobe 公司出品的 Adobe Photoshop、Adobe Indesign 等图像处理和绘图软件都有很好的兼容性。

12.1.3 发布到 Web

CorelDRAW 可以为以 HTML 格式发布的文档指定扩展名 ".htm"。默认情况下，HTML 文件与 CorelDRAW（CDR）源文件共享同一文件名，并且保存在用于存储导出的 Web 文档的最后一个文件夹中。

1. 创建 HTML 文本

HTML 文件为纯文本（也称为 ASCII）文件，可以使用任何文本编辑器创建，包括 SimpleText 和 TextEdit。HTML 文件是特意为在 Web 浏览器上显示用的。

当需要将图像或文档发布到 Web 上时，可以执行"文件→导出 HTML"命令，弹出"导出 HTML"对话框，如图 12-4 所示。

"导出 HTML"对话框的相关选项的说明如下。

✦ "常规"选项卡：包含 HTML 布局、HTML 文件和图像的文件夹、FTP 站点和导出范围等选项。也可以选择、添加和移除预设。

✦ "细节"选项卡：包含生成的 HTML 文件的细节，且允许更改页面名和文件名，如图 12-5 所示。

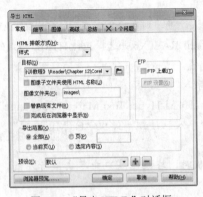

图 12-4 "导出 HTML"对话框

图 12-5 "细节"选项卡

✦ "图像"选项卡：列出所有当前 HTML 导出的图像。可将单个对象设置为 JPEG、GIF 和 PNG 格式，如图 12-6 所示。单击"选项"按钮，可以在弹出的"选项"对话框中选择每种图像类型的预设，如图 12-7 所示。

图 12-6 "图像"选项卡

图 12-7 "选项"对话框

✦ "高级"选项卡：提供生成翻转和层叠样式表的 JavaScript，维护外部文件的链接，如图 12-8 所示。

✦ "总结"选项卡：根据不同的下载速度显示文件统计信息，如图 12-9 所示。

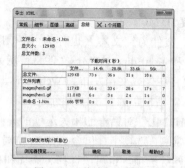

图 12-8 "高级"选项卡   图 12-9 "总结"选项卡

✦ "问题"选项卡：显示潜在的问题列表，包括解释、建议和提示内容，如图 12-10 所示。

提示

如果在 CorelDRAW X6 的安装过程中，选择默认设置，则在安装完成后，CorelDRAW X6 可能不支持 HTML 格式的文件，这时需要重新安装 CorelDRAW X6 并选择支持 HTML 格式的功能。

导入 HTML 文本可通过以下的操作步骤来完成。

步骤1 执行"文件→导入"命令，弹出"导入"对话框。

步骤2 在"文件类型"下拉列表框中选择"HTM-Hyper Text Markup Language"格式，并在文件列表框中选择一个 HTML 文件，单击"导入"按钮，弹出"HTML 选项"对话框，提示是否使用默认的文本颜色窗口。

步骤3 单击"确定"按钮，光标变为 形状时，在绘图窗口中单击鼠标左键，即可导入 HTML 格式的文本内容，如图 12-11 所示。

图 12-10 "问题"选项卡   图 12-11 导入的 HTML 文件

【技巧与提示】

导入的 HTML 文本，可以按照 CorelDRAW 中编辑普通文本的方式对其进行编辑。例如修改其文本内容，还可以使文字沿路径排列等。

2. 对导出网络图像进行优化

用户在将文件输出为 HTML 格式之前，可以对文件中的图像进行优化，以减小文件的大小，提高图像在网络中的下载速度。

在工作区中点选需要进行优化输出的图像后，执行"文件→导出到网页"命令，将弹出图 12-12 所示的"导出到网页"对话框。

✦ 单击 按钮之一，可设置图像预览窗口的数量。

◆ 点选一个预览窗口后，可以在"预设列表"下拉列表中单独设置该预览窗口的输出格式效果预览。

◆ 单击 ⊞ ⊕ ⊖ 按钮之一，可对各预览窗口中的图像进行平移或缩放调整。

◆ 在参数设置区，可对当前所选预览窗口中图像格式的具体参数进行优化设置，例如通过调整参数减小图像文件大小，提高下载速度等。

◆ 在"速度"下拉列表中，可选择图像所应用网络的传输速度，然后可以在预览窗口中查看该图像格式的当前优化状态所需的下载时间。

◆ 选择需要应用的图像优化预览窗口后，单击"另存为"按钮，即可将图像按所设置的参数进行保存。

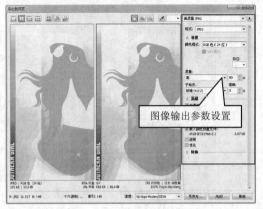

图 12-12 "导出到网页"对话框

12.1.4 导出到 Office

与将图像应用到网络的优化导出相似，在 CorelDRAW X6 中还可以将图像应用到 Office 办公文档的优化输出，方便用户根据用途需要选择合适的质量导出图像。

图 12-13 "导出到 Office"对话框

在工作区中点选需要进行优化输出的图像后，执行"文件→导出到 Office"命令，开启"导出到 Office"对话框，如图 12-13 所示。

◆ 导出到：选择图像的应用类型，可以选择应用到 Word 中或所有 Office 文档中。

◆ 图形最佳适合：选择"兼容性"，则以基本的演示应用进行导出；选择"编辑"，则保持图像的最高质量，便于对图像进行进一步编辑调整。

◆ 优化：选择图像的最终应用品质。包括只用于电脑屏幕上演示的"演示文稿"，用于一般文档打印的"桌面打印"，以及用于出版级别的"商业印刷"。应用品质越高，输出图像文件大小越大。

12.1.5 发布至 PDF

PDF 是一种文件格式，用于保存原始应用程序文件的字体、图像、图形及格式。Mac OS、Windows 和 UNIX 用户使用 Adobe Reader 和 Adobe Acrobat Exchange 就可以查看、共享和打印 PDF 文件。

在 CorelDRAW 中，可以将 PDF 文件作为 CorelDRAW 文件打开，也可以使用导入的方式导入 PDF 文件，这时该文件会作为组合对象导入，并且可以放置在当前文件中的任何位置。

用户可以选择导入整个 PDF 文件，也可以只导入文件或多个页面中的部分页面。

步骤 1　执行"文件→发布至 PDF"命令，开启"发布至 PDF"对话框，如图 12-14 所示。在该对话框的"PDF 预设"下拉列表中，可以选择所需要的 PDF 预设类型，如图 12-15 所示。

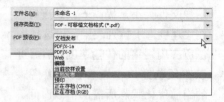

图 12-14　开启"发布至 PDF"对话框　　　　　图 12-15　"PDF 预设"下拉列表

✦ .PDF/X-1a：启用 ZIP 位图图像压缩，将所有对象转换为 CMYK 颜色模式，并嵌入分色打印机预置文件，同时保留专色选项。该选项包含用于预印的基本设置，是广告发布的标准格式。

✦ .PDF/X-3：是 PDF/X-1a 的超集，它允许 PDF 文件中同时存在 CMYK 数据和非 CMYK 数据（如 Lab 或"灰度"）。

✦ Web：可创建用于联机查看的 PDF 文件（如要通过电子邮件分发或在 Web 上发布的 PDF 文件）。该选项可启用 JPEG 位图图像压缩、文本压缩功能，并且包含超链接。

✦ 编辑：可创建发送到打印机或数字复印机的高质量 PDF 文件。此选项启用 LZW 压缩功能，嵌入字体并包含超链接、书签及缩略图。显示的 PDF 文件中包含所有字体、最高分辨率的所有图像及超链接，以便以后可以继续编辑此文件。

✦ 当前校样设置：应用当前文档的色彩校样设置，作为新生成 PDF 中内容图像的色彩校样。

✦ 文档发布：是"PDF 预设"的默认选项。它用于创建可以在激光打印机或桌面打印机上打印的 PDF 文件，适合于常规的文档传送。该选项可启用 JPEG 位图图像压缩功能，并且可以包含书签和超链接。

✦ 预印：启用 ZIP 位图图像压缩功能，嵌入字体并保留专为高端质量打印设计的专色选项。

✦ 正在存档（CMYK）：创建一个 PDF/A-1b 文件，该文件适用于存档。该选项将保留原始文档中包括的任何专色或 Lab 色，但是会将所有其他的颜色（例如灰度颜色或 RGB 颜色）转换为 CMYK 颜色模式。

✦ 正在存档（RGB）：与"正在存档（CMYK）"相似，将创建一个 PDF/A-1b 文件，并且可保存任何专色和 Lab 色，但所有其他颜色将转换为 RGB 颜色模式。

步骤 2　在"发布至 PDF"对话框中单击"设置"按钮，可在弹出的对话框中对"常规"、"对象"、"文档"和"预印"等属性进行设置，如图 12-16 所示。

图 12-16　设置对话框

步骤 3　单击"确定"按钮,回到"发布至 PDF"对话框,在其中设置好保存文件的位置和文件名,然后单击"保存"按钮即可。

12.2　打印与印刷

将设计好的作品打印或印刷出来后,整个设计制作过程才算彻底完成。要成功地打印作品,还需要对打印选项进行设置,以得到更好的打印效果。用户可以选择按标准模式打印,或指定文件中的某种颜色进行分色打印,也可以将文件打印为黑白或单色效果。CorelDRAW 中提供了详细的打印选项,通过设置打印选项并即时预览打印效果,可以提高打印的准确性。

印刷不同于打印,印刷是一项相对更复杂的输出方式,它需要先制版才能交付印刷。要得到准确无误的印刷效果,在印前需要了解与印刷相关的基本知识和印刷技术。

12.2.1　打印设置

打印设置是指对打印页面的布局和打印机类型等参数进行设置。执行"文件→打印"命令,弹出"打印"对话框,其中包括"常规"、"颜色"、"复合"(或"分色")、"布局"、"预印"、"PostScript"和"问题"共 7 个标签,下面分别对每个标签中的选项设置进行介绍。

1. "常规"设置

在开启的"打印"对话框中,默认为"常规"标签选项,如图 12-17 所示。在"常规"标签中,可以设置打印范围、份数及打印样式,下面分别对各选项功能进行介绍。

✦ "打印机"下拉列表:单击其下拉按钮,在弹出的下拉列表中可以选择与本台计算机相连接的打印机。

✦ "首选项"按钮:单击该按钮,将弹出与所选打印机类型对应的设置对话框。例如,选择了打印为 PostScript 文件,则会弹出图 12-18 所示的"与设备无关的 PostScript 文件属性"对话框,在其中可以根据需要设置各个打印选项。

图 12-17　"常规"选项卡　　　　　图 12-18　"与设备无关的 PostScript 文件属性"对话框

【技巧与提示】

纸张大小需要根据打印机的打印范围而定，通常的打印机所能支持的打印范围为 A4（210 mm×297mm）大小，所以在打印文件时，如果当前文件的尺寸大于 A4，这时就需要将文件尺寸调整到 A4 范围之内，同时需要将文件移动到页面中，这样才能顺利地打印出完整的稿件。

✦ "当前文档"单选项：可以打印当前文件中所有页面。

✦ "文档"单选项：可以在下方出现的文件列表框中选择所要打印的文档，出现在该列表框中的文件是已经被 CorelDRAW 打开的文件。

✦ "当前页"单选项：只打印当前页面。

✦ "选定内容"单选项：只能打印被选取的图形对象。

✦ "页"单选项：可以指定当前文件中所要打印的页面，还可以在下方的下拉列表中选择所要打印的是奇数页还是偶数页。

✦ "份数"文本框：用于设置文件被打印的份数。

✦ "打印类型"下拉列表：在其下拉列表中选择打印的类型。

✦ "另存为"按钮：在设置好打印参数以后，单击该按钮，可以让 CorelDRAW X6 保存当前的打印设置，以便日后在需要的时候直接调出使用。

2．"颜色"设置

单击"打印"对话框中的"颜色"标签，切换到"颜色"选项卡设置，如图 12-19 所示。

✦ "复合打印"或"分色打印"单选项：在这里选择不同的选项，下一个标签的名称也会不同。"复合打印"是指将图像中的所有色彩以直观的混合色彩状态打印，是一般设计工作中预览实际印刷效果最常规的打印方式。"分色打印"则可以将文稿中图像上的各种颜色分解为青（C）红（M）黄（Y）黑（K）4 种原色颜色进行打印，并可以在

图 12-19 "颜色"选项卡

"分色"标签中选择打印全部 4 种颜色还是打印需要的颜色，打印得到只包含所选颜色的分色片，这种方法只适合印刷级的打印机或印刷机输出。

✦ "使用文档颜色设置"单选项：应用当前文档中的颜色校样设置进行打印。

✦ "使用颜色校样设置"单选项：选择该选项后，在下面的"使用颜色预置文件校正颜色"列表中选择一个颜色校样标准，作为打印机的校样颜色设置。

3．"复合"设置

单击"打印"对话框中的"复合"标签，切换到"复合"选项设置，如图 12-20 所示。

✦ "文档叠印"选项：系统默认为"保留"选项，选择该选项，可以保留文档中的叠印设置。

✦ "始终叠印黑色"复选框：选中该复选框后，可以使任何含 95%以上的黑色对象与其下的对象叠印在一起。

✦ "自动伸展"复选框：通过给对象指定与其填充颜色相同的轮廓，然后使轮廓叠印在

对象的下面。
+ "固定宽度"复选框：固定宽度的自动扩展。

4. "布局"设置
单击"打印"对话框中的"布局"标签，切换到"布局"选项卡设置，如图 12-21 所示。

图 12-20 "复合"选项卡　　　　　图 12-21 "布局"选项卡

+ "与文档相同"单选项：可以按照对象在绘图页面中的当前位置进行打印。
+ "调整到页面大小"单选项：可以快速地将绘图尺寸调整到输出设备所能打印的最大范围。
+ "将图像重定位到"单选项：在右侧的下拉列表中，可以选择图像在打印页面的位置。
+ "打印平铺页面"复选框：选中该复选框后，以纸张的大小为单位，将图像分割成若干块后进行打印，用户可以在预览窗口中观察平铺的情况。
+ "出血限制"复选框：选中"出血限制"复选框后，可以在该选项数值框中设置出血边缘的数值。

【技巧与提示】
出血边缘限制可将稿件的边缘设计成超出实际纸张的尺寸，通常在上下左右可各留出 3～5mm，这样可以避免由于打印和裁切过程中的误差而产生不必要的白边。

5. "预印"设置
切换到"打印"对话框的"预印"标签后，"预印"设置如图 12-22 所示。在"预印"标签中可以设置纸张/胶片、文件信息、裁剪/折叠标记、注册标记及调校栏等参数。

+ "纸张/胶片设置"选项组：选中"反显"复选框后，可以打印负片图像；选中"镜像"复选框后，打印为图像的镜像效果。
+ "打印文件信息"复选框：选取该复选框，可以在页面底部打印出文件名、当前日期和时间等信息。
+ "打印页码"复选框：选取该复选框后可以打印页码。

图 12-22 "预印"选项

◆ "在页面内的位置"复选框：选取该复选框，可以在页面内打印文件信息。

◆ "裁剪/折叠标记"复选框：选取该复选框，可以让裁切线标记印在输出的胶片上，作为装订厂装订的参照依据。

◆ "仅外部"复选框：选取该复选框可以在同一纸张上打印出多个面，并且将其分割成各个单张。

◆ "对象标记"复选框：将打印标记置于对象的边框，而不是页面的边框。

◆ "打印套准标记"复选框：选取后可以在页面上打印套准标记。

◆ "样式"列表框：用于选择套准标记的样式。

◆ "颜色调校栏"复选框：选取后可以在作品旁边打印包含 6 种基本颜色的色条，用于质量较高的打印输出。

◆ "尺度比例"复选框：可以在每个分色版上打印一个不同灰度深浅的条，它允许被称为密度计的工具来检查输出内容的精确性、质量程度和一致性，用户可以在下面的"浓度"列表框中选择颜色的浓度值。

◆ "位图缩减取样"：在该选项中，可以分别设置在单色模式和彩色模式下的打印分辨率，常用于打印样稿时降低像素取样率，以减小文件大小，提高打样速率。不宜在需要较高品质的打印输出时设置该选项。

6. "PostScript" 设置

"PostScript"标签只有在选择了 PostScript 或 PDF 打印时出现。该标签选项卡如图 12-23 所示。在"PostScript"标签中可以选择三种 PostScript 等级。

◆ "兼容性"下拉列表："等级 1"是指输出时使用了透镜效果的图形对象或者其他合成对象，"等级 2"和"PostScript 3"是指打印设备可以减少打印的错误，提高打印速度。

◆ "下载 Type1 字体"复选框：在预设情况下，打印驱动程序会自动下载 Type1 字体至输出设备。不启用"下载 Type1 字体"选项，字体会以图形的方式来打印。

◆ "PDF 标记"选项组：在该选项组中，可以选择打印超级链接和书签。

7. "问题" 设置

切换到"打印"对话框的"问题"标签，该标签选项如图 12-24 所示。在此显示了 CorelDRAW X6 自动检查到的绘图页面存在的打印冲突或者打印错误的信息，为用户提供修正打印方式的参考。

图 12-23 "PostScript"选项卡

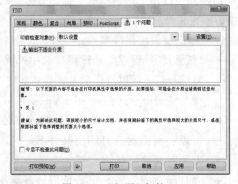

图 12-24 "问题"标签

【技巧与提示】

　　分别单击"打印"对话框的"打印预览"按钮和"扩展预览"按钮，可以不同形式出现该文件的打印预览，如图12-25和图12-26所示。

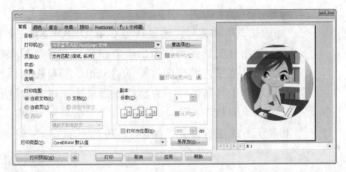

图12-25　单击"打印预览"按钮的效果　　　　图12-26　单击"扩展预览"按钮的效果

12.2.2　打印预览

　　通过"打印预览"功能，可以预览到文件在输出前的打印状态。执行"文件→打印预览"命令，当目前文档页面为纵向设置时，可直接切换到"打印预览"窗口。当前文档页面为横向设置时，则会弹出图12-27所示的提示对话框，单击"是"按钮，即可自动调节打印机的纸张方向，然后进入"打印预览"窗口，如图12-28所示。

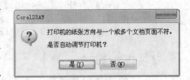

图12-27　提示对话框

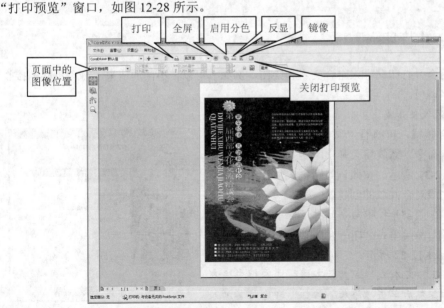

图12-28　"打印预览"窗口

✦ "页面中的图像位置"下拉列表 与文档相同 ▼：在该选项下拉列表中，可选择打印对象在纸张上的位置。

✦ "挑选工具"按钮：选择该工具后，在预览窗口中的图形对象上按下鼠标左键并拖动鼠标，可移动图形的位置；在图形对象上单击，拖动对象四周的控制点，可调整对象在页面上的大小。

✦ "缩放工具"按钮：该工具与 CorelDRAW X6 工具箱中"缩放工具"的使用方法相似，使用该工具在预览窗口中单击鼠标左键可放大视图。按下鼠标左键并拖动，可放大选框范围内的视图；按下"Shift"键单击鼠标左键可缩小视图。另外，用户还可通过该工具属性栏中的功能按钮来选择视图的显示方式，如图 12-29 所示。单击其中的"缩放"按钮，可开启"缩放"对话框，在其中同样可对视图的缩放比例和显示方式进行设置，如图 12-30 所示。

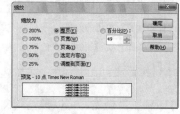

图 12-29 缩放工具属性栏设置　　　　　　图 12-30 "缩放"对话框

【技巧与提示】

通过预览打印效果后，如果不需要再修改打印参数，可单击工具栏中的"打印"按钮，即可开始打印文件。

12.2.3 合并打印

可以使用合并打印向导来组合文本和绘图，例如，可以在不同的请柬上打印不同的接收方姓名来注名请柬。

1. 创建/装入合并域

要创建合并域，可执行"文件→合并打印→创建/装入合并域"命令，系统将会弹出"合并打印向导"对话框，如图 12-31 所示。按照该对话框中的提示并进行操作，即可完成对合并域的创建。

步骤 1 在"合并打印向导"对话框中选择"创建新文本"选项，然后单击"下一步"按钮，进入"添加域"页面，如图 12-32 所示。

步骤 2 在"文本域"或"数字域"文本框中输入需要的域名称，然后单击"添加"按钮，即可将其加入到数据域名称列表中。

图 12-31 "合并打印向导"对话框

步骤 3 在数据域名称列表中点选数字类型的域名称后，可以在下方的选项中设置数字的编号格式、起始与终止数值等，如图 12-33 所示。

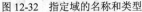

图 12-32 指定域的名称和类型　　　　　　图 12-33 设置数字域参数

步骤 4 单击"下一步"按钮，进入"添加或编辑记录"页面，在下方的数据记录列表中为创建的各个域输入具体内容。单击"新建"按钮，可以创建新的记录条目，添加需要的信息内容，如图 12-34 所示。

步骤 5 单击"下一步"按钮，进入保存页面，勾选"数据设置另存为"选项后，单击 按钮，在打开的"另存为"对话框中可以为数据文件选择保存位置。也可以直接单击"完成"按钮，数据文件将保存在与当前文档相同的目录下，如图 12-35 所示。

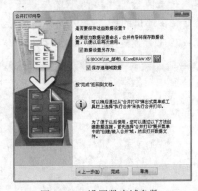

图 12-34 指定域的名称和类型　　　　　　图 12-35 设置数字域参数

步骤 6 单击"完成"按钮后，CorelDRAW 将打开"合并打印"对话框，可以通过其中的功能按钮执行对应的操作，例如对数据域内容进行重新编辑，将当前文档中的数据域合并到新文档等，如图 12-36 所示。

图 12-36 "合并打印"对话框

2. 执行合并

要执行合并，可执行"文件→合并打印→执行合并"命令，在弹出的"打印"对话框中单击任意一台打印设备，设置完成后单击"打印"按钮，即可完成执行合并命令的操作。当文档中合并有数据后，在执行打印时将弹出提示框，可以根据需要是否打印合并数据，如图 12-37 所示。

【技巧与提示】

如果要确保打印所有的域和页面，可以在"打印"对话框的"常规"选项卡中选中"当前文档"单选项。

图 12-37　"执行合并"对话框

3．编辑合并域

需要对合并域中的数据进行修改，可以执行"文件→合并打印→编辑合并域"命令，重新打开"合并打印向导"对话框，对需要的内容进行修改即可。

12.2.4　收集用于输出的信息

CorelDRAW 中提供的"收集用于输出"向导功能，可以帮助用户完成将文件发送到打印配置文件的全过程。它可以简化许多流程，例如创建 PostScript 和 PDF 文件、收集输出图像所需的不同部分，以及将原始图像、嵌入图像文件和字体复制到用户定义的位置等。用户可以选择需要输出的信息并打印到文件，一次完成多个文件的输出和打印。

步骤 1　执行"文件→收集用于输出"命令，弹出图 12-38 所示的"收集用于输出"对话框。

步骤 2　在该对话框中选择"自动收集所有与文档相关的文件"或"选择一个打印配置文件来收集特定文件"单选项，然后单击"下一步"按钮继续。

步骤 3　在弹出的图 12-39 所示的对话框中，选中"包括 PDF"、"包括 CDR"复选框，可以在完成后同时创建 PDF 和 CDR 文件，然后单击"下一步"按钮。

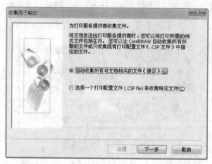　

图 12-38　"收集用于输出"对话框　　　　图 12-39　选择要输出的文件

步骤 4　在弹出的图 12-40 所示的对话框中，勾选"包括文档字体和字体列表"选项，可以输出文档中所使用的字体及名称列表文件，然后单击"下一步"按钮。

步骤 5　在弹出的图 12-41 所示的对话框中，勾选"包括颜色预置文件"选项，可以输出文档中使用的颜色所属的配置文件，然后单击"下一步"按钮。

步骤 6　在弹出的图 12-42 所示的对话框中，单击"浏览"按钮，可以在打开的"浏览文件夹"对话框中选择输出文件的保存位置，然后单击"下一步"按钮。

步骤 7　在弹出的对话框中确认前面的所有设置后，单击"下一步"按钮，即可输出；完成后对话框将显示输出的所有文件，如图 12-43 所示，单击"完成"按钮完成操作。

图 12-40　选择输出字体

图 12-41　选择输出颜色配置文件

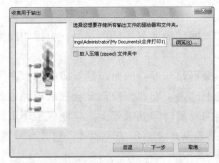

图 12-42　选择保存目录

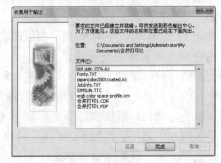

图 12-43　完成输出

12.2.5　印前技术

要使设计出的作品能够有更好的印刷效果，设计人员还需要了解相关的印刷知识，这样在文稿设计过程中对于版面的安排、颜色的应用和后期制作等都会起到很大的帮助。

四色印刷

用于印刷的稿件必须是 CMYK 颜色模式，这是因为在印刷中使用的油墨都是由 C（青）、M（品红）、Y（黄）、K（黑）这 4 种颜色按不同的比例调配而成的。如经常看到的宣传册、杂志、海报等，都使用四色印刷而成。四色印刷并不是一次性就能印刷出所需要的颜色，它是经过 4 次印刷叠合而成。在印刷时，印刷厂会根据具体的印刷品来确定印刷颜色的先后顺序，通常的印刷流程为先印黑色，再印青色，接着印黄色，最后印品红色。经过 4 次印刷工序后，就叠合为所需要的各种颜色。

分色

分色是一个印刷专用名称，它是将稿件中的各种颜色分解为 C（青）、M（品红）、Y（黄）、K（黑）4 种颜色。通常的分色工作就是将图像的颜色转换为 CMYK 颜色模式，这样在图像中就存在有 C、M、Y、K 4 个颜色通道。印刷用青、品红、黄、黑四色进行，每一种颜色都有独立的色版，在色版上记录了这种颜色的网点。青、品红、黄三色混合产生的黑色不纯，而且印刷时在黑色的边缘上会产生其他的色彩。印刷之前，将制作好的 CMYK 文件送到出片中心出片，就会得到青、品红、黄、黑 4 张菲林。

印刷品中的颜色浓淡和色彩层次是通过印刷中的网点大小来决定的。颜色浓的地方网点就大，颜色浅的地方网点就小，不同大小、不同颜色的网点就形成了印刷品中富有层次的画面。

通常用于印刷的图像，在精度上不得低于 280dpi。不过根据用于印刷的纸张质量的好坏，在图像精度上又有所差别。用于报纸印刷的图像，通常精度为 150dpi；用于普通杂志印刷的图像，通常精度为 300dpi；对于一些纸张较好的杂志或海报，通常要求图像精度为 350～400dpi。

菲林

菲林胶片类似于一张相应颜色色阶关系的黑白底片。不管是青、品红或黄色通道中制成的菲林，都是黑白的。在将这 4 种颜色按一定的色序先后印刷出来后，就得到了彩色的画面。

制版

制版过程就是拼版和出菲林胶片的过程。

印刷

印刷分为平版印刷、凹版印刷、凸版印刷和丝网印刷 4 种不同的类型，根据印刷类型的不同，分色出片的要求也会不同。

✦ 平版印刷：又称为胶印，是根据水和油墨不相互混合的原理制版印刷的。在印刷过程中，油质的印纹会在油墨辊经过时蘸上油墨，而非印纹部分会在水辊经过时吸收水分，然后将纸压在版面上，使印纹上的油墨转印到纸张上，就制成了印刷品。平版印刷主要用于海报、DM 单、画册、书刊杂志及月历的印刷等，它具有吸墨均匀、色调柔和、色彩丰富等特点。

✦ 凹版印刷：将图文部分印在凹面，其他部分印在平面。在印刷时涂满油墨，然后刮拭干净较高部分的非图文处的油墨，并加压于承印物，使凹下的图文处的油墨接触并吸附于被印物上，这样就印成了印刷品。凹版印刷主要用于大批量的 DM 单、海报、书刊杂志和画册等，同时还可用于股票、礼券的印刷，其特点是印刷量大，色彩表现好、色调层次高，不易仿制。

✦ 凸版印刷：与凹版印刷相反，其原理类似于盖印章。图文部分在凸出面且是倒反的，非图文部分在平面。在印刷时，凸出的印纹蘸上油墨，而凹纹则不会蘸上油墨，在印版上加压于承印物时，凸纹上的图文部分的油墨就吸附在纸张上。凸版印刷主要应用于信封、信纸、贺卡、名片和单色书刊等的印刷，其特点是色彩鲜艳、亮度好、文字与线条清晰等，不过它只适合于印刷量少时使用。

✦ 丝网印刷：印纹成网孔状，在印刷时，将油墨刮压，使油墨经网孔被吸附在承印物上，就印成了印刷品。丝网印刷主要用于广告衫、布幅等布类广告制品的印刷等。其特点是油墨浓厚，色彩鲜艳，但色彩还原力差，很难表现丰富的色彩，且印刷速度慢。

第 13 章

综合练习实例

◎ 13.1　范例 1——时尚音乐会海报
◎ 13.2　范例 2——个人作品展海报
◎ 13.3　范例 3——超市 POP 设计
◎ 13.4　范例 4——平面广告版式设计
◎ 13.5　范例 5——时尚对表造型设计
◎ 13.6　范例 6——电影海报设计
◎ 13.7　范例 7——食品包装设计

在完成对 CorelDRAW X6 中所有绘图和图像处理方面的基本内容的学习后，为了巩固和加深读者所学的软件知识，并提高读者在软件方面的实际综合应用能力，下面通过音乐会海报、作品展览海报、超市促销 POP、版式设计、造型设计、包装设计等共 7 个不同类型的典型综合实例练习，使读者掌握更多的软件应用技能。

13.1　范例 1——时尚音乐会海报

海报是常见的平面设计项目之一，在确定主题和设计风格后，恰当应用 CorelDRAW 的图形编辑功能，即便是应用简单的图形组合，只要能合理搭配色彩、形状、结构，并在组合效果中展现创意，也可以得到满意的效果。

13.1.1　实例说明

开启本书配套光盘中 Chapter 13\13.1\时尚音乐会.cdr 文件，查看本实例的最终完成效果，如图 13-1 所示。在绘制本实例中的各类图形时，主要使用了 CorelDRAW X6 中的基本绘图工具——矩形工具、椭圆形工具和贝塞尔工具来完成。本实例的制作过程主要包括以下环节。

（1）配合使用"椭圆形工具"、"矩形工具"绘制画面中的主体图形，并使用"填充工具"填充丰富的色彩。

（2）使用"贝塞尔工具"绘制装饰性圆形并填充渐变颜色。

（3）使用"星形工具"绘制背景中的多边星形，设置相应的尖锐度后，模拟主体画面发光的效果。

（4）使用"渐变工具"为背景填充射线渐变效果。

图 13-1　实例完成效果

13.1.2　具体操作

步骤 1　在新建的图形文件中，使用"椭圆形工具" 绘制一个圆形，按下小键盘上的"+"键复制两次。按住"Shift"键拖动节点，分别将复制的圆形按中心缩小至合适的大小，以制作同心圆；按从内向外的顺序，将圆形分别填充为红色、白色和橘红色，然后去掉轮廓，效果如图 13-2 所示。

步骤 2　使用"挑选工具" 选中同心圆对象，按下小键盘上的"+"键复制若干个，然后分别调整各个圆形的大小、颜色和位置（读者可按照自己的喜好为圆形填充颜色），效果如图 13-3 所示。

步骤 3　使用"矩形工具" 绘制一个 66mm×4mm 的矩形；选择"形状工具" ，在矩形上单击，然后拖动四角处的控制点，将矩形由直角编辑为圆角，并填充从黄色到橘红色的线性渐变，然后去掉轮廓，效果如图 13-4 所示。

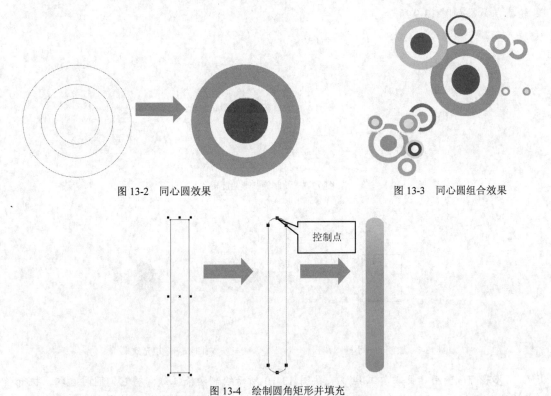

图 13-2 同心圆效果   图 13-3 同心圆组合效果

图 13-4 绘制圆角矩形并填充

步骤 4 将上一步绘制的圆角矩形复制若干个，分别调整它们各自的大小、颜色和位置，排列成图 13-5 所示的效果；全部选中矩形，按下 "Shift+PageDown" 键，将它们置于最下层，如图 13-6 所示。

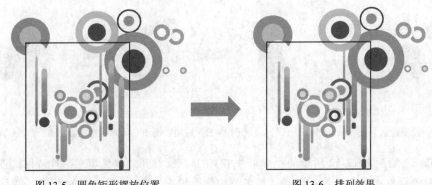

图 13-5 圆角矩形摆放位置   图 13-6 排列效果

步骤 5 绘制一个适当大小的椭圆形，填充为白色，在属性栏的 "旋转角度" 数值框中输入 241°，按下 "Enter" 键，效果如图 13-7 所示。

步骤6 复制上一步绘制的椭圆，将其缩小至图 13-8 所示的大小，为其填充红色并去掉轮廓，效果如图 13-9 所示。

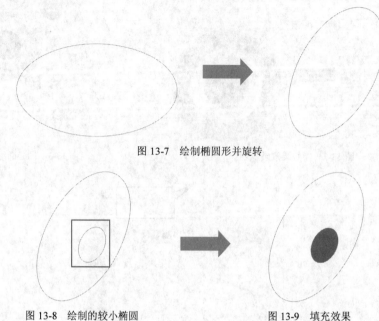

图 13-7 绘制椭圆形并旋转

图 13-8 绘制的较小椭圆　　　　　　　　　图 13-9 填充效果

步骤7 使用"贝塞尔工具" 按图 13-10 所示绘制两条弧线；将它们同时选取，执行"效果→调和"命令，打开"调和"泊坞窗，在其中设置步长值为 20，单击"应用"按钮；按下"F12"键，在弹出的"轮廓笔"对话框中，设置"宽度"为 0.18mm，单击"确定"按钮，效果如图 13-11 所示。

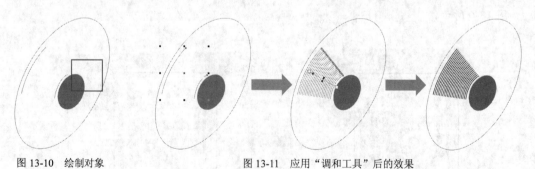

图 13-10 绘制对象　　　　　　　　图 13-11 应用"调和工具"后的效果

步骤8 绘制图 13-12 所示的外形，按下"F11"键打开"渐变填充"对话框，将渐变色设置为黄色到红色的渐变后，单击"确定"按钮，按下"Shift+PageDown"键，将该对象置于最下层，如图 13-13 所示。

步骤9 参照图 13-14 所示绘制外形，为其填充黑色；同时选择所有对象，按下"Gtrl+G"键进行群组，得到图 13-15 所示的喇叭图形。

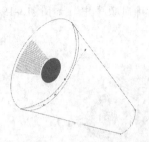

图 13-12 绘制的外形

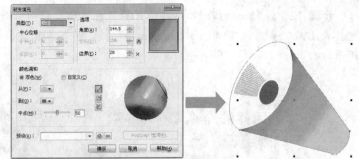

图 13-13 应用渐变填充

图 13-14 绘制的外形

图 13-15 群组对象后的效果

步骤 10 将群组后的对象与前面绘制的图案按图 13-16 所示进行排列，多次按下 "Ctrl+PageDown" 键，将其置于适当的排列顺序当中。

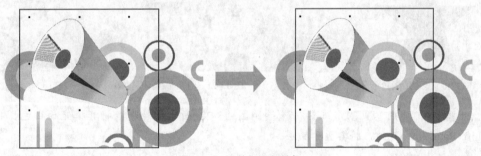

图 13-16 调整位置和顺序

步骤 11 按下 "Ctrl+D" 键复制喇叭图形，然后将复制的对象缩小并旋转一定的角度，如图 13-17 所示。

图 13-17 复制对象并调整大小和角度

步骤 12 绘制一个圆形，将其填充为黑色，然后移动至图 13-18 所示的位置；适当调整其大小后，多次按下 "Ctrl+PageDown" 键，将其置于适当的排列顺序中，如图 13-19 所示。

图 13-18 圆形对象摆放位置　　　　　　　　　　图 13-19 调整后的效果

步骤 13 使用 "星形工具" ☆ 绘制五角形，为其填充黑色，如图 13-20 所示；连续按下 "Ctrl+D" 键复制若干个星形，分别调整其大小、角度及位置，按图 13-21 所示进行排列，选择所有对象，群组后按下 "Shift+PageDown" 键置于底层。

图 13-20 绘制的五角形　　　　　　　　　　图 13-21 五角形排列后的效果

步骤 14 使用 "贝塞尔工具" ✎ 绘制图 13-22 所示的外形，将其填充为白色，按下 "Shift+PageDown" 键，将其置于底层。

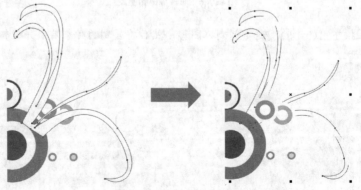

图 13-22 调整对象的位置

步骤 15 按图 13-23 所示绘制装饰性图形，按下 "F11" 键开启 "渐变填充" 对话框，按图 13-24 所示进行参数设置后，单击 "确定" 按钮应用填充；去掉对象的轮廓后，按下 "Shift+PageDown" 键，将其置于底层，完成效果如图 13-25 所示。

图 13-23 绘制装饰性图形

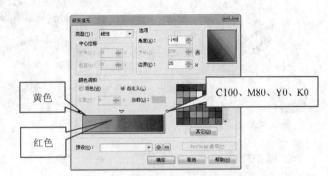

图 13-24 "渐变填充" 对话框设置

图 13-25 填充颜色并排列对象位置

步骤 16 按下小键盘上的 "+" 键复制上一步绘制的对象，单击属性栏中的 "水平镜像" 按钮，将其水平镜像，如图 13-26 所示；然后修改该对象的渐变角度，如图 13-27 所示。

图 13-26 镜像对象

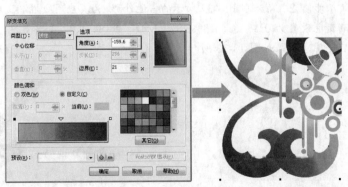

图 13-27 修改渐变填充

步骤 17 将上一步制作的对象移动至图 13-28 所示的位置，并调整到适当的大小和角度。

步骤 18 复制该对象，单击属性栏中的 "垂直镜像" 按钮，将对象垂直镜像，在属性栏中修改其渐变角度为 40.7°，将其移动至图 13-29 所示的位置，并调整好大小和角度。

图 13-28　调整位置后的效果　　　　　　　　　　图 13-29　调整镜像对象

步骤 19　选择"挑选工具"，按住"Ctrl"键单独选取图 13-30 所示的对象，为其去掉轮廓。

步骤 20　使用"挑选工具"选中全部对象，按下"Ctrl+G"键进行群组，如图 13-31 所示。

图 13-30　为对象去掉轮廓　　　　　　　　　　　图 13-31　群组对象

步骤 21　绘制图 13-32 所示的吉他外形，为其应用线性渐变填充，将渐变角度设置为 124°，渐变色设置为 0%紫色，13%C87、M18、Y13、K0，35%黄色，100%黑色，填充完成后去掉其轮廓，效果如图 13-33 所示。

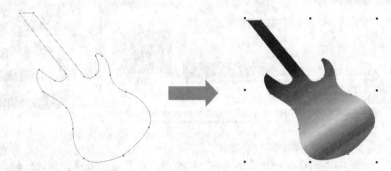

图 13-32　绘制吉他并填充渐变颜色　　　　　　　图 13-33　应用渐变填充效果

步骤22 选中"透明度工具" ，在属性栏中为其设置图13-34所示参数，为吉他图形应用线性透明效果，如图13-35所示。

图 13-34 透明效果属性栏设置

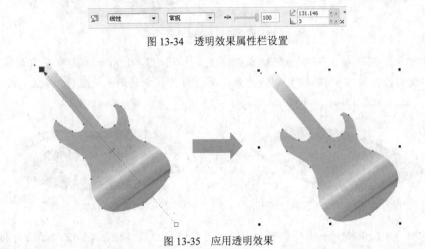

图 13-35 应用透明效果

步骤23 在吉他的适当位置绘制一个椭圆形，将其填充黑色，如图13-36所示；然后在属性栏中设置其"旋转角度"为30°，绘制一个圆形，将其填充为白色并去掉轮廓，调整对象的大小，如图13-37所示。

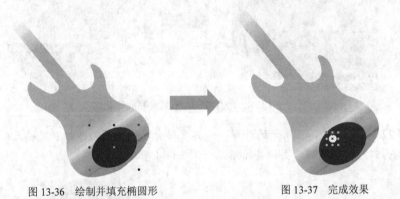

图 13-36 绘制并填充椭圆形　　　　　　　图 13-37 完成效果

步骤24 使用"贝塞尔工具" 绘制图13-38所示的外形，按下"Ctrl+D"键两次复制对象；分别为对象填充为黄色、红色和黑色，并去掉轮廓，分别调整红色和黑色对象的大小后，效果如图13-39所示。

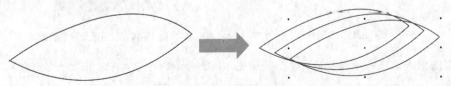

图 13-38 绘制外形并复制对象

图 13-39　为对象填充颜色并依次放大

步骤 25　分别调整上一步绘制对象的位置，如图 13-40 所示，选中全部对象，按下 "Ctrl+G" 键群组。按下 "+" 键复制该对象，单击属性栏中的 "水平镜像" 按钮，将对象水平镜像，效果如图 13-41 所示。

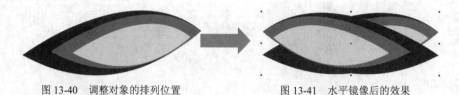

图 13-40　调整对象的排列位置　　　　　　　　图 13-41　水平镜像后的效果

步骤 26　分别调整上一步对象的大小、位置及旋转角度，按图 13-42 所示进行排列。

图 13-42　为对象排列位置和完成效果

步骤 27　绘制图 13-43 所示的外形，为其应用青色到紫色的线性渐变填充效果，将渐变角度设置为-57°。填充好后去掉其轮廓，如图 13-44 所示。

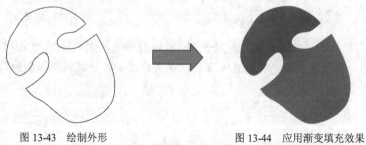

图 13-43　绘制外形　　　　　　　　　　　图 13-44　应用渐变填充效果

步骤 28　在上一步绘制的对象上绘制图 13-45 所示的外形，将它们全部填充为黑色并去掉轮廓。

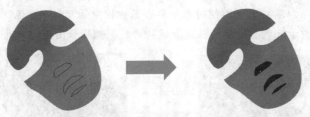

图 13-45 绘制对象上的细节并填充颜色

步骤 29 选取绘制的对象并按下 "Ctrl+G" 键进行群组，将其移动至吉他上，调整其大小，如图 13-46 所示。

图 13-46 对象位于吉他对象上的位置

步骤 30 按图 13-47 所示绘制三个外形（为方便读者观察，暂时将外形的轮廓色调整为白色），将三个外形填充为黑色，并去掉轮廓，按下 "Ctrl+G" 键，将对象群组。

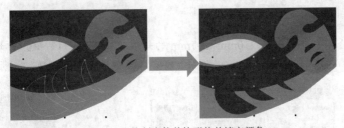

图 13-47 绘制吉他装饰形状并填充颜色

步骤 31 按照图 13-48 所示绘制外形，填充为橘红色并去掉其轮廓，将其与上一步绘制的对象同时选中并群组，完成效果如图 13-49 所示。

图 13-48 群组装饰性对象　　　　　　图 13-49 填充效果

317

步骤 32 按下 "+" 键复制群组对象，单击属性栏中的 "水平镜像" 按钮 ，将其水平镜像，如图 13-50 所示；调整对象的位置和旋转角度，效果如图 13-51 所示。

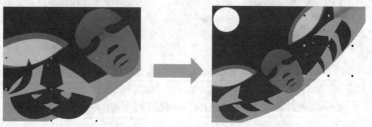

图 13-50 水平镜像装饰性对象　　　　　　图 13-51 排列效果

步骤 33 框选整个吉他对象，按下 "Ctrl+G" 键群组，将其移动至图 13-52 所示的位置，并调整其大小和旋转角度，按下 "Shift+PageDown" 键，将其置于底层，完成效果如图 13-53 所示。

图 13-52 调整吉他的位置　　　　　　图 13-53 完成效果

步骤 34 绘制一个大小为 210mm×297mm 的矩形，按下 "F11" 键，打开 "渐变填充" 对话框，按照图 13-54 所示进行设置，单击 "确定" 按钮，效果如图 13-55 所示。

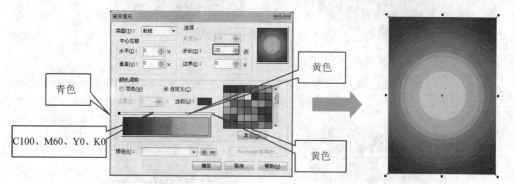

图 13-54 "渐变填充" 对话框设置　　　　　　图 13-55 设置渐变填充后的效果

步骤 35 单击 "多边形工具" 按钮 ，在打开的隐藏工具栏中选择 "星形工具" ，按图 13-56 所示进行属性栏设置，然后按下 "Ctrl" 键绘制一个多边星形，绘制效果如图 13-57 所示。

点数或边数　　　锐度

图 13-56 "星形工具"属性栏

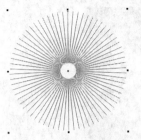

图 13-57 绘制的对象效果

步骤 36 将星形移动至背景矩形上，将其填充为白色并去掉轮廓，效果如图 13-58 所示。

图 13-58 放置星形对象并填充颜色

步骤 37 选择星形，选择"透明度工具" 🔲，在属性栏的"透明度类型"中选择"标准"选项，将"透明度操作"设置为"正常"，"开始透明度"设置为 30，效果如图 13-59 所示。

步骤 38 按下空格键切换至"挑选工具"，执行"效果→图框精确裁剪→置于图文框内部"命令，在出现 ➡️ 光标时，单击矩形对象，将星形置于该对象内部，效果如图 13-60 所示。

图 13-59 透明效果

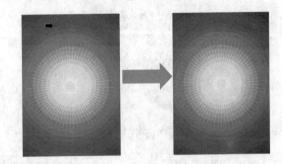

图 13-60 执行"图框精确裁剪"命令

步骤 39 将上面绘制完成的主体图案移动至背景画面中，调整其大小和位置，如图 13-61 所示。

步骤 40 绘制图 13-62 所示的小鸟外形，将其填充为黑色，将其调整到适当的大小后移至背景画面中的适当位置，效果如图 13-63 所示。

图 13-61　调整后的效果

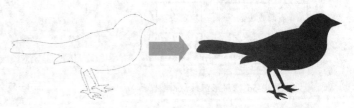

图 13-62　绘制并填充对象

步骤 41　按下 "+" 键复制小鸟对象，在属性栏中单击 "水平镜像" 按钮，将对象水平镜像，并将其移至图 13-64 所示的位置。

图 13-63　移至画面中

图 13-64　对象放置位置

步骤 42　使用 "文本工具" 输入文本 "时尚音乐会"，设置字体为 "汉仪菱心体简"，字体大小为 39pt，填充为 C20、M100、Y100、K0 的颜色。按下 "F12" 键，开启 "轮廓笔" 对话框，按照图 13-65 所示进行轮廓参数设置并确定，得到图 13-66 所示的描边效果（为方便查看效果，暂时在文字下添加一个底色）。

图 13-65　"轮廓笔" 对话框设置

图 13-66　设置后的效果

步骤 43　输入文本 "VOCAL CONCERT"，设置字体为 "ANKLEPAN"、字体大小为 13pt，将文字填充为白色，如图 13-67 所示。

VOCAL CONCERT ➡ **VOCAL CONCERT**

图 13-67　输入文本并设置效果

步骤 44　切换到"形状工具" ，按下鼠标左键拖动文本框右边的 控制点，调整文本的字距，使用"挑选工具"适当缩小文字的高度，效果如图 13-68 所示。

VOCAL CONCERT ➡ **VOCAL CONCERT**

图 13-68　调整字符间距并缩小文本高度

步骤 45　输入文本"2012"，设置字体为"Base 02"、大小为 86pt。按下"F11"键，打开"渐变填充"对话框，按照图 13-69 所示设置渐变参数后，单击"确定"按钮。按下"F12"键，打开"轮廓笔"对话框，设置轮廓颜色为白色、宽度为 1.7mm，效果如图 13-70 所示。

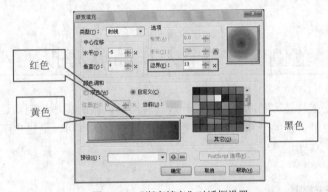

图 13-69　"渐变填充"对话框设置

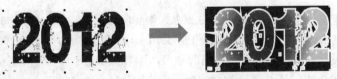

图 13-70　输入文字并设置渐变填充

步骤 46　输入文本"X.STYLE"，设置字体为"ANKLEPAN"，大小为 35pt，为文字添加宽度为 1mm、颜色为白色的轮廓，效果如图 13-71 所示。

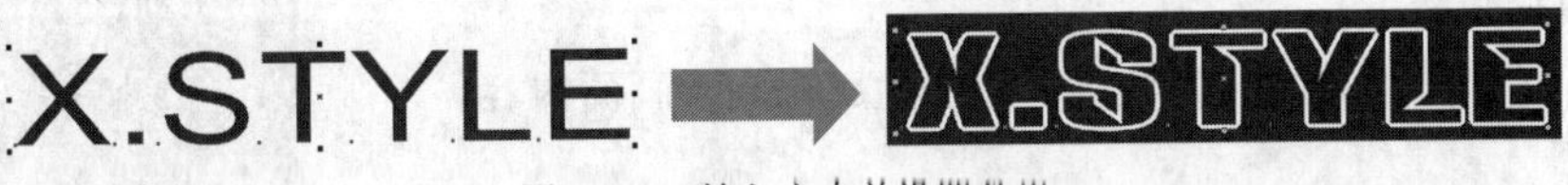

X.STYLE ➡ **X.STYLE**

图 13-71　输入文本并设置效果

步骤 47　将所有文本对象移动到背景画面中，按图 13-72 所示调整对象的大小和位置。

步骤 48　在文字"2012"的下方绘制一个矩形，填充为黑色，调整其大小后，按下"Ctrl+PageDown"键，将其置于文本对象的下一层，如图 13-73 所示。

步骤 49 框选所有对象，按下 "Ctrl+G" 键群组，完成本实例的制作，最终效果如图 13-74 所示。

图 13-72 将文本放置到画面中　　　图 13-73 文字修饰效果　　　图 13-74 实例制作完成效果

 # 13.2　范例 2——个人作品展海报

使用曲线绘图工具还可帮助用户完成一些具有绘画风格的图形绘制，这使得用户的绘画方式不再仅仅局限于传统的纸和笔。使喜爱绘画的用户，同样可以通过电脑绘图，领略到工具软件带来的艺术享受。

13.2.1　实例说明

开启本书配套光盘中 Chapter 13\13.2\个人作品展海报.cdr 文件，查看本实例的最终完成效果，如图 13-75 所示。本实例是为美术作品展览设计的海报，通过本实例的学习，读者可以进一步熟练掌握 CorelDRAW X6 中重要的曲线绘图造型工具——贝塞尔工具的使用方法。本实例的制作过程主要包括以下环节。

（1）使用"贝塞尔工具"绘制线条，刻画人物外形和细节。

（2）使用"矩形工具"绘制背景，使用"调和工具"在线条之间创建调和效果。

（3）使用"文本工具"为画面添加主题，完善画面内容。

图 13-75 实例效果

13.2.2　具体操作

步骤 1 使用"贝塞尔工具" 在工作区中绘制出女孩的脸部外形，使用"形状工具" 对其形状进行精确调整，按下"F12"键，在弹出的"轮廓笔"对话框中设置轮廓宽度为 0.7mm，效果如图 13-76 所示。

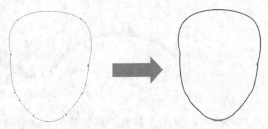

图 13-76 绘制脸部外形并设置轮廓

步骤 2 在头部适当位置绘制出女孩的头发外形，为其填充黑色并去掉轮廓，如图 13-77 所示。

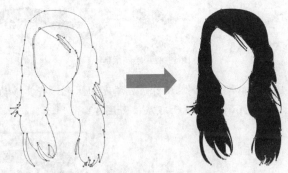

图 13-77 绘制头发外形并填充对象

步骤 3 在头发上绘制图 13-78 所示的外形，将其填充为黑色，如图 13-78 所示。

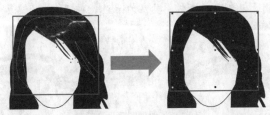

图 13-78 绘制飘出的头发

步骤 4 在工作区中绘制出左眼的眼线轮廓，设置轮廓宽度为 0.7mm，效果如图 13-79 所示。

图 13-79 绘制眼线并设置轮廓

步骤 5　绘制图 13-80 所示的外形，调整其大小和位置，如图 13-81 所示，将其填充为黑色并去掉轮廓。

图 13-80　绘制的外形　　　　　　　　　　图 13-81　调整至合适大小和位置

步骤 6　绘制出眼睫毛的外形，填充为黑色，调整其大小后移动到眼部的适当位置，如图 13-82 所示。

图 13-82　绘制眼睫毛

步骤 7　按照图 13-83 所示绘制双眼皮外形，填充为黑色，将其移动到睫毛的上方，调整其大小，按下 "Shift+PageDown" 键置于底层，如图 13-84 所示。

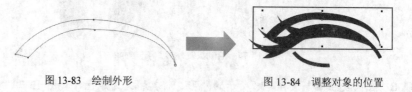

图 13-83　绘制外形　　　　　　　　　　图 13-84　调整对象的位置

步骤 8　绘制眼睛下方的睫毛外形，填充为黑色，按下 "+" 键复制该对象，调整复制对象的位置，如图 13-85 所示。

图 13-85　绘制眼睛下方的睫毛

步骤 9　绘制一个圆形，按照图 13-86 所示为其绘制一个用于修剪的对象，同时选中两个对象，单击属性栏中的 "移除后面对象" 按钮，修剪效果如图 13-87 所示。

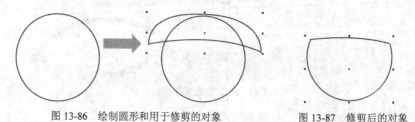

图 13-86　绘制圆形和用于修剪的对象　　　　　　图 13-87　修剪后的对象

步骤 10 为上一步修剪的对象填充 C0、M20、Y20、K60 的颜色，并将轮廓宽度设置为 0.7mm，效果如图 13-88 所示。

步骤 11 在上一步绘制的对象上绘制一个圆形，填充为黑色，在该圆形上再绘制一个椭圆形，填充为白色，去掉其轮廓，完成对眼珠的刻画，如图 13-89 所示；将眼珠对象移动到眼睛中的适当位置，调整其大小后，调整至下层，如图 13-90 所示。

图 13-88 为对象填充颜色

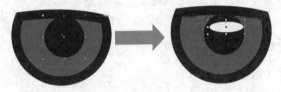

图 13-89 眼珠的绘制

图 13-90 排列完成效果

步骤 12 在眼睛上方绘制眉毛外形，填充为黑色，选中绘制好的眼睛对象，将其群组，如图 13-91 所示；按下 "Ctrl+D" 键复制该对象，将其水平镜像后，移动到右脸的适当位置，调整好比例，如图 13-92 所示，选中右眼，多次按下 "Ctrl+PageDown" 键，将其调整至头发的下一层。

图 13-91 绘制眉毛

图 13-92 调整对象位置

步骤 13 绘制图 13-93 所示的外形，对鼻子进行刻画，将这些外形填充为黑色，并将其轮廓宽度设置为 0.7mm。

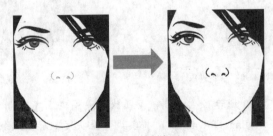

图 13-93 绘制鼻子

步骤 14 在图 13-94 所示位置绘制嘴唇的外形轮廓，将轮廓宽度设置为 0.7mm，效果如图 13-95 所示。

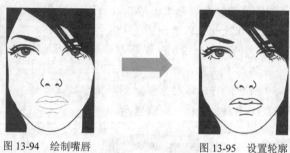

图 13-94 绘制嘴唇   图 13-95 设置轮廓

步骤 15 绘制图 13-96 所示的外形，将其移动到头发上的适当位置，填充为白色并去掉轮廓，以表现头发上的受光效果，如图 13-97 所示。

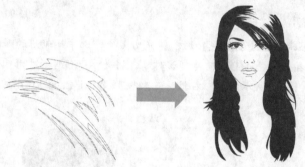

图 13-96 绘制头发受光外形   图 13-97 头发受光效果

步骤 16 在头发上绘制图 13-98 所示的外形，将其填充为白色并去掉轮廓，以表现头发侧面的受光效果，如图 13-99 所示。

图 13-98 绘制对象   图 13-99 头发完成效果

步骤 17 在图 13-100 所示位置绘制一条弧线，设置轮廓宽度为 0.353mm，以此作为锁骨外形，多次按下 "Ctrl+PageDown" 键，将其调整至头发下层，效果如图 13-101 所示。

步骤 18 绘制图 13-102 所示外形，将其填充为黑色并去掉轮廓，移动该对象至图 13-103 所示的位置，调整好比例大小后，按下 "Shift+PageDown" 键，将其置于底层。

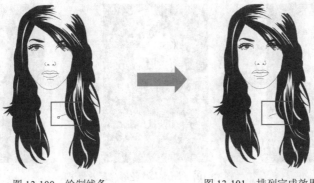

图 13-100　绘制线条　　　　　　　　　图 13-101　排列完成效果

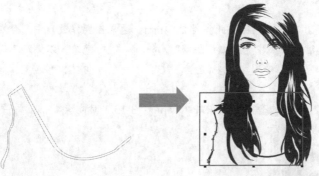

图 13-102　绘制上衣外形　　　　　　　图 13-103　人物完成效果

步骤 19　完成对女孩的造型后，将所有对象全部选中，按下 "Ctrl+G" 键群组，整体的人物造型如图 13-104 所示。

步骤 20　绘制一个大小为 210mm×297mm 的矩形，为其填充黑色，如图 13-105 所示。将人物造型移动至矩形上，调整其大小和位置，如图 13-106 所示。

图 13-104　完成后的人物效果

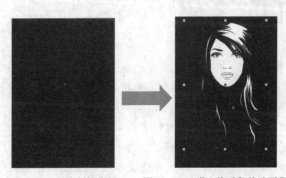

图 13-105　绘制的背景　　　　图 13-106　将人物对象移动至背景上

步骤 21　按下 "+" 键复制人物造型，将其填充为白色。按下 "Ctrl+PageDown" 键，将该对象调整至下一层，按下键盘上的 "←" 方向键，向左移动对象的位置，作为人物的轮廓光影，完成效果如图 13-107 所示。

图 13-107　制作人物轮廓光影效果

提示

　　CorelDRAW X6 中默认的微调距离是 2.54mm。通常在操作过程中，会在"挑选工具"无任何选取的情况下，对属性栏中的"微调偏移" ⊕ 2.54 mm 进行修改，以满足不同操作的需要。

　　步骤 22　按下"+"键复制人物造型，按下"→"方向键，移动对象至图 13-108 所示的位置。

　　步骤 23　导入本书配套光盘文件中 Chapter 13\13.2\时尚素材.cdr 文件，调整对象的大小和位置，如图 13-109 所示。

图 13-108　调整完成效果

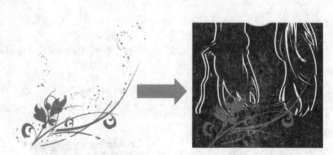

图 13-109　导入并应用素材

　　步骤 24　在工作区中分别绘制大小为 296mm×3mm、296mm×1mm 的两个矩形，填充颜色为 30%黑，并去掉轮廓；选中两个对象，按下"T"键，将对象顶端对齐；选择"调和工具"，在这两个对象之间创建调和效果，并在属性栏中修改"步长或调和形状之间偏移量"为 5，效果如图 13-110 所示。

　　步骤 25　将上一步制作的调和对象移动至画面中，按住"Shift"键选中背景对象，执行"排列→对齐和分布→对齐和分布"命令，在弹出的"对齐与分布"泊坞窗中分别单击"顶端对齐"和"右对齐"按钮，将其与背景矩形右端对齐，如图 13-111 所示。

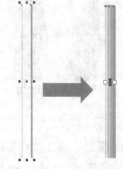

图 13-110　绘制对象并应用调和效果

步骤 26 在图 13-112 所示位置绘制一个大小为 297mm×56mm 的矩形，为其填充 30%黑，并去掉轮廓。

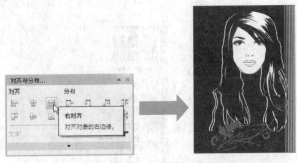

图 13-111 设置对象对齐位置

图 13-112 绘制矩形对象

步骤 27 选中"文本工具"，单击属性栏中的"将文本更改为垂直方向"按钮，将文本转换为垂直方向，输入文本"2013"，设置字体为"方正彩云繁体"，大小为 68pt，更改字体颜色为白色，效果如图 13-113 所示。

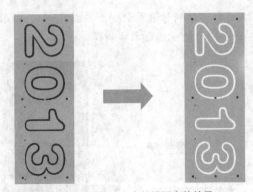

图 13-113 输入文本并设置字体效果

步骤 28 输入文本"个人美术作品展"，设置字体为"方正小标宋简体"、大小为 83pt，填充为白色，效果如图 13-114 所示。

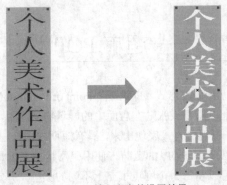

图 13-114 输入文字并设置效果

步骤29 输入文本"THE LINE ORRWS THE ASSOCIRRION TO UNFOLD",设置字体为"Xifiction",填充20%黑,如图13-115所示;输入图13-116所示的文字,设置字体为"方正粗倩简体"。

图 13-115 输入文本并设置字体　　　　图 13-116 输入的段落文本对象

步骤30 将所有文本对象移动到背景画面中,按图13-117所示进行排列;全选画面中的所有对象,按下"Ctrl+G"键群组,完成本实例的制作。

图 13-117 排列文本对象和完成效果

13.3 范例3——超市POP设计

简单地说,POP就是一种插画形式,POP是"Point of Purchase"的缩写,是商业销售中的一种店面促销工具,形式上以摆设或张贴在店面中的展示物品为主,将需要宣传的信息或产品内容安排在其中,以醒目、直观的方式表现出来,具有短期内提升广告效应的作用,比如吊牌、海报、旗帜、小贴纸等,都属于POP的范畴。使用"网状填充工具"可以轻松创建复杂多变的网状填充效果,同时还可以将每一个网点填充上不同的颜色,并定义颜色的扩充方向。

13.3.1　实例说明

开启本书配套光盘中 Chapter 13\13.3\超市 pop 设计.cdr 文件，查看本实例的最终完成效果。
本实例中具有丰富颜色变化的辣椒图案，如图 13-118 所示，主要是
使用 CorelDRAW X6 中的 "网状填充工具" 来完成填充效果的。通
过对本实例的学习，将伸读者掌握绘制此类写实风格对象的方法。
本实例的绘制过程主要包括以下环节。

（1）使用 "贝塞尔工具" 绘制出辣椒的各部分外形。

（2）配合使用 "填充工具" 和 "网状填充工具" 对各部分外形
进行色彩的填充，以体现辣椒中的明暗层次变化，使其产生真实感。

（3）配合使用 "阴影工具" 与 "透明度工具" 为辣椒图案添加
阴影和投影效果，使其更具空间感。

图 13-118　实例效果

（4）绘制背景中的修饰图案，并为其添加文字信息。

13.3.2　具体操作

步骤 1　在工作区中，绘制图 13-119 所示的第 1 个辣椒外形，将其填充为红色并去掉轮廓。

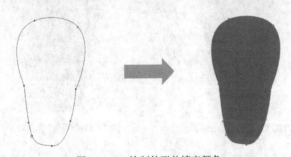

图 13-119　绘制外形并填充颜色

步骤 2　将工具切换到 "网状填充工具" ，对象上将出现图 13-120 所示的基本网格，
在网格内双击鼠标左键为其添加节点和网格单元，添加网格单元后的效果如图 13-121 所示。

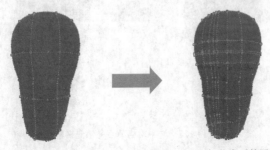

图 13-120　基本网格效果　　　图 13-121　添加节点后的网格效果

331

步骤 3 对网格的形状进行编辑，效果如图 13-122 所示，在网格左上角的空白区域按下鼠标左键并拖动，框选图 13-123 所示的网格节点，使用鼠标左键单击调色板中的橘红色标，为节点填充颜色，效果如图 13-124 所示。

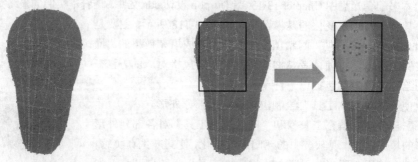

图 13-122 编辑网格后的效果　　　　图 13-123 框选节点　　　　图 13-124 填充颜色

步骤 4 按照图 13-125 所示框选节点，在"颜色"泊坞窗中设置颜色值为 C0、M20、Y40、K0，单击"填充"按钮，对网格进行填充；选择图 13-126 所示的节点，为其填充白色，然后调整网格线的弧度。

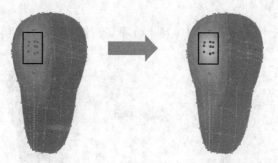

图 13-125 选中对象　　　　图 13-126 网格填充效果

步骤 5 按住"Shift"键的同时选中图 13-127 所示的节点，为对象填充白色，作为此处的高光。

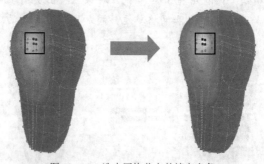

图 13-127 选中网格节点并填充白色

步骤6 使用"贝塞尔工具" 绘制第 2 个辣椒外形,为其填充红色并去掉轮廓,使用"网状填充工具" 为对象添加网格,如图 13-128 所示。

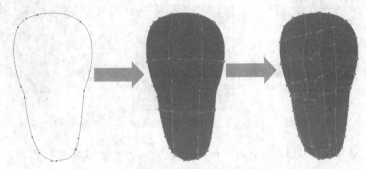

图 13-128 绘制外形并编辑网格效果

步骤7 按住"Shift"键的同时选中图 13-129 所示的节点,为其填充 C0、M60、Y80、K0 的颜色。

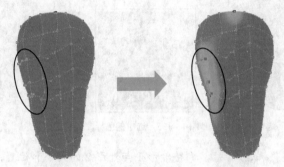

图 13-129 选中网格节点并编辑反光效果

步骤8 选中图 13-130 所示的节点,为其填充 C0、M100、Y60、K0 的颜色。

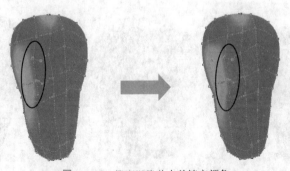

图 13-130 选中网格节点并填充颜色

步骤9 框选图 13-131 所示的节点,使用鼠标左键按住调色板上的"砖红色"色标不放,在弹出的更多色标中选择相应的颜色,如图 13-132 所示,完成效果如图 13-133 所示。

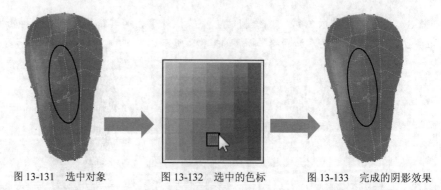

图 13-131 选中对象　　　　图 13-132 选中的色标　　　　图 13-133 完成的阴影效果

步骤 10　选中图 13-134 所示的节点，按住调色板上的"宝石红"色标不放，在弹出的更多色标中选择相应的颜色，如图 13-135 所示，完成的填充效果如图 13-136 所示。

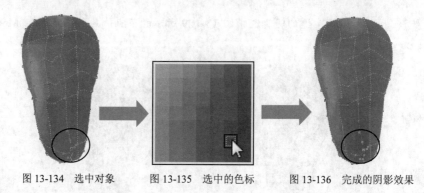

图 13-134 选中对象　　　　图 13-135 选中的色标　　　　图 13-136 完成的阴影效果

步骤 11　切换到"挑选工具"，调整外形 1 与外形 2 的大小和位置，如图 13-137 所示；选中外形 2，按下"Ctrl+PageDown"健，将其放置于外形 1 的下一层，如图 13-138 所示；按下键盘中的方向键，微调外形 1 的位置，效果如图 13-139 所示。

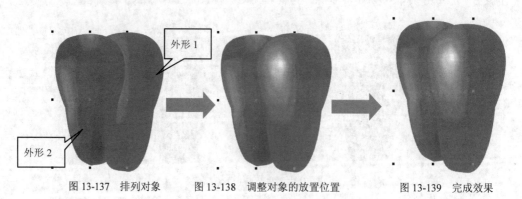

图 13-137 排列对象　　　　图 13-138 调整对象的放置位置　　　　图 13-139 完成效果

步骤 12　按照图 13-140 所示绘制辣椒的第 3 个外形，为其填充红色并添加网格，效果如图 13-141 所示。

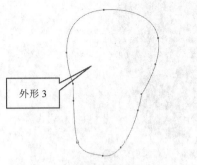

图 13-140　绘制外形 3

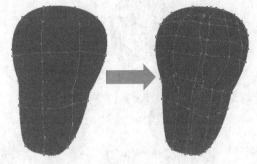

图 13-141　添加并编辑网格

步骤 13　按住 "Shift" 键选中图 13-142 所示的节点，为其填充 C0、M60、Y60、K40 颜色，作为阴影部分，完成效果如图 13-143 所示。

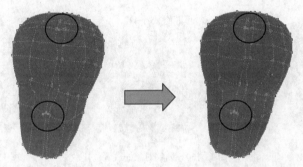

图 13-142　选中对象　　　　　　图 13-143　完成的阴影效果

步骤 14　选中图 13-144 所示的节点，用鼠标左键按住 "宝石红" 色标，在弹出的更多色标中选择相应的颜色，如图 13-145 所示，完成的填充效果如图 13-146 所示。

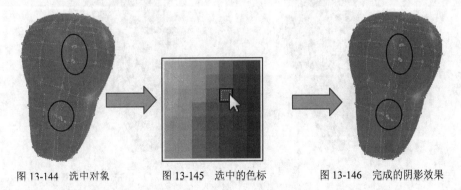

图 13-144　选中对象　　　　图 13-145　选中的色标　　　　图 13-146　完成的阴影效果

步骤 15　选择图 13-147 所示的节点，为其填充 C0、M60、Y60、K0 的颜色，作为外形 3 中的受光部分，如图 13-148 所示。

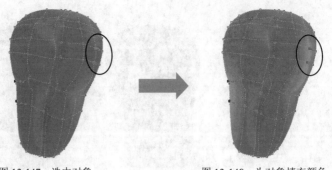

图 13-147　选中对象　　　　　　　图 13-148　为对象填充颜色

步骤 16　切换到"挑选工具"，调整外形 3 的大小和位置，如图 13-149 所示，按下"Shift+PageDown"键，将该对象置于最下层，如图 13-150 所示；按下方向键微调对象的位置，效果如图 13-151 所示。

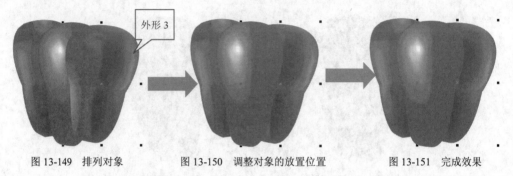

图 13-149　排列对象　　　　图 13-150　调整对象的放置位置　　　　图 13-151　完成效果

步骤 17　绘制辣椒的第 4 个外形，填充为红色，去掉轮廓后，为其添加网格，效果如图 13-152 所示。

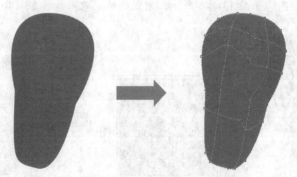

图 13-152　绘制外形 4 并编辑网格效果

步骤 18　选中图 13-153 所示的节点，按住调色板中的"红"色标不放，在弹出的更多色标中选择相应的颜色；按住"Shift"键选中图 13-154 所示的节点，为其填充 C0、M40、Y40、K0 的颜色，完成外形 4 的绘制。

图 13-153 选中节点并填充   图 13-154 选中节点并填充

步骤 19 调整外形 4 的大小和位置，如图 13-155 所示，按下 "Shift+PageDown" 键，将其置于底层，完成效果如图 13-156 所示。

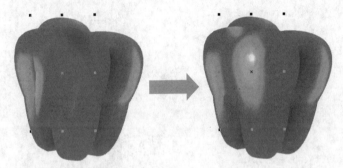

图 13-155 调整对象的位置   图 13-156 完成效果

步骤 20 保持外形 4 的选取，执行 "排列→变换→镜像" 命令，在弹出的 "变换" 泊坞窗中，按照图 13-157 所示进行设置后，单击 "应用" 按钮，获得辣椒的第 5 个外形，然后调整外形 5 的位置和倾斜度，完成效果如图 13-158 所示。

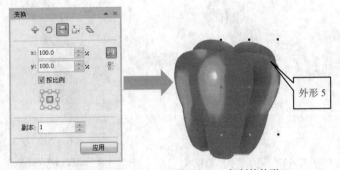

图 13-157 泊坞窗设置   图 13-158 复制的外形 5

步骤 21 绘制图 13-159 所示的外形，作为辣椒的蒂杆，为其填充绿色并去掉轮廓，切换到 "网状填充工具" ，为对象添加网格，效果如图 13-160 所示。

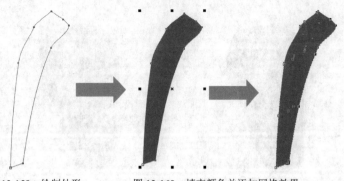

图 13-159　绘制外形　　　　　　　　图 13-160　填充颜色并添加网格效果

步骤 22　选中图 13-161 所示的节点，为其填充酒绿色，作为受光部分；选中图 13-162 所示的节点，为其填充 C20、M0、Y60、K0 的颜色，作为高光部分。

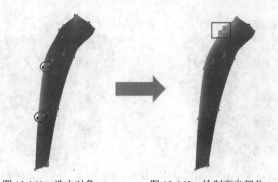

图 13-161　选中对象　　　　　　　　图 13-162　绘制高光部分

步骤 23　为图 13-163 所示的节点填充 C0、M0、Y20、K80 颜色，然后编辑网格至图 13-164 所示效果，完成对蒂杆的绘制。

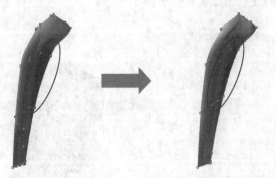

图 13-163　填充节点后的效果　　　　图 13-164　编辑网格后的效果

步骤 24　调整蒂杆对象的大小和位置，如图 13-165 所示，多次按下 "Ctrl+PageDown" 键，将该对象按图 13-166 所示的顺序进行排列。

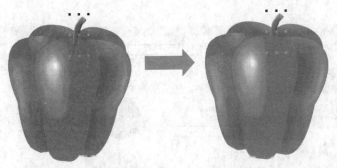

图 13-165　对象的放置位置　　　　　图 13-166　完成效果

步骤 25　选中绘制好的全部辣椒对象，按下 "Ctrl+G" 键群组，完成对红色辣椒的绘制，如图 13-167 所示；按照绘制红色辣椒的方法，结合实际中的辣椒效果，绘制另一个绿色辣椒对象，效果如图 13-168 所示。

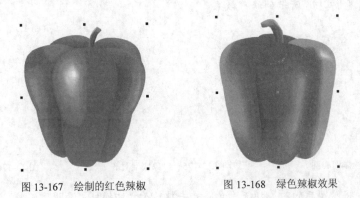

图 13-167　绘制的红色辣椒　　　　　图 13-168　绿色辣椒效果

步骤 26　绘制一个大小为 218mm × 185mm 的矩形，如图 13-169 所示；切换到 "形状工具"，在属性栏中单击 "全部圆角" 按钮，取消对该按钮的激活状态，然后按图 13-170 所示设置圆角度后，按下 "Enter" 键，得到图 13-171 所示的圆角效果。

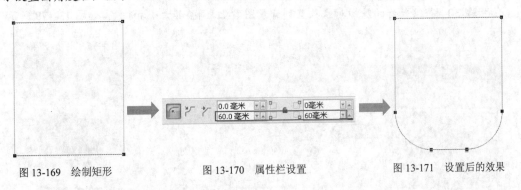

图 13-169　绘制矩形　　　　图 13-170　属性栏设置　　　　图 13-171　设置后的效果

步骤 27　为对象填充 40% 黑，去掉轮廓，如图 13-172 所示；按下 "+" 键复制该对象，为对象应用从 C13、M3、Y19、K0 到白色的线性渐变填充，调整对象的位置，如图 13-173 所示。

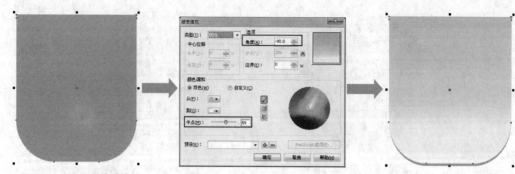

图 13-172　为对象填充颜色　　　　　　　图 13-173　应用渐变填充并调整位置

步骤 28　绘制图 13-174 所示的同心圆，同时选中这两个圆形，执行"排列→对齐和分布→底端对齐"命令，将对象底端对齐，如图 13-175 所示；在属性栏中单击"移除前面对象"按钮，得到图 13-176 所示的修剪效果。

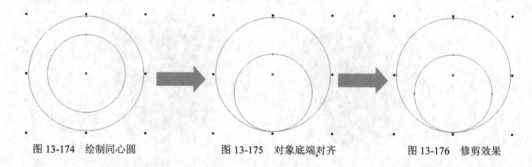

图 13-174　绘制同心圆　　　　　图 13-175　对象底端对齐　　　　　图 13-176　修剪效果

步骤 29　将修剪后的对象填充白色，并去掉轮廓；切换到"透明度工具"，为其应用"开始透明度"为 56 的"标准"透明效果，如图 13-177 所示。将该对象复制若干个，分别调整各个对象的大小、位置、透明度及旋转角度，按图 13-178 所示进行排列，以此作为背景中的修饰图案。

步骤 30　将绘制好的辣椒对象放置到背景图案上，调整其大小和位置，如图 13-179 所示。

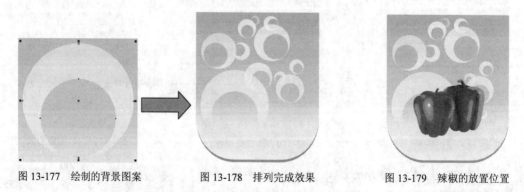

图 13-177　绘制的背景图案　　　图 13-178　排列完成效果　　　图 13-179　辣椒的放置位置

步骤 31　按住"Shift"键的同时选中两个辣椒对象，选取"阴影工具"，在对象底端的中心位置按下鼠标左键，并拖动鼠标到合适的位置，为对象创建透视的阴影效果，如图 13-180 所示；在属性栏中设置"阴影角度"为 40、"阴影的不透明度"为 60、"阴影羽化"为 30、"阴影颜色"为"橄榄色"，效果如图 13-181 所示。

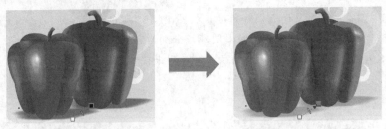

图 13-180　为对象添加阴影效果　　　　图 13-181　设置完成效果

步骤 32　选中两个辣椒对象，将其复制并垂直镜像后，按下"Ctrl+PageDown"键，将复制的对象置于阴影的下一层，并调整到图 13-182 所示的位置。

图 13-182　垂直镜像对象并调整位置

步骤 33　选中垂直镜像后的对象，按照图 13-183 所示为其应用线性透明效果，完成对辣椒投影的绘制。

图 13-183　为对象应用透明效果

步骤 34　使用"文本工具"分别输入文本"优质辣椒"和"低价上市"，将字体设置为"方正粗倩简体"，分别为文字填充 C100、M20、Y0、K0 和红色，如图 13-184 所示。

优质辣椒 低价上市

图 13-184　设置文本效果

步骤 35　调整文本对象的大小和角度，按图 13-185 所示进行排列。

步骤 36　绘制图 13-186 所示的同心圆环，分别为它们填充 C9、M31、Y7、K0，C32、M4、Y16、K0，C17、M4、Y9、K0 的颜色，然后去掉轮廓。

图 13-185　排列文本位置

图 13-186　绘制同心圆环

步骤 37　选中同心圆环对象，调整大小后，放置于图 13-187 所示的位置；使用"文本工具"输入文字"鲜"，为其设置字体为"汉仪舒同体简"，大小为 85pt，为文字填充红色；按下"F12"键，打开"轮廓笔"对话框，在其中设置轮廓颜色为白色、宽度为 2.0mm，效果如图 13-188 所示。

图 13-187　同心圆环的放置位置

图 13-188　文本对象的放置位置

步骤 38　按照图 13-189 所示绘制外形，为其填充红色并去掉轮廓；按下"Ctrl+D"键再制对象，为其填充 C100、M20、Y0、K0 的颜色并垂直镜像后，调整对象到适当的大小，旋转一定角度后，放置在图 13-190 所示的位置。

图 13-189　绘制装饰性对象

图 13-190　再制对象并调整位置

步骤 39 绘制一个圆形，为其填充青色并去掉轮廓，将工具切换到"网状填充工具"，编辑对象的网格，如图 13-191 所示。

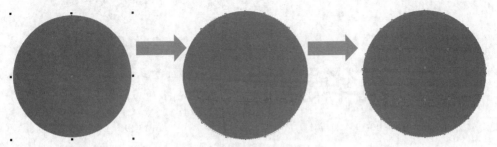

图 13-191 绘制圆形并编辑网格

步骤 40 选中图 13-192 所示的节点，分别为其填充白色和 C40、M0、Y0、K0 颜色。

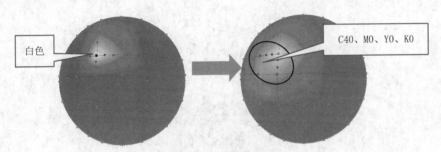

图 13-192 选取节点并填充颜色

步骤 41 绘制一个五角形，为其填充白色并去掉轮廓，调整对象的大小和位置，如图 13-193 所示，完成标志的绘制；切换到"文本工具"，输入文本"联华超市"，设置字体为"汉仪中黑简"、字体大小为 20pt，将文字与标志按图 13-194 所示排列。

图 13-193 五角形的放置位置

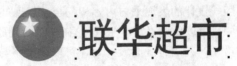

图 13-194 超市 LOGO 完成效果

步骤 42 选中绘制的标志对象，按下"Ctrl+G"键群组，如图 13-195 所示；将其移动到 POP 画面中，按图 13-196 所示进行排列。

图 13-195　群组对象

图 13-196　LOGO 放置位置

步骤 43　将所有对象选中，按下"Ctrl+G"键群组，完成本实例的制作，如图 13-197 所示。

图 13-197　最终完成效果

13.4　范例 4——平面广告版式设计

杂志仍然是当今媒体领域重要的传播形式，各种专业性的杂志在内容传达方面，也努力通过版式设计的表现来与内容相配合，展现产品功能与内容特点。在 CorelDRAW X6 的工具箱中，可以使用"文本工具"，在任意封闭路径中输入文本，形成区域文字块。通过该功能的应用，在进行版面设计时，可以使文字与图形灵活编排，达到规整和不拘一格的版面效果。

13.4.1　实例说明

开启本书配套光盘中 Chapter 13 \13.4 \平面广告版式设计.cdr 文件，查看本实例的最终完成效果，如图 13-198 所示。本实例的制作，主要是使用"文本工具"输入文字，并对文字进行编排来完成的。通过对本实例的学习，使读者掌握在 CorelDRAW X6 中，将文本输入到自创的图形对象中的方法。本实例的制作过程主要包括以下环节。

（1）导入画面中的主体图像。

（2）使用"矩形工具"绘制矩形，将矩形倾斜，使用"文本工具"在矩形内输入所需的文字信息，制作文字绕图像边缘排列的效果。

（3）使用"文本工具"输入其他的文字信息，进行相应的文字属性设置和编排。

13.4.2 具体操作

图 13-198 实例效果

步骤1 绘制一个大小为 300mm×211mm 的矩形，为其应用从粉蓝色到白色的线性渐变，将渐变角度设置为-90°，效果如图 13-199 所示。

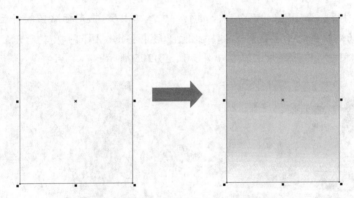

图 13-199 绘制背景对象并填充线性渐变

步骤2 导入本书配套光盘 Chapter 13 \13.4 \图.PSD 文件，选择该图像，将其移至上一步绘制的矩形上，调整对象的大小和位置，如图 13-200 所示。

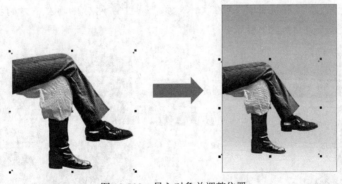

图 13-200 导入对象并调整位置

步骤 3 使用"矩形工具"绘制一个矩形,如图 13-201 所示;保持该对象的选取,再次单击该对象,调出旋转和倾斜手柄,向右拖动对象下方居中的倾斜手柄,将对象倾斜,如图 13-202 所示;然后将其移动到图 13-203 所示的位置,以制作用于在其内部输入文本的图形。

图 13-201　绘制矩形　　　　　图 13-202　倾斜矩形对象　　　　　图 13-203　调整完成效果

步骤 4 打开配套光盘目录中 Chapter 13 \13.4 \1.txt 文件,选中全部文字,按下"Ctrl+C"键进行复制。

步骤 5 切换到 CorelDRAW X6 中,选择"文本工具",将光标贴在倾斜后的矩形边缘内部,当光标变为 状态时单击鼠标左键,此时图形中将出现图 13-204 所示的文本框,按下"Ctrl+V"键,将文字粘贴到该文本框中,如图 13-205 所示。

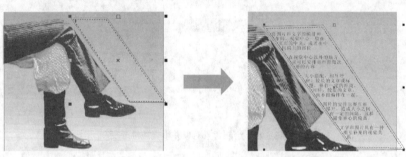

图 13-204　文本框效果　　　　　　　　　图 13-205　粘贴文字后的效果

步骤 6 按下"Ctrl+A"键选中文本对象,为其设置为"汉仪粗宋简",大小为 10pt,如图 13-206 所示;选择"形状工具",在文本对象上单击,然后拖动左下方的控制点,调整文本的行间距,效果如图 13-207 所示。

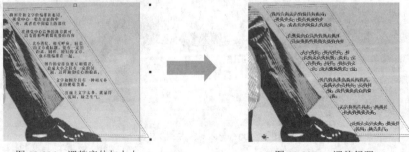

图 13-206　调整字体与大小　　　　　　　图 13-207　调整行距

步骤 7 按下空格键快速切换到"挑选工具",选中文本对象,按下"Ctrl+K"键拆分路径内的段落文本,如图 13-208 所示。选中拆分后的矩形,按下"Delete"键将其删除,选中文本对象,按下"Ctrl+Q"键将其转化为曲线,如图 13-209 所示。

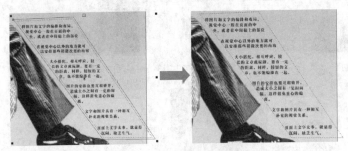

图 13-208 对文本对象进行拆分   图 13-209 完成效果

步骤 8 使用"文本工具"在图像的左下角拖曳出一个段落文本框,按下"Ctrl+I"键导入本书配套光盘 Chapter 13 \13.4 \ 2 .txt,在弹出的"导入/粘贴文本"对话框中,选择"保持字体和格式"单选项后,单击"确定"按钮,效果如图 13-210 所示。

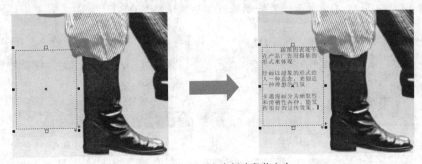

图 13-210 导入文本创建段落文本

步骤 9 选择段落文本对象,设置字体为"汉仪粗宋简",大小为 10pt,单击属性栏中的"水平对齐"按钮,在弹出的下拉列表中选择"右"选项,得到图 13-211 所示的右对齐效果。

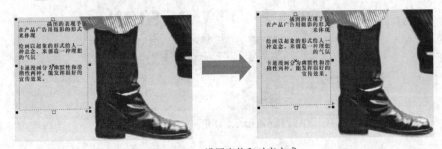

图 13-211 设置字体和对齐方式

步骤 10 使用"文本工具"选中图 13-212 所示的部分文字,设置字体为"汉仪大黑简",大小为 12pt,使用"形状工具"调整文本的字距,如图 13-213 所示。

步骤 11 按下"Ctrl+Q"键,将调整好的段落文本转化为曲线,如图 13-214 所示。

图 13-212　选中的对象　　　　　　图 13-213　调整后的效果

图 13-214　文本转曲后的效果

步骤 12　在图 13-215 所示位置绘制矩形，为其填充黑色。

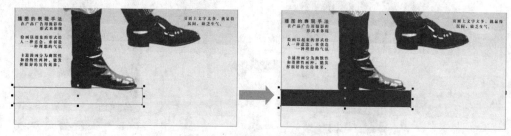

图 13-215　绘制矩形并填充颜色

步骤 13　输入图 13-216 所示文本，设置字体为"AmarilloUSAF"，并填充为白色。将文字移动到上一步绘制的矩形中，调整到适当的大小。

图 13-216　输入文字并设置效果

步骤 14　复制上一步输入的文本对象，将其填充为黑色，设置字体为"Kenyan Coffee"，如图 13-217 所示；将复制的文字移动至画面的顶部，调整其大小，如图 13-218 所示。

Creativity design

图 13-217　制作的标题文字效果　　　　　　　　　　图 13-218　移至画面顶部的效果

步骤 15　使用"文本工具"输入文本"创意设计",设置字体为"方正综艺简体",按下"Ctrl+Q"键,将其转化为曲线,如图 13-219 所示;将工具切换到"形状工具",选择"计"右端的两个节点,多次按下键盘中的"→"键,将其调整到图 13-220 所示的位置。

创意设计　➡　创意设计

图 13-219　输入文本并转曲　　　　　　　　　　图 13-220　字体变形

步骤 16　按照图 13-221 所示绘制矩形并填充为黑色,按下"Shift+PageDown"键,将其调整至文本的下一层,选中文字并将其填充为白色,如图 13-222 所示。

创意设计　➡　创意设计

图 13-221　绘制对象　　　　　　　　　　图 13-222　调整完成效果

步骤 17　全选上一步绘制的矩形和文本对象,按下"Ctrl+G"键群组;将该对象移动到标题文字的右下角,调整到适当的大小后,按图 13-223 所示效果将其旋转一定的角度。

步骤 18　按住"Ctrl"键单独选中矩形对象,按下"F12"键打开"轮廓笔"对话框,在其中设置轮廓颜色为白色、宽度为 2mm,单击"确定"按钮,效果如图 13-224 所示。

步骤 19　全选所有的对象,按下"Ctrl+G"键群组,完成本实例的制作,效果如图 13-225 所示。

图 13-223　对象放置位置　　　　图 13-224　设置"轮廓笔"对话框后的效果　　　　图 13-225　最终完成效果

13.5 范例 5——时尚对表造型设计

产品造型设计，是 CorelDRAW 平面设计应用的拓展，利用强大的图形造型和色彩填充表现，可以完美地展现设计师理想的产品造型效果。钟表是文化与技术完美的结晶，它是物质的，是时间与生命的载体，是可以拿在手里欣赏和把玩的；它是艺术的，无论对于视觉还是对于精神都是美的享受。下面就为读者介绍在 CorelDRAW X6 中设计时尚对表造型的方法。

13.5.1 实例说明

开启本书配套光盘中 Chapter 13 \13.5\ Complete\时尚对表造型设计.cdr 文件，查看本实例的最终完成效果，如图 13-226 所示。本实例中对表的写实刻画，主要使用"贝塞尔工具"造型，通过"渐变工具"为外形添加金属材质的光感。通过本实例的学习，读者可以了解在 CorlDRAW X6 中绘制金属质感对象的表现手法。本实例的制作过程主要包括以下环节。

图 13-226 实例效果

（1）配合使用"贝塞尔工具"和"形状工具"绘制出手表外形。

（2）使用"填充工具"为外形填充颜色，表现金属质感。

（3）制作背景，渲染整个画面效果。

13.5.2 具体操作

步骤 1 绘制一个圆形，将其填充为黑色，如图 13-227 所示。按下"+"键复制对象，为其应用线性渐变填充效果，设置渐变色为 0%位置上 50%黑，11%/72%/100%位置上白色，27%位置上 20%黑，35%位置上 100%黑，44%位置上 10%黑，88%位置上 80%黑，渐变角度为-38°，如图 13-228 所示。

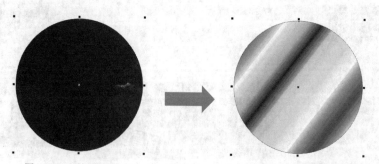

图 13-227 绘制的圆形　　　　　　　　　　　图 13-228 渐变填充效果

步骤 2 填充完成后，按住 "Shift" 键将对象按中心缩小至适当的大小，如图 13-229 所示。复制圆形，将其填充白色并去掉轮廓，调整对象的大小和位置，如图 13-230 所示。

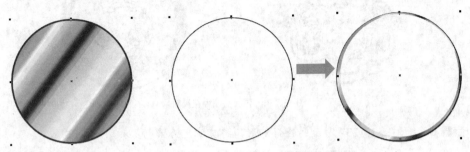

图 13-229 缩小后的效果   图 13-230 复制对象并改变填充和大小

步骤 3 复制圆形，按图 13-231 所示调整其大小和位置，修改其填充色为 80%黑，并去掉轮廓；再复制该圆形，为其应用线性渐变填充效果，设置渐变色为 0%与 100%位置上 40%黑，36%与 62%位置上白色，渐变角度为 89°，如图 13-232 所示。填充完成后，调整对象的大小和位置，如图 13-233 所示。

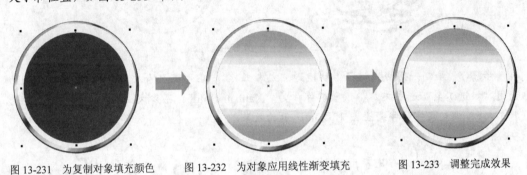

图 13-231 为复制对象填充颜色   图 13-232 为对象应用线性渐变填充   图 13-233 调整完成效果

步骤 4 绘制图 13-234 所示的外形，将其填充为黑色作为金属上的阴影部分，效果如图 13-235 所示。

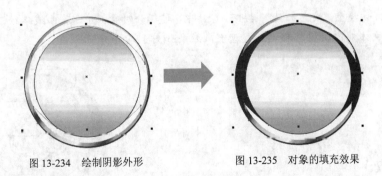

图 13-234 绘制阴影外形   图 13-235 对象的填充效果

步骤 5 按下 "Ctrl+I" 键，导入本书配套光盘中 Chapter 13 \13.5\花纹 1.cdr 文件，调整花纹对象的大小后，将其放置在表盘上，效果如图 13-236 所示。

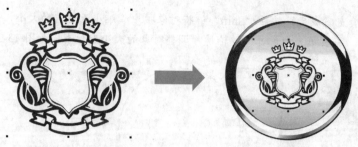

图 13-236　导入并应用花纹对象

步骤 6　绘制图 13-237 所示的指针外形，将其填充为黑色。

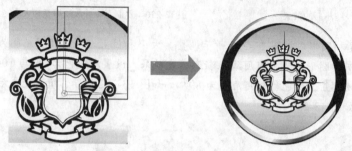

图 13-237　绘制指针外形并填充颜色

步骤 7　绘制一条曲线路径，切换到 "文本工具"，在曲线上输入文本 "Julia Couturei"；使用 "挑选工具" 选中文本，设置其字体为 "Xaphan Bold"、字体大小为 10pt；切换到 "形状工具"，调整文字的字距至图 13-238 所示的效果。

图 13-238　输入路径文本并设置文本效果

步骤 8　切换至 "挑选工具"，按下 "Ctrl+K" 键拆分对象，并删除曲线路径，如图 13-239 所示；选中文本对象，将其移动到表盘上，效果如图 13-240 所示。

图 13-239　拆分对象后的效果

图 13-240　表盘完成效果

步骤 9 绘制图 13-241 所示的外形，为其应用线性渐变填充效果，设置渐变色为 0%与 75%位置上 10%黑，24%位置上白色，80%与 100%位置上 100%黑，渐变角度为-90°；填充完成后，为对象去掉轮廓，作为表带上其中一个外形对象，如图 13-242 所示。

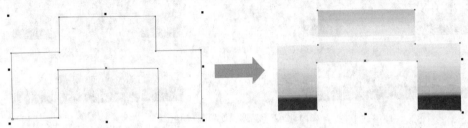

图 13-241 绘制对象   图 13-242 为对象填充颜色

步骤 10 在图 13-233 所示位置绘制矩形，为其应用线性渐变填充效果，设置渐变色为 0%与 42%位置上 70%黑，42%位置上 60%黑，77%与 100%位置上白色，渐变角度为 90°，效果如图 13-244 所示。

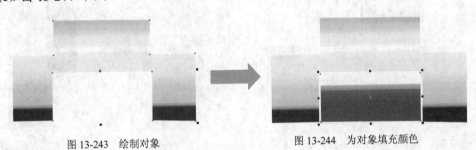

图 13-243 绘制对象   图 13-244 为对象填充颜色

步骤 11 按照图 13-245 所示绘制表带中的另一个外形对象，为其应用线性渐变填充效果，设置渐变色为 0%与 70%位置上 20%黑，24%与 87%位置上 10%黑，77%位置上 30%黑，92%与 100%位置上 100%黑，渐变角度为-90°，效果如图 13-246 所示。

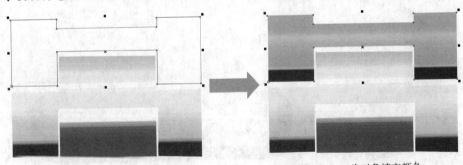

图 13-245 绘制对象   图 13-246 为对象填充颜色

步骤 12 继续绘制表带外形，为其应用线性渐变填充效果，设置渐变色为 0%位置上 20%黑，24%位置上 10%黑，49%与 80%位置上 30%黑，95%与 100%位置上 100%黑，渐变角度为-90°，如图 13-247 所示。

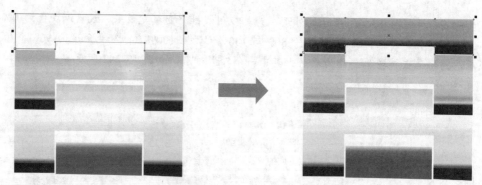

图 13-247 绘制对象并填充颜色

步骤 13 在图 13-248 所示位置绘制外形，为其填充 10%黑色并去掉轮廓；在该对象上绘制图 13-249 所示的外形，为其填充黑色，效果如图 13-250 所示。

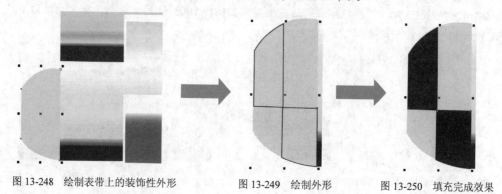

图 13-248 绘制表带上的装饰性外形　　　　图 13-249 绘制外形　　　图 13-250 填充完成效果

步骤 14 同时选中图 13-251 所示的对象，将其群组；复制该对象，将其水平镜像后，移动至图 13-252 所示的位置。

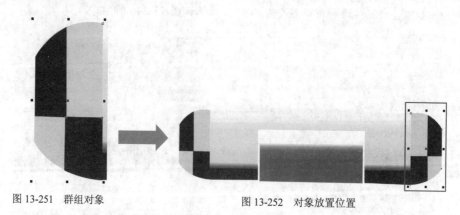

图 13-251 群组对象　　　　　　　图 13-252 对象放置位置

步骤 15 选中绘制好的所有表带对象，将它们群组，如图 13-253 所示。

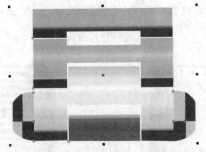

图 13-253　群组对象

步骤 16　调整表带对象的大小后，将其移动至手表顶端居中的位置，如图 13-254 所示；按下"Shift+PageDown"键，将其置于底层，如图 13-255 所示；复制该对象，将其垂直镜像后，垂直移动到手表底端对应的位置，完成对表带的刻画，如图 13-256 所示。

图 13-254　对象的放置位置　　　图 13-255　将对象置于底层　　　图 13-256　垂直镜像对象

步骤 17　绘制一个圆角矩形，为其应用线性渐变填充效果，设置渐变色为 0%/12%/88%/100%位置上 100%黑，21%与 81%位置上 30%黑，28%位置上 20%黑，37%与 55%位置上白色，70%位置上 10%黑，渐变角度为 0°，如图 13-257 所示。

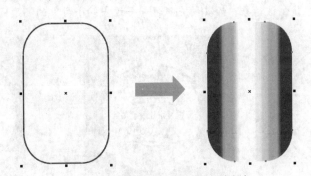

图 13-257　绘制对象并填充线性渐变颜色

步骤 18　在上一步绘制的对象上绘制下图所示外形，将其填充为黑色；选中对象后，将

355

其拖动一定位置后按下鼠标右键复制对象，然后多次按下"Ctrl+D"键，得到图 13-258 所示的再制效果。

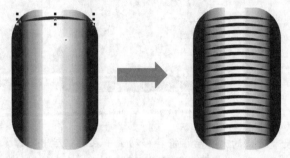

图 13-258　绘制对象并再制

步骤 19　全选对象并将其群组，调整对象的大小后，将其放置在图 13-259 所示的位置，作为调节时间的旋转钮。男士手表绘制完成后，效果如图 13-260 所示。

图 13-259　群组对象并放置位置　　　　　　　　　图 13-260　男士手表完成效果

步骤 20　选中男士手表中的手表主体部分，将其复制至空白工作区，作为女式手表的表盘，如图 13-261 所示。

步骤 21　在图 13-262 所示位置绘制一个白色的圆角矩形（为方便查看，暂时在对象下添加一个深色块），复制该对象，为其填充黑色，并适当缩小对象的高度，如图 13-263 所示。

图 13-261　复制的女式表盘　　　　图 13-262　绘制对象　　　　图 13-263　复制对象的效果

步骤 22 同时选中上一步绘制的圆角矩形，将其群组，然后将该对象调整至表盘的下一层，如图 13-264 所示。

图 13-264 群组对象并调整对象位置

步骤 23 绘制一个圆环，将其填充为白色并去掉轮廓；在该对象上绘制图 13-265 所示的外形，将其填充为黑色，如图 13-266 所示。

图 13-265 绘制对象 图 13-266 绘制对象上的细节

步骤 24 群组上一步绘制的对象，将其移动至图 13-267 所示的位置，多次按下"Ctrl+PageDown"键，将该对象置于其他手表对象的下一层。

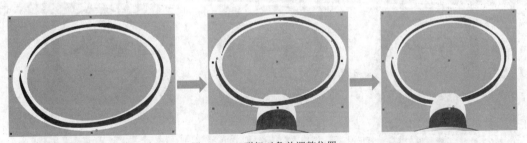

图 13-267 群组对象并调整位置

步骤 25 绘制图 13-268 所示的圆角矩形，将其填充为线性渐变色，颜色设置为 0%位置上白色，36%/53%/100%位置上 20%黑，82%位置上 60%黑，渐变角度为 92°。复制该对象至图 13-269 所示位置，完成对女士手表链的制作。

357

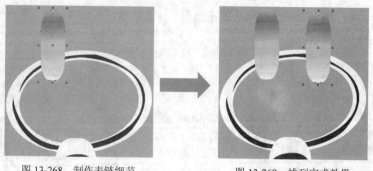

图 13-268　制作表链细节　　　　　　　图 13-269　排列完成效果

步骤 26　选中表链对象，将其复制并垂直镜像，将复制的对象垂直移动到手表的另一端，如图 13-270 所示。

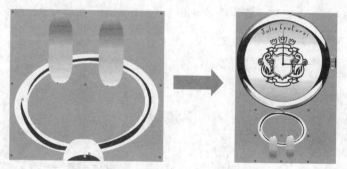

图 13-270　复制对象并镜像

步骤 27　选中图 13-271 所示对象，将其复制至图中所示位置，调整其大小后，将其置于表盘的下一层，效果如图 13-272 所示。

图 13-271　复制并移动对象　　　　　　　图 13-272　完成效果

步骤 28　选中女士手表中的全部对象，将其群组，完成对女士手表的绘制，效果如图 13-273 所示。

步骤 29　绘制一个大小为 189mm × 243mm 的矩形，为对象应用射线渐变填充效果，设置渐变色为 0%/31%位置上 C100、M100、Y0、K80，64%位置上 C100、M100、Y0、K0，

100%位置上 C0、M0、Y0、K10，渐变角度为 0，如图 13-274 所示。

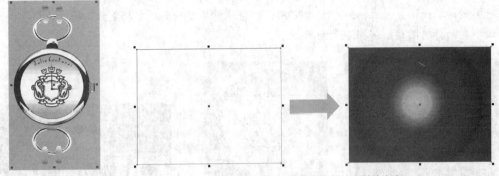

图 13-273　女士手表完成效果　　　　　　　图 13-274　绘制矩形并填充射线渐变

步骤 30　导入本书配套光盘中 Chapter 13 \13.5\花纹 2.cdr 文件，如图 13-275 所示；将其复制并垂直镜像，分别调整花纹对象的大小和位置，如图 13-276 所示。

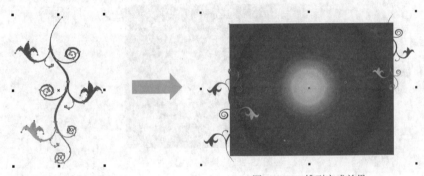

图 13-275　导入的对象　　　　　　　　　　图 13-276　排列完成效果

步骤 31　按住 "Shift" 键的同时选中花纹对象，执行 "效果→图框精确剪裁→置于图文框内部" 命令，当光标变成■▶状态时，点击背景对象，将花纹置于背景中，然后调整花纹在背景中的位置，效果如图 13-277 所示。

步骤 32　将男士手表和女式手表按图 13-278 所示的效果进行排列。

图 13-277　执行 "图框精确剪裁" 命令　　　　图 13-278　手表的放置位置

步骤33 输入文本"Julia Couturei"，设置字体为"Xaphan Bold"，字体大小为16pt，将其填充为白色，如图13-279所示；切换至"挑选工具"，按下"Ctrl"键，单击手表对象中的皇冠图案，单独将其选取，如图13-280所示；将该对象复制到文字的上方，填充为白色，作为该手表的标志图案，如图13-281所示。

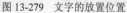
图 13-279　文字的放置位置

图 13-280　选中对象

图 13-281　Logo 完成效果

步骤34 全选所有对象并将它们群组，完成本实例的制作，效果如图13-282所示。

图 13-282　最终完成效果

13.6　范例6——电影海报设计

电影海报不但形象鲜明，突出影片的主要情节和风格，而且便于张贴，便于扩大影片的影响。海报主要张贴在各街道、影剧院、展览会、商业闹市区、车站、码头、公园等公共场所。与其他广告相比，具有画面大、内容广泛、艺术表现力丰富、远视效果强烈的特点。

13.6.1　实例说明

开启本书配套光盘中 Chapter 13 \13.6\蝶之恋.cdr 文件，查看本实例的最终完成效果，如图13-283所示。海报中使用黑色的人物剪影来表现电影人物的形象，彩色的蝴蝶和黑色的人物剪影形成对比，暗示着主人公向往美好生活的愿望，应用色彩之间的差异体现电影主人公的自强自立、勇于和命运挑战的精神。电影的标题文字使用文字和修饰花纹进行表现，既突出了电影"春天"的主题，同时也给人向上和美丽的情感触动，海报的背景应用唯美的花纹进行修饰，主要是为了迎合电影情节中平凡人物所表现的不平凡的故事情节。

　　在本实例的绘制过程中，具体包括以下 3 个环节：海报背景的绘制、海报的图案修饰和海报中文字的处理，具体绘制流程如下。

　　（1）海报中画框和部分修饰图案，是通过导入图形文件来完成的。

　　（2）使用"贝塞尔工具"绘制人物头部和蝴蝶造型，并且填充适当的线性渐变色。

　　（3）使用"艺术笔工具"绘制人物头发。

　　（4）使用"文本工具"输入标题文字，通过创建段落文字进行电影海报内容的描述。

图 13-283　实例效果

13.6.2　具体操作

　　步骤 1　按下"Ctrl+N"快捷键，新建一个图形文件；在属性栏的"纸张宽度和高度"数值框中分别输入 42mm 和 57mm，按下"Enter"键，对图形文件中的页面大小进行更新。

　　步骤 2　在"矩形工具" <img>上双击，创建一个与页面等大的矩形，将其填充为 C0、M12、Y25、K0 的颜色，如图 13-284 所示；按下小键盘中的"+"键，复制该矩形，按住"Shift"键拖动四角处的控制点，将矩形按中心适当缩小，如图 13-285 所示。

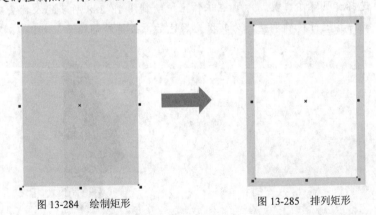

图 13-284　绘制矩形　　　　　　　　　图 13-285　排列矩形

　　步骤 3　执行"文件→导入"命令，在打开的"导入"对话框中，选择本书配套光盘 Chapter 13\13.6\修饰画框.cdr 文件，然后单击"导入"按钮，将其导入到当前文件中，按照图 13-286 所示进行排列。

　　步骤 4　执行"文件→导入"命令，在打开的"导入"对话框中，选择本书配套光盘 Chapter 13\13.6\修饰图案.cdr 文件，然后单击"导入"按钮，将其导入到当前文件中。适当调整其大小，按照图 13-287 所示进行排列。

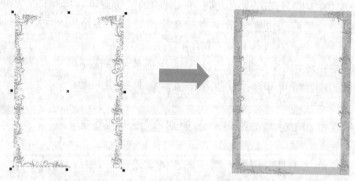

图 13-286　导入修饰图案并排列对象

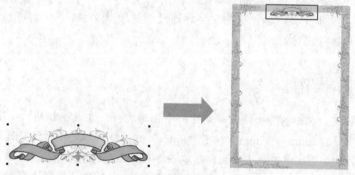

图 13-287　　导入修饰图案并排列对象

步骤 5　选择"贝塞尔工具" ，在工作区中绘制图 13-288 所示的人物头部外形，并用"形状工具" 对其进行精确调整，为其填充黑色后，去掉外部轮廓，如图 13-289 所示。

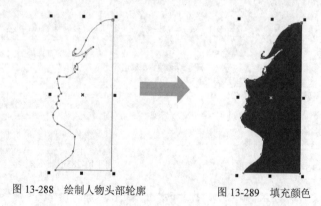

图 13-288　绘制人物头部轮廓　　　　　　图 13-289　填充颜色

步骤 6　按下小键盘中的"+"键，复制该图形，使用"矩形工具"绘制一个矩形，将其移动到图 13-290 所示的位置；同时选取人物头部外形，单击属性栏中的"修剪"按钮 ，对其进行裁剪，得到图 13-291 所示的图形。

图 13-290　绘制矩形

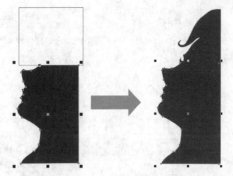

图 13-291　对复制对象进行修剪

步骤 7　对修剪后的图形填充线性渐变，将渐变角度设置为-36°，如图 13-292 所示，渐变色设置为 0%C40、M0、Y100、K0，48% C14、M0、Y34、K66，100%黑。

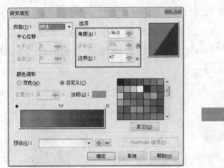

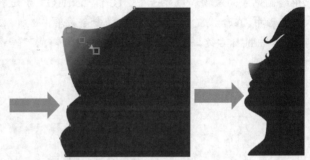

图 13-292　应用渐变填充

步骤 8　选择"贝塞尔工具" ，在工作区中绘制图 13-293 所示的蝴蝶造型，去掉外部轮廓，为其填充 0% C100、M80、Y0、K0，38% C100、M20、Y0、K0，60% C40、M0、Y40、K0，78% C40、M0、Y100、K0，100%白色的线性渐变色，设置其"渐变角度"为-48°，将其按照图 13-294 所示进行排列。

图 13-293　绘制蝴蝶造型

图 13-294　填充颜色并排列对象

步骤 9　选择"艺术笔工具" ，在属性栏中进行图 13-295 所示的设置，绘制若干条曲线，去掉外部轮廓，为它们填充黑色，然后按图 13-296 所示进行排列，作为人物的头发外形。

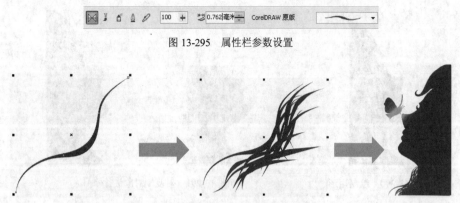

图 13-295　属性栏参数设置

图 13-296　绘制头发并排列

步骤 10　在"矩形工具" 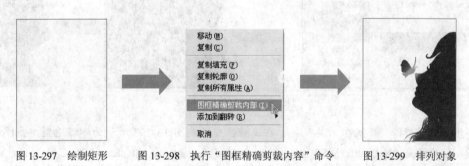 上双击，创建一个与页面等大的矩形，如图 13-297 所示；选中绘制完成的人物和蝴蝶造型，按下"Ctrl+G"键进行群组；按住鼠标右键不放，将其拖入到矩形中，在释放鼠标右键后弹出的命令菜单中选择"图框精确剪裁内部"命令，如图 13-298 所示；单击鼠标右键，选择命令菜单中的"编辑内容"命令，对人物和蝴蝶造型进行图 13-299 所示的排列。

图 13-297　绘制矩形　　　图 13-298　执行"图框精确剪裁内容"命令　　　图 13-299　排列对象

步骤 11　完成对人物和蝴蝶造型的排列后，单击鼠标右键，选择命令菜单中的"结束编辑"命令，如图 13-300 所示。去掉矩形的外部轮廓，将其放置在图 13-301 所示的位置。

图 13-300　选择"结束编辑"命令　　　　　图 13-301　排列对象

步骤 12 选择"文本工具" 字，分别输入"漫舞春天"，设置字体为"汉仪大宋简"，适当调整其大小，按照图 13-302 所示进行位置的排列。单击鼠标右键，选择命令菜单中的"转换为曲线"命令，将文字转换为矢量路径。

图 13-302 输入文本并调整大小和位置

步骤 13 使用"贝塞尔工具"绘制图 13-303 所示的修饰花纹，并使用"形状工具" 对其进行精确调整，设置黑色为其填充色后，去掉外部轮廓，如图 13-304 所示。

图 13-303 绘制修饰花纹 图 13-304 绘制修饰花纹

步骤 14 对绘制完成的修饰花纹和文字进行图 13-305 所示的排列，然后单击属性栏中的"合并" 按钮，将文字和修饰花纹进行图案的拼合。

图 13-305 拼合对象

步骤 15 按下"F11"键，打开"渐变填充"对话框，按照图 13-306 所示进行渐变色的填充，即 0% C100、M80、Y0、K0，26% C0、M60、Y100、K0，49% C40、M0、Y40、K0，75% C40、M0、Y100、K0，100%为白色的线性渐变色，设置其"渐变角度"为 34.4°，完成效果如图 13-307 所示。

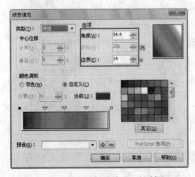

图 13-306 "渐变填充"对话框

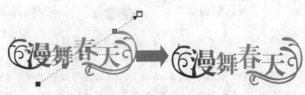

图 13-307 填充渐变颜色

步骤 16 选择"文本工具"，分别输入"FREE"和"DANCE"，设置字体为"BROKEN GHOST"，参照图 13-308 所示的效果，分别对每个字母适当地进行大小调整。

图 13-308　输入文字并调整字体大小

步骤 17 使用"贝塞尔工具"绘制图 13-309 所示的花纹图案，去掉其轮廓线，为其填充黑色；选择"文本工具"，输入"SPRING"，设置字体为"BROKEN GHOST"；按照图 13-310 所示对其进行排列。

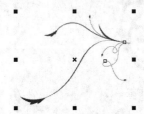

图 13-309　绘制花纹图案

图 13-310　输入文字并排列对象

步骤 18 对花纹图案、文字"FREE DANCE"和"SPRING"填充 C0、M40、Y60、K20 的颜色，参照图 13-311 所示进行位置的排列，完成对标题文字的绘制。

步骤 19 对上一步中的标题文字进行复制，为其填充黑色，将其按照图 13-312 所示进行排列，以作为标题文字的投影；适当调整其大小，放置在海报的上方，如图 13-313 所示。

图 13-311　填充颜色和排列对象

图 13-312　复制对象并编辑投影效果

图 13-313　排列标题文字

步骤 20 选择"文本工具"，输入图 13-314 所示的文本，分别对各部分文字设置好字体后，适当调整其大小，放置在海报的左下角位置，如图 13-315 所示。

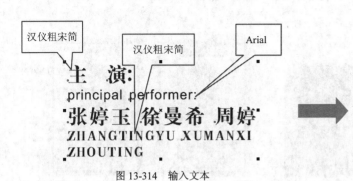

图 13-314 输入文本

图 13-315 排列文本

步骤 21 使用"文本工具"输入图 13-316 所示的文本，设置字体为"黑体"，适当调整其大小，放置在上一步文本的下方位置，完成本实例的绘制，如图 13-317 所示。

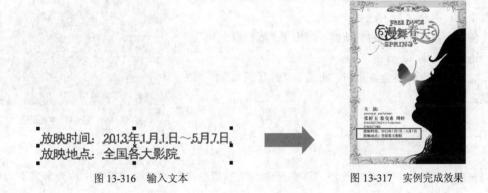

图 13-316 输入文本

图 13-317 实例完成效果

 # 13.7 范例 7——食品包装设计

包装，是在流通过程中起到保护产品、方便储运、促进销售作用的辅助物的总称。包装设计是将美术与自然科学相结合，运用到产品的包装保护和美化方面；它不仅是单纯的装潢，而且还包含了科学、艺术、材料、经济、心理、市场等综合要素。

利用 CorelDRAW X6 中强大的文字编辑和造型功能，可以很方便地进行各类型的包装设计，本节将以一款食品包装为例，介绍包装设计的整个制作过程。

13.7.1 实例说明

开启本书配套光盘中 Chapter 13\13.7\水盐菜.cdr 文件，查看本实例的最终完成效果，如图 13-318~图 13-320 所示。产品包装在突出产品特点和体现诉求信息上，还应讲究一定的艺术性和观赏性，除了很好地保护和展示商品外，更重要的是展现商品所代表的精神和文化内涵。这款包装选择绿色为主色调，体现产品特色又富有现代感。因此，消费者选择礼品馈赠亲友时，这款包装一定获得首选。

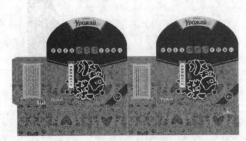

图 13-318　包装盒平面展开图

图 13-319　包装袋平面展开图

本实例的制作过程主要包括 3 个部分：绘制包装盒和包装袋平面展开图、绘制包装袋的效果图、绘制包装的立体效果图。具体绘制方法如下。

（1）在表现包装袋的材质时，应用了"线性渐变填充"和"透明度工具"。

（2）在制作包装盒效果时，应用了"封套工具"和"透明度工具"。

图 13-320　包装立体效果图

13.7.2　具体操作

步骤 1　新建一个图形文件，将页面方向设置为横向，在页面标签栏中，为当前页面命名为"盒平面展开图"。

步骤 2　导入本书配套光盘中 Chapter 13\13.7\盒形.cdr，如图 13-321 所示。

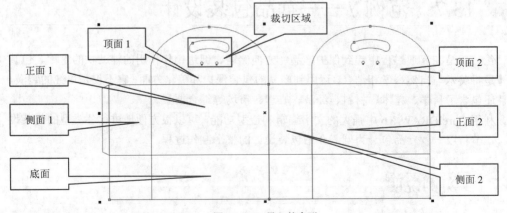

图 13-321　导入的盒形

步骤 3 选中图 13-322 所示对象，为其填充 C55、M0、Y100、K0 的颜色，去掉其轮廓，如图 13-323 所示。

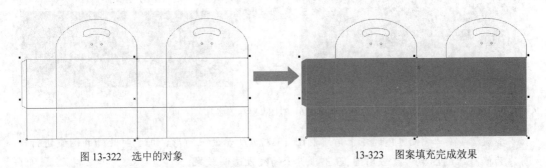

图 13-322　选中的对象　　　　　　　13-323　图案填充完成效果

步骤 4 导入本书配套光盘中 Chapter 13\13.7\图案 1.cdr 文件，为其填充 C100、M30、Y100、K0 的颜色，如图 13-324 所示。

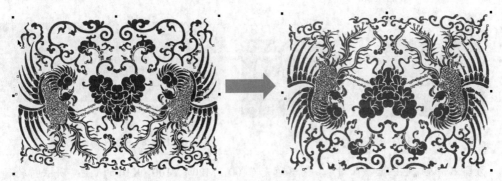

图 13-324　导入素材并填充颜色

步骤 5 调整图案对象至合适的大小后，将其放置在平面展开图中。对该图案进行复制，将复制的图案按图 13-325 所示排列，用于制作包装画面中的底纹。

图 13-325　包装画面中的底纹

步骤 6 对排列后的图案对象进行群组，分别在平面展开图周围绘制矩形，用于裁剪多出平面展开图的图案部分，裁剪效果如图 13-326 所示。

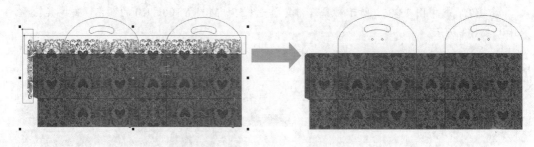

图 13-326　对图案对象的修剪

步骤 7　在 "侧面 1" 的左上角绘制图 13-327 所示的三角形，用于对此处的图案进行修剪。为修剪后的图案对象应用图 13-328 所示的线性透明效果。

图 13-327　图案的修剪效果

图 13-328　图案中的透明效果

步骤 8　选择包装盒顶面对象，为其填充 C100、M20、Y100、K10 的颜色，并去掉轮廓，如图 13-329 所示。

图 13-329　顶面的填充效果

步骤 9　复制顶面对象，裁剪掉弧形部分，并将其调整为图 13-330 所示的外形。复制该对象并填充为黑色，按下 "Ctrl+PageDown" 键调整至下一层后，向下微调一定的距离，效果如图 13-331 所示。

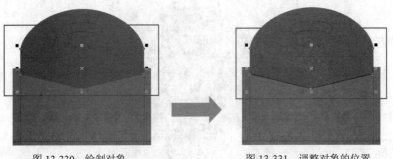

图 13-330　绘制对象　　　　　　　　　图 13-331　调整对象的位置

步骤 10　选中上一步编辑的对象，将它们复制后，移动到"顶面 2"中，如图 13-332 所示。

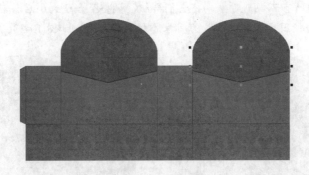

图 13-332　顶面效果

步骤 11　在空白工作区中，使用"手绘工具"绘制一个类似圆形的不规则外形，为其填充 C100、M20、Y100、K20 的颜色，设置适当宽度的轮廓，并将轮廓色设置为 C5、M0、Y50、K0 后，效果如图 13-333 所示。

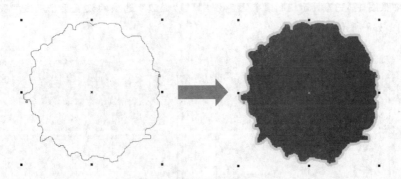

图 13-333　绘制图形并填充对象

步骤 12　再绘制一个类似圆形的不规则外形，将上一步所绘制对象中的填充和轮廓属性复制到该对象中，将该对象复制 2 个，按图 13-334 所示进行排列。

图 13-334　完成效果

步骤 13　选中所有不规则对象，将它们群组，调整至合适大小后移动至"正面 1"中，如图 13-335 所示；使用"阴影工具"为对象添加阴影效果，如图 13-336 所示。

图 13-335　对象放置位置

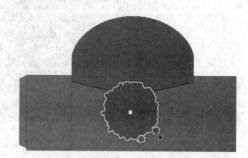

图 13-336　添加阴影效果

步骤 14　开启 Photoshop 程序，打开本书配套光盘中 Chapter 13\13.7\素材.PSD 文件，选择文字所在的"图层 0"，执行"图层→图层样式→斜面和浮雕"命令，在弹出的"图层样式"对话框中按照图 13-337 所示进行"斜面和浮雕"、"描边"选项的设置后，单击"确定"按钮，效果如图 13-338 所示。

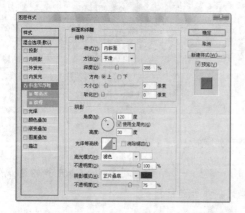

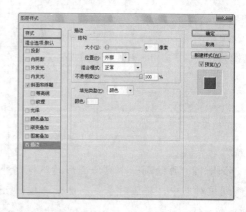

图 13-337　设置"斜面和浮雕"和"描边"选项

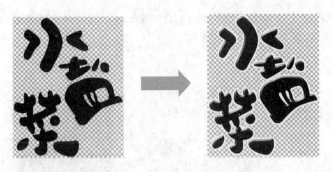

图 13-338　为文字素材应用图像效果

步骤 15　在"图层"调板中单击 按钮，新建一个图层，如图 13-339 所示。按住"Shift"键同时选中"图层 0"，按下"Ctrl+E"键合并图层，效果如图 13-340 所示。

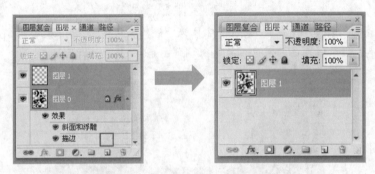

图 13-339　新建图层　　　　　　　　　　图 13-340　合并图层

步骤 16　执行"文件→存储为"命令，将制作完成的文件命名为"水盐菜"，以 PSD 格式另存于相应的目录中。

步骤 17　切换到 CorelDRAW X6 中，导入刚才制作好的"水盐菜.PSD"文件（在本书配套光盘对应的目录中，可以找到制作好文字效果的文件），调整对象的大小后将其放置在图 13-341 所示的位置。

图 13-341　对象放置位置

373

步骤 18 使用"手绘工具"绘制图 13-342 所示的外形，为其填充 C15、M100、Y100、K0 的颜色并去掉轮廓。

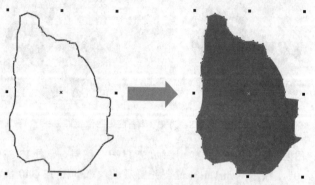

图 13-342　绘制对象并填充颜色

步骤 19 输入文本"老胡记"，设置字体为"经典繁角隶"，字体大小为 7pt。按下"+"键复制该文本，修改填充色为黄色，将其微调到图 13-343 所示的位置。

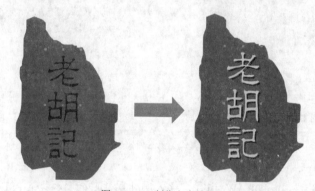

图 13-343　制作文本效果

步骤 20 结合使用"椭圆形工具"和"文本工具"制作图 13-344 所示的注册商标图案，圆形轮廓和文字"R"都为黄色。将商标移动到"老胡记"右下角，如图 13-345 所示。

图 13-344　绘制的对象　　　　　图 13-345　对象放置位置

步骤 21 全选绘制好的产品标志图案，群组后移动到"正面 1"中图 13-346 所示的位置。

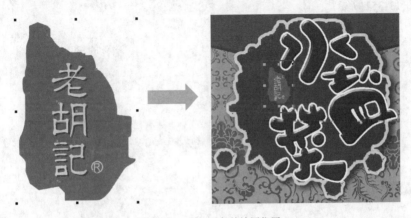

图 13-346 群组对象并放置位置

步骤 22 绘制一个大小为 30mm × 7mm 的矩形，填充为 C0、M0、Y45、K0 的颜色并去掉轮廓。在矩形对象上绘制一条直线段，设置轮廓宽度为 0.2mm，轮廓色为 C25、M2、Y75、K0。复制 3 条直线段，调整其位置，如图 13-347 所示，然后将矩形及直线对象群组。

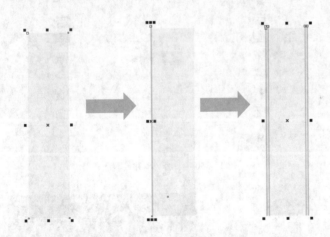

图 13-347 绘制对象

步骤 23 导入本书配套光盘中 Chapter 13\13.7\图案 2.cdr 文件，调整对象大小后，放置在上一步绘制的对象顶端，如图 13-348 所示。按下"+"键复制该图案，垂直镜像后，将其垂直移动到矩形对象的底端，如图 13-349 所示。

步骤 24 在矩形对象上输入文本"青岩国际名小吃"，设置字体为"方正隶二简体"，字体大小为 10pt。单独选中"国际名小吃"，将其填充为 C100、M20、Y100、K0 的颜色，效果如图 13-350 所示。

步骤 25 全选下图所示的所有对象并群组，将其移动至"正面 1"中，调整到适当的大小，如图 13-351 所示。

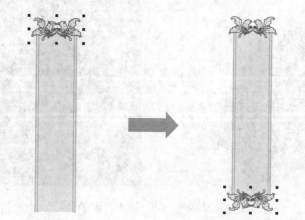

图 13-348　对象放置位置　　　　　　　　　图 13-349　调整完成效果

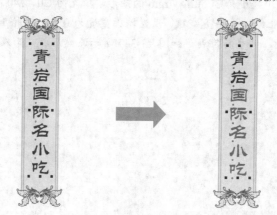

图 13-350　添加文本并设置颜色

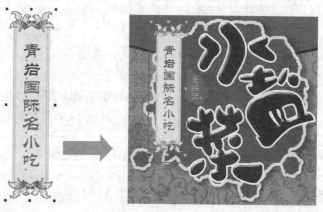

图 13-351　群组对象并安排位置

步骤 26　导入本书配套光盘中 Chapter 13\13.7\图案 3.cdr 文件，将导入的标志图案放置在"正面 1"的左下角，调整到适当的大小，效果如图 13-352 所示。

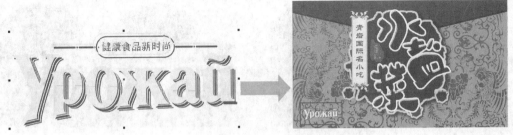

图 13-352　导入图案并安排位置

步骤 27　在"正面 1"的右下角绘制一个梯形，填充为黑色。按下"+"键复制该对象，修改填充色为 C100、M20、Y100、K0，微调到图 13-353 所示的位置，作为投影。

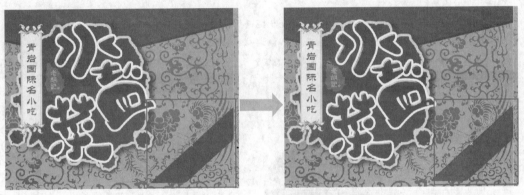

图 13-353　绘制对象并调整位置

步骤 28　导入本书配套光盘中 Chapter 13\13.7\图案 4.cdr 文件，调整对象的大小和旋转角度后，将其放置在上一步绘制的梯形上居中的位置，如图 13-354 所示。

图 13-354　导入对象并安排位置

步骤29 选中"正面 1"中背景上的所有图案和文字信息，将其复制后，水平移动到"正面 2"中相对应的位置，如图 13-355 所示。

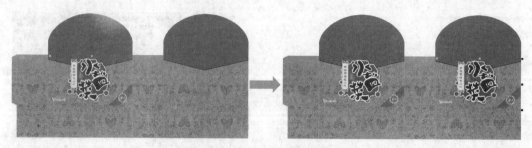

图 13-355　复制对象至"盒正面 2"

步骤30 在"侧面 1"中绘制一个大小为 40mm×20mm 的矩形，将其填充为白色并去掉轮廓，使用"透明度工具"为其应用开始透明度为 20 的标准透明效果，如图 13-356 所示。

步骤31 打开本书配套光盘中 Chapter 13\13.7\1.txt 文件，将其中的文字内容复制后，切换到包装文件中，使用"文本工具"创建一个段落文本，贴入所复制的文字，设置字体为"方正隶书简体"，字体大小为 4.5pt。将文本对象放置在上一步绘制的矩形中，效果如图 13-357 所示。

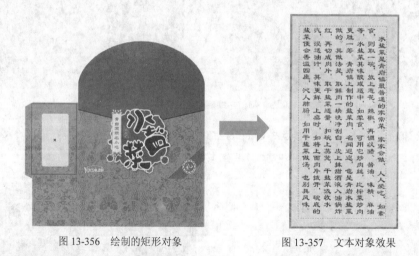

图 13-356　绘制的矩形对象　　　　图 13-357　文本对象效果

步骤32 按照图 13-358 所示在文本的行与行之间绘制黑色直线段，设置轮廓宽度为 0.2mm，轮廓色为黑色。

步骤33 导入光盘配套光盘中 Chapter 13\13.7\图案 5.cdr 文件，将图案填充为白色，复制图案，按照图 13-359 所示进行排列。

图 13-358 添加装饰性直线

图 13-359 侧面1中的图案效果

步骤 34 将"侧面 1"中添加的图案和文本对象群组后,复制到"侧面 2"中相对应的位置,如图 13-360 所示。

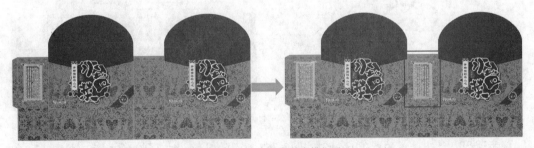

图 13-360 复制对象并安排位置

步骤 35 执行"编辑→插入条码"命令,在打开的"条码向导"对话框中选择正确的行业标准格式后,输入对应的数字并确定后,得到图 13-361 所示的条码。调整生成的条码大小,将其放置在"侧面 1"的右下角,如图 13-362 所示。

图 13-361　生成的条形码

图 13-362　条码放置位置

步骤 36　在"顶面 1"上绘制图 13-363 所示的外形，填充 C5、M0、Y50、K0 的颜色。复制步骤 26 中导入的标志图案，填充与背景相同的绿色，单独选取标志中的弧形，填充为红色，如图 13-364 所示。将标志图案群组后，放置在刚绘制的外形上，效果如图 13-365 所示。

图 13-363　绘制外形　　　　图 13-364　对象效果　　　　图 13-365　对象放置位置

步骤 37　导入本书配套光盘中 Chapter 13\13.7\图案 6.cdr 文件，将图案填充与背景相同的绿色，然后按图 13-366 所示进行排列。

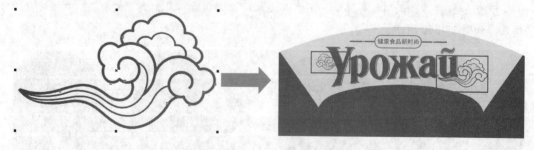

图 13-366　导入素材图案并安排位置

步骤 38　选中导入的图案 6.cdr 中图 13-367 所示的图形，对其进行复制后，按图 13-368 所示进行排列。

步骤 39　在"顶面 1"上输入文本"老胡记"，设置字体为"经典繁角隶"，字体大小为 9pt，设置轮廓宽度为 0.301mm，轮廓色为白色，调整对象字距，如图 13-369 所示。

图 13-367 选中图形对象　　　　　　　图 13-368 复制图形并排列

图 13-369 文本效果

步骤 40 导入光盘目录下 Chapter 13\13.7\花边.cdr 文件，调整对象大小后并复制两个对象，然后将其排列成图 13-370 所示的效果。

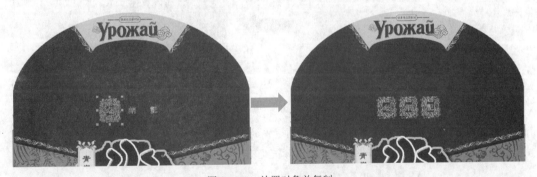

图 13-370 放置对象并复制

步骤 41 输入文本"营养丰富 开胃爽口"，设置字体为"方正大标宋简体"，字体大小为 12pt，如图 13-371 所示。绘制圆形，为其填充 C0、M0、Y45、K0 的颜色，设置轮廓宽度为 0.686mm、轮廓色为 C25、M2、Y75、K0，按图 13-372 所示进行排列。选中文本对象，填充为 C100、M20、Y100、K0 的颜色，如图 13-373 所示。

步骤 42 按住"Shift"键框选"顶面 1"中的所有对象，如图 13-374 所示；将其复制到"顶面 2"中相对应的位置，完成包装盒平面展开图的制作，效果如图 13-375 所示。

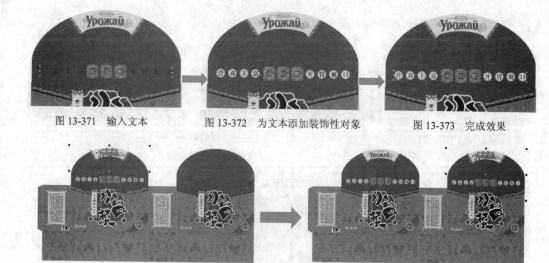

图 13-371　输入文本　　　　图 13-372　为文本添加装饰性对象　　　　图 13-373　完成效果

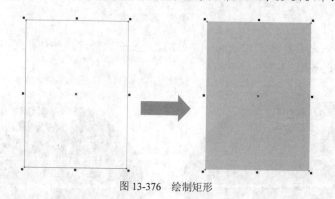

图 13-374　选中对象　　　　　　　　图 13-375　将对象复制至"顶面 2"

步骤 43　插入一个新的页面，为其命名为"包装袋平面图"。在页面中绘制一个大小为 123mm × 88mm 的矩形，将其填充为 20%黑，并去掉轮廓，如图 13-376 所示。

图 13-376　绘制矩形

步骤 44　复制矩形，按中心缩小对象到适当的大小，填充为 C100、M20、Y100、K0 的颜色。继续复制该对象，按中心缩小后，为其填充 C0、M0、Y30、K0 的颜色，如图 13-377 所示。

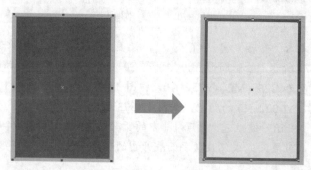

图 13-377　绘制对象

步骤45 切换至"盒平面展开图"页面，复制底纹对象至新建页面中，将底纹填充为 C100、M0、Y100、K0 的颜色，调整到适当的大小后，与最上层的矩形对象底端对齐，如图 13-378 所示。

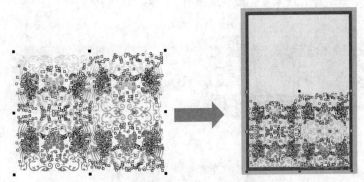

图 13-378　复制对象并排列图形

步骤46 选中矩形及图案对象，将其群组后，复制一个到空白工作区中，作为包装袋的背面图案，如图 13-379 所示。

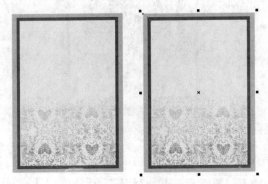

图 13-379　再制对象

步骤47 将包装平面展开图中的主体图案和文字复制到新页面中，调整对象的大小后，放置在包装袋正面的适当位置，效果如图 13-380 所示。

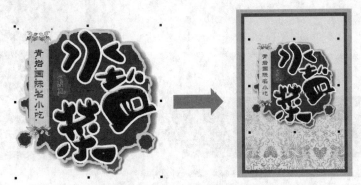

图 13-380　复制对象并调整大小和位置

步骤 48 复制图 13-381 所示对象至新页面中，群组对象，为其添加阴影效果，设置阴影的不透明度为 100，阴影羽化为 20，阴影颜色为 C0、0、30、0，效果如图 13-382 所示。调整该对象的大小后，将其放置在包装袋正面图 13-383 所示的位置。

图 13-381　复制对象　　　　　　　　　　　　　图 13-382　添加阴影效果

图 13-383　对象放置位置

步骤 49 导入本书配套光盘中 Chapter 13\13.7\图案 7.cdr 文件，调整对象的大小后，放置在包装袋顶端居中的位置，效果如图 13-384 所示。

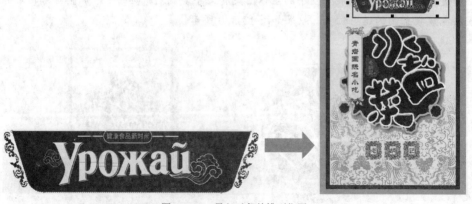

图 13-384　导入对象并排列位置

步骤 50 在包装袋正面中输入图 13-385 所示的文本内容，设置相应的字体后，按图中所示进行排列，完成包装袋正面图案的制作。

黑体

方正大标宋简

图 13-385 输入文字并编辑

步骤 51 在包装袋正面展开图中选中图 13-386 所示的对象，进行复制后移动到备份的包装袋背面图案上，调整对象的大小和位置，如图 13-387 所示。

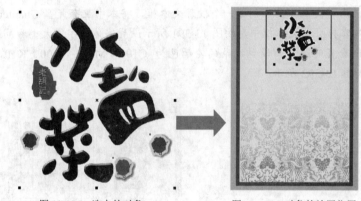

图 13-386 选中的对象　　　　　图 13-387 对象的放置位置

步骤 52 将包装平面展开图中的图 13-388 所示对象进行复制，拷贝到"包装袋平面图"页面中，修改对象颜色至图 13-389 所示的效果。调整该对象的大小，将其放置在包装袋背面展开图中，效果如图 13-390 所示。

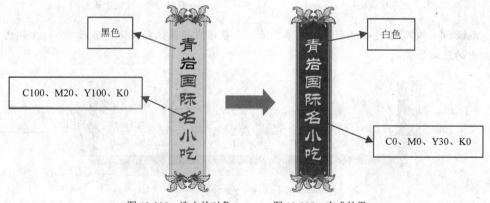

黑色

白色

C100、M20、Y100、K0

C0、M0、Y30、K0

图 13-388 选中的对象　　　　　图 13-389 完成效果

图 13-390　对象放置位置

步骤 53　使用 "文本工具" 创建一个段落文本框，将本书配套光盘 Chapter 13\13.7\ 2.txt 文件中的文本内容拷贝到文本框中，按图 13-391 所示设置字体、字体大小和间距。在文本的行与行之间绘制垂直的线条，设置线条的轮廓色为 C100、M20、Y100、K10，轮廓宽度为 0.4mm，效果如图 13-392 所示。

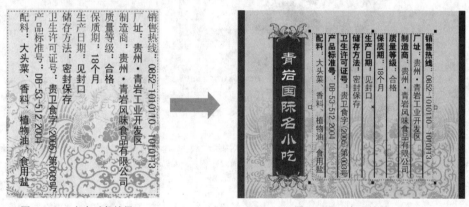

图 13-391　文本对象效果　　　　　　　　　　图 13-392　完成效果

步骤 54　输入图 13-393 所示的文本内容，设置相应的字体和字体大小后，排列在包装袋背面中的底端位置。

图 13-393　文本效果

步骤 55 将"盒平面展开图"中图 13-394 所示的文字和圆形对象，复制到"包装袋平面图"页面中，将文本填充为 C0、M0、Y30、K40 的颜色，圆形填充为 C100、M20、Y100、K0 的颜色，并设置圆形的轮廓色为 C25、M2、Y75、K0，如图 13-395 所示。将对象调整到适当的大小后，放置在包装袋背面的顶端，如图 13-396 所示。

图 13-394 选中的对象　　　　　　　　　　　　　　图 13-395 完成效果

图 13-396 对象的放置位置

步骤 56 包装袋的平面展开图制作完成，效果如图 13-397 所示。

图 13-397 完成的包装袋正面和背面效果

步骤 57 全选包装袋平面展开图，按下"Ctrl+C"键复制，插入一个新的页面，将其命名为"包装袋效果"。按"Ctrl+V"键，将对象粘贴至该页面中，如图 13-398 所示。

步骤 58 选中包装袋正面中下层的灰色矩形对象，为其应用线性渐变填充效果，设置渐变色为 0%/19%/54%/73%位置上 10%黑，30%位置上 80%黑，63%位置上 60%黑，82%位置上 30%黑，100%位置上 20%黑，渐变"角度"为-50°，填充效果如图 13-399 所示。

图 13-398　粘贴的对象

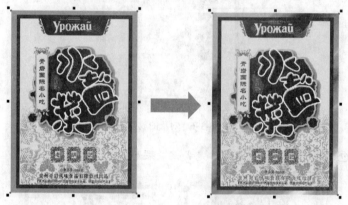

图 13-399　选中对象并填充渐变效果

步骤 59　右键拖动该对象至包装袋背面中的灰色矩形上，释放鼠标后，在弹出的菜单上选择"复制所有属性"命令，效果如图 13-400 所示。

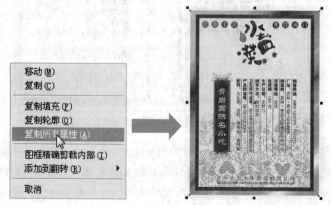

图 13-400　复制图形属性

步骤60 在正面包装袋底端绘制图 13-401 所示的矩形，为其填充黑色并去掉轮廓，使用 "透明度工具" 为其应用图 13-402 所示的线性透明效果，作为包装袋中的阴影。

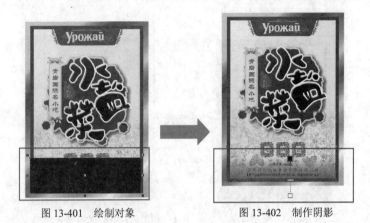

图 13-401　绘制对象　　　　　　　　图 13-402　制作阴影

步骤 61 切换至 "矩形工具"，在正面包装袋右边绘制一个矩形，为其填充黑色并去掉轮廓，为其应用图 13-403 所示的线性透明效果，作为阴影。

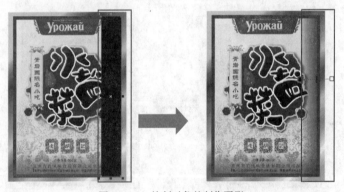

图 13-403　绘制对象并制作阴影

步骤62 选中两个阴影对象，如图 13-404 所示；将其复制到背面包装袋中相对应的位置，效果如图 13-405 所示。

图 13-404　选中对象　　　　　　　　图 13-405　完成效果

389

步骤63 绘制图 13-406 所示的外形，为其填充白色并去掉轮廓，使用 "透明度工具"，为其应用图 13-407 所示的线性透明效果，以此表现包装袋中的反光。

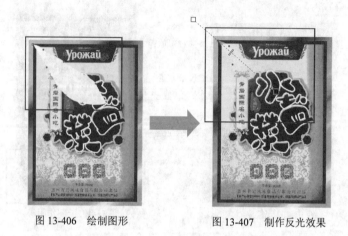

图 13-406　绘制图形　　　　　　　　图 13-407　制作反光效果

步骤64 参考上一步的操作方法，绘制包装袋中的另一处反光效果，如图 13-408 所示。

图 13-408　制作反光效果

步骤65 选中两个反光对象，将其复制到背面包装袋中，效果如图 13-409 所示。

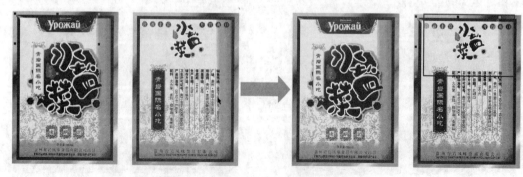

图 13-409　为 "包装袋背面" 添加反光效果

步骤66 包装袋中的明暗层次绘制完成后，分别将两个包装袋对象群组。选择"阴影工具"，为包装袋对象应用投影效果，设置阴影的不透明度为50°、阴影羽化为3，完成包装袋立体效果的制作，如图13-410所示。

图13-410　为包装袋添加阴影

步骤67 插入一个新的页面并将其命名为"包装整体效果"，将"盒平面展开图"拷贝到该页面中，使用"裁剪工具"将包装顶面和正面以外的区域裁剪掉，效果如图13-411所示。

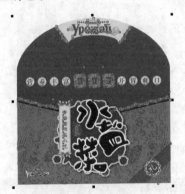

图13-411　复制的对象

步骤68 将"水盐菜"文字暂时移动到空白区域上，如图13-412所示；选中主体对象中的阴影，在属性栏中单击按钮，取消阴影效果，如图13-413所示。

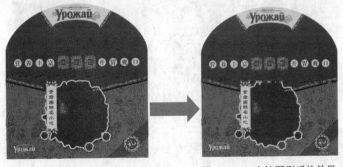

图13-412　去掉"水盐菜"对象　　　图13-413　去掉阴影后的效果

步骤 69 将包装顶面和正面的对象按图 13-414 所示裁剪为 3 个部分，然后分别将 3 个部分群组。

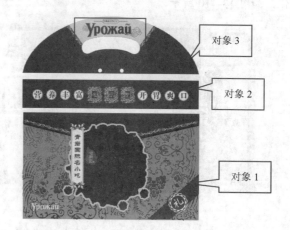

对象 3

对象 2

对象 1

图 13-414　完成效果

提示

如果群组对象中包含有位图或应用了阴影等效果，则不能使用"封套工具"对该对象进行编辑。如果应用了阴影效果，则需要将阴影与对象拆分，这样才能使用"封套工具"对其进行下一步的编辑。同时，还需要将分离后的阴影对象删除，因为"封套工具"不能变形阴影对象。

步骤 70 选择"封套工具"，在裁剪后的对象 1 上单击，调出控制框；删除居中的 4 个控制节点，框选剩下的控制节点并单击鼠标右键，在弹出的菜单中选择"到直线"命令，将控制线转换为直线，如图 13-415 所示。

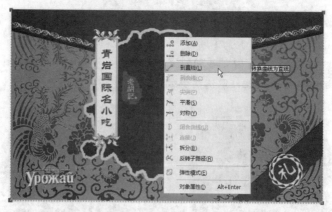

图 13-415　将控制线转换为直线

步骤 71 使用编辑曲线的方法对封套控制线的形状进行编辑，得到图 13-416 所示的变形效果。

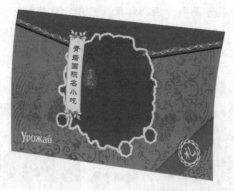

图 13-416 变换完成的效果

步骤 72 为对象 1 解散群组，重新为相应的对象应用阴影效果，如图 13-417 所示；并将"水盐菜"移动到画面中相应的位置，适当调整它的角度，如图 13-418 所示。

图 13-417 重新添加阴影的效果　　　　　　　图 13-418 添加"水盐菜"图像效果

步骤 73 使用同样方法，将对象 2 和对象 3 做相应的变换处理，效果如图 13-419 和图 13-420 所示。

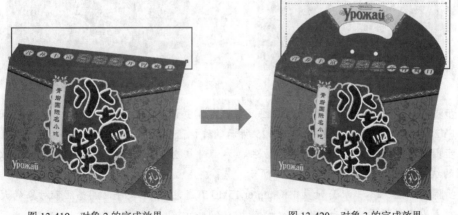

图 13-419 对象 2 的完成效果　　　　　　　图 13-420 对象 3 的完成效果

步骤 74 将包装平面展开图中的侧面对象拷贝到"包装整体效果"页面中，将段落文本转换为曲线，群组侧面中的所有对象，使用"封套工具"为其进行图 13-421 所示的变换处理；按下"Shift+PageDown"键，将其置于底层，如图 13-422 所示。

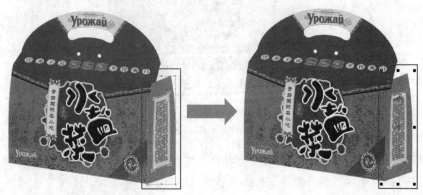

图 13-421　侧面的变换效果　　　　　　　　　图 13-422　调整对象的位置

提示

在使用工具变换左侧面对象时，必须先将段落文本转换为曲线，否则段落文本框中的文字将不能随之产生变换的效果。

步骤 75 在图 13-423 所示位置绘制外形，为其填充 10%黑并去掉轮廓，按下"Shift+PageDown"键，将其置于底层，完成效果如图 13-424 所示。

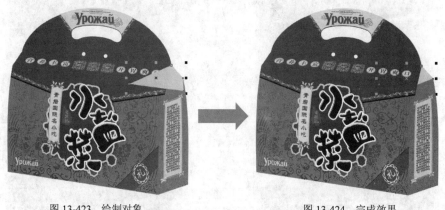

图 13-423　绘制对象　　　　　　　　　　　图 13-424　完成效果

步骤 76 选择"对象 1"中的底图，将其复制并调整到最上层，修改其填充色为 C0、M0、Y20、M0，然后为其应用图 13-425 所示的线性透明效果。

步骤 77 按照上一步相同的制作方法，为"对象 2"和侧面对象添加明暗效果，其中所应用的线性透明效果分别如图 13-426 所示。

步骤 78 导入本书配套光盘中 Chapter 13\13.7\图案 8.cdr 文件，调整丝带对象的大小后，将其放置在包装顶面中适当的位置，如图 13-427 所示。

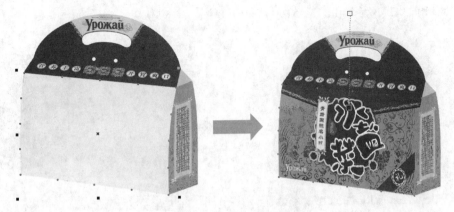

图 13-425 制作盒子正面的明暗效果

图 13-426 包装立体图中不同部位的明暗效果

图 13-427 对象的放置位置

步骤 79 绘制一个大小为 160mm×214mm 的矩形，为其应用射线渐变填齐效果，设置渐变色为 0%位置上 C20、M0、Y60、K0，50%/100%位置上白色，填充完成后为其去掉轮廓，作为包装立体效果中的背景底色，如图 13-428 所示。调整绘制好的立体包装盒对象的大小后，放置在图 13-429 所示的位置。

步骤 80 全选包装盒中的正面对象，将其复制，执行"位图→转换为位图"命令，在弹出的"转换为位图"对话框中，按照图 13-430 所示进行设置后，单击"确定"按钮，将对象转换为位图，完成效果如图 13-431 所示。

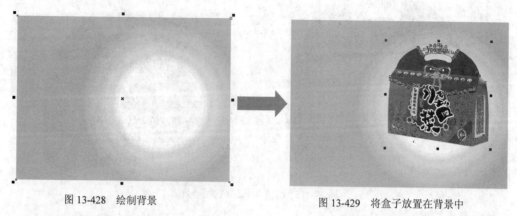

图 13-428　绘制背景　　　　　　　　　　　图 13-429　将盒子放置在背景中

图 13-430　"转换为位图"对话框　　　　　　图 13-431　转换后的效果

步骤81　将转换后的位图对象垂直镜像，然后垂直移动到包装盒的下方，如图 13-432 所示。两次单击对象，拖动左边居中的倾斜控制点，将对象倾斜至图 13-433 所示的角度。对倾斜后的对象应用图 13-434 所示的线性渐变透明效果。

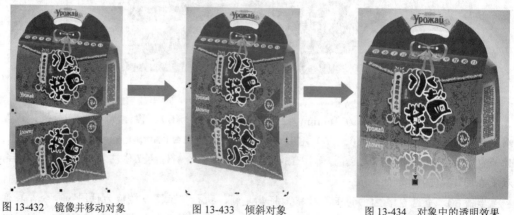

图 13-432　镜像并移动对象　　　　　图 13-433　倾斜对象　　　　　图 13-434　对象中的透明效果

步骤 82 按照同样的方法制作包装盒右侧的投影，效果如图 13-435 所示。

图 13-435 包装盒右侧的投影效果

步骤 83 将制作好的包装袋效果图复制至"包装整体效果"页面中，调整对象至合适的大小后，放置在图 13-436 所示的位置。

图 13-436 包装袋放置的位置

步骤 84 按照制作包装盒透明的方法，为包装袋添加投影，完成效果如图 13-437 所示。

图 13-437 为包装袋添加投影

步骤 85 按照图 13-438 所示输入文本，为其设置相应的字体、字体大小。在文本的行与行之间绘制垂直线条，设置线条轮廓色为 C100、M0、Y100、K0、轮廓宽度为 0.2mm，如图 13-439 所示。

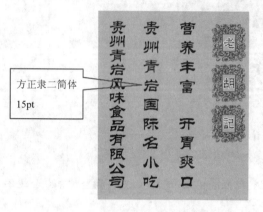

方正隶二简体
15pt

图 13-438 文本效果   图 13-439 完成效果

步骤 86 包装整体效果制作完成，效果如图 13-440 所示。

图 13-440 最终完成效果